Napoleon Hill

Denke nach und werde reich

Das Praxisbuch

Napoleon Hill

DENKE NACH UND WERDE R€ICH

17 Schritte zum Erfolg
Das Praxisbuch zum Weltbestseller

von Joe Kraynak

Aus dem Amerikanischen
von Elisabeth Schmalen

Die Originalausgabe erschien 2015 unter dem Titel
Practical Steps to Think and Grow Rich.

Bibliografische Information der Deutschen Bibliothek

Die Deutsche Bibliothek verzeichnet diese Publikation in der Deutschen Nationalbibliografie; detaillierte bibliografische Daten sind im Internet unter http://www.dnb.de abrufbar.

Penguin Random House Verlagsgruppe FSC® N001967

4. Auflage
Aus dem Amerikanischen von Elisabeth Schmalen

Redaktion: Evelyn Boos-Körner
Umschlaggestaltung: Weiss Werkstatt, München
Satz: Satzwerk Huber, Germering
Druck und Bindung: CPI books GmbH, Leck
Printed in the Czech Republic

ISBN: 978-3-424-20182-6

Inhalt

Vorwort des Autors zur Originalausgabe dieses Buches

In jedem Kapitel (jedem Schritt) dieses Buches kommt das Geheimnis des Geldverdienens vor, das mehr als 500 überaus wohlhabenden Menschen, die ich über lange Jahre hinweg sorgfältig analysiert habe, zu großem Reichtum verholfen hat.

Ich selbst erfuhr vor mehr als einem Vierteljahrhundert durch Andrew Carnegie von diesem Geheimnis. Der gerissene, liebenswürdige alte Schotte erwähnte es ganz nebenbei, als ich noch ein junger Mann war. Dann lehnte er sich in seinem Sessel zurück, mit einem fröhlichen Glitzern in den Augen, und beobachtete aufmerksam, ob ich klug genug war, die volle Bedeutung dessen, was er zu mir gesagt hatte, zu erfassen.

Als er sah, dass ich das Konzept begriffen hatte, fragte er mich, ob ich willens sei, 20 oder mehr Jahre darauf zu verwenden, es in die Welt zu tragen, zu Männern und Frauen, die ohne das Geheimnis vielleicht als gescheiterte Existenzen durchs Leben gehen würden. Ich sagte, das sei ich, und dieses Versprechen habe ich dank Mr Carnegies Hilfe auch gehalten.

Dieses Buch enthält das Geheimnis, das von Tausenden Menschen aus fast allen Gesellschaftsschichten in der Praxis getestet worden ist. Es war Mr Carnegies Idee, die magische Formel, die ihm ein gewaltiges Vermögen bescherte, Menschen zur Verfügung zu stellen, die nicht die nötige Zeit haben, um sich damit zu befassen, wie andere zu Geld kommen. Er hoffte, dass ich die Zuverlässigkeit dieser Formel anhand der Erfahrungen von Männern und Frauen in allen Berufszweigen überprüfen und demonstrieren würde. Weiterhin war er der Ansicht, die Formel solle in allen Schulen und Universitäten gelehrt werden, und meinte, dass sie, wenn korrekt vermittelt, das gesamte Bildungssystem so revolutionieren könne, dass sich die Zeit, die wir mit Lernen verbringen, mehr als halbieren ließe.

Seine Erfahrungen mit Charles M. Schwab und anderen jungen Männern seines Schlages überzeugten Carnegie, dass vieles von dem, was in der Schule gelehrt wird, völlig unnütz ist, wenn es darum geht, sich einen Lebensunterhalt zu verdienen oder Reichtum anzuhäufen. Zu dieser Meinung war er gelangt, nachdem er einen jungen Mann nach dem anderen, darunter viele mit geringer Schulbildung, in sein Unternehmen geholt und sie zu außergewöhnlichen Führungstalenten gemacht hatte, indem er ihnen beibrachte, diese Formel anzuwenden. Außerdem machten seine Lehren jeden dieser Männer, der seinen Anweisungen Folge leistete, reich.

Im Kapitel über den Glauben (Schritt 8) werden Sie die erstaunliche Geschichte lesen, wie die Formel auf die Organisation der riesigen United States Steel Corporation angewendet wurde. Dahinter stand einer der jungen Männer, durch die Mr Carnegie bewies, dass seine Formel bei allen funktioniert, die für sie bereit sind. Allein schon diesem Mann – Charles M. Schwab – bescherte die Anwendung des Geheimnisses großen Reichtum, sowohl an Geld als auch an *Möglichkeiten*. Grob gesagt war sie 600 Millionen Dollar wert.

Diese Fakten – und es sind Fakten, die fast allen, die Mr Carnegie kannten, wohlvertraut sind – dürften Ihnen eine Vorstellung davon vermitteln, was die Lektüre dieses Buches bei Ihnen bewirken kann, vorausgesetzt, *Sie wissen, was Sie wollen.*

Noch bevor das Geheimnis 20 Jahre lang in der Praxis getestet worden war, wurde es an mehr als 100.000 Männer und Frauen weitergegeben, die es zu ihrem persönlichen Nutzen einsetzten, ganz wie Mr Carnegie es vorgesehen hatte. Manche sind dadurch reich geworden. Andere haben es erfolgreich genutzt, um sich ein harmonisches Zuhause zu schaffen.

Das Geheimnis, auf das ich mich hier beziehe, kommt in diesem Buch nicht weniger als 100 Mal zur Sprache. Es wird nicht direkt ausgesprochen, da es besser zu wirken scheint, wenn es nur aufgedeckt und sichtbar gemacht wird, sodass diejenigen, *die bereit sind* und *danach suchen*, es sich zunutze machen können. Deshalb warf Mr Carnegie es mir so still und leise hin, ohne mich explizit darauf hinzuweisen, worum es sich handelt.

Wenn Sie *bereit* sind, das Geheimnis anzuwenden, werden Sie es mindestens einmal in jedem Kapitel entdecken. Ich wünschte, ich könnte Ihnen sagen, woher Sie wissen, wann Sie bereit sind, doch das würde Sie eines großen Teils des Gewinns berauben, der damit einhergeht, wenn Sie die Entdeckung auf Ihre Weise machen.

Während dieses Buch geschrieben wurde, schnappte sich mein Sohn, der damals kurz vor dem Ende seines Studiums stand, das Manuskript von Kapitel 5 (Schritt 5), las es und entdeckte das Geheimnis. Er setzte das Wissen so wirksam ein, dass er direkt einen verantwortungsvollen Posten erhielt, mit einem Einstiegsgehalt, das über dem lag, was ein Durchschnittsmensch je verdient. Seine Geschichte ist nun ein Teil von Schritt 5. Sollten Sie zu Beginn des Buches das Gefühl gehabt haben, dass es zu viel verspräche, könnte sich dieses beim Lesen seiner Geschichte in Luft auflösen. Und auch wenn Sie je entmutigt worden sind, wenn Sie Hindernisse überwinden mussten, die Sie die letzte Kraft kosteten, wenn Sie alles versucht haben und gescheitert sind, wenn Sie von Krankheiten oder körperlichen Einschränkungen beeinträchtigt wurden, könnte sich diese Geschichte, wie mein Sohn die Carnegie'sche Formel entdeckte und für sich nutzte, als die Oase in der Wüste der verlorenen Hoffnung erweisen, nach der Sie gesucht haben.

Zu den ausgiebigen Nutzern des Geheimnisses zählte Präsident Woodrow Wilson im Ersten Weltkrieg. Jeder Soldat, der damals kämpfte, bekam es mitgeteilt, sorgfältig in die Ausbildung verpackt, die alle vor dem Fronteinsatz erhielten. Präsident Wilson erklärte mir, das sei ein wichtiger Faktor beim Auftreiben von Mitteln für den Krieg gewesen.

Zu Beginn des 20. Jahrhunderts spornte das Geheimnis Manuel L. Quezon (den damaligen Delegierten der Philippinen) dazu an, die Freiheit für sein Volk zu erkämpfen und es als erster Staatspräsident zu führen.

Zu den Merkwürdigkeiten des Geheimnisses gehört, dass diejenigen, die es erkennen und anwenden, buchstäblich von einer Welle des Erfolgs erfasst werden, ohne viel dafür tun zu müssen, und sich nie wieder in eine Niederlage begeben! Wenn Sie das bezweifeln, schauen Sie sich die Namen derer an, die vom Geheimnis Gebrauch gemacht haben, wo auch immer sie genannt sind. Überprüfen Sie deren Geschichte und überzeugen Sie sich selbst.

Es gibt keine LEISTUNG OHNE GEGENLEISTUNG!

Das Geheimnis, auf das ich mich beziehe, hat seinen Preis, auch wenn der weit unter seinem Wert liegt. Wer nicht bewusst danach sucht, bekommt es für kein Geld der Welt. Es kann weder verschenkt noch gekauft werden, weil es aus zwei Teilen besteht. Einer davon befindet sich bereits im Besitz derer, die dafür bereit sind.

Das Geheimnis hilft allen, die bereit sind, gleichermaßen. Bildung hat keinen Einfluss darauf. Schon lange vor meiner Geburt hatte Thomas A. Edison Kenntnis davon erlangt, und er setzte sie so klug ein, dass er zum führenden Erfinder der Welt aufstieg, obwohl er nur drei Monate lang zur Schule gegangen war.

Später wurde das Geheimnis an einen Geschäftspartner von Mr Edison weitergegeben. Er nutzte es so effektiv, dass er, obwohl er zuvor nur etwa 12.000 Dollar im Jahr verdient hatte, ein riesiges Vermögen anhäufte und sich schon als junger Mann aus dem aktiven Geschäftsleben zurückziehen konnte. Seine Geschichte ist in Schritt 1 nachzulesen. Sie sollte Sie davon überzeugen, dass es auch für Sie möglich ist, reich zu werden, dass Sie alles schaffen können, was Sie wollen, dass Geld, Ruhm, Anerkennung und Glück für alle erreichbar sind, die dafür bereit und fest entschlossen sind, das alles zu bekommen.

Woher ich all das weiß? Diese Frage sollte beantwortet sein, bevor Sie das Buch zu Ende gelesen haben. Vielleicht finden Sie die Antwort im ersten Schritt – oder auf der letzten Seite.

Während der 20 Jahre andauernden Recherche, die ich auf Mr Carnegies Bitte hin anstellte, analysierte ich Hunderte bekannter Menschen, von denen viele zugaben, dass sie ihr enormes Vermögen mithilfe des Geheimnisses von Carnegie erlangt hatten. Zu ihnen gehören:

Henry Ford
Theodore Roosevelt
William Wrigley
John Wanamaker
James J. Hill
Wilbur Wright
William Jennings Bryan
Woodrow Wilson
William Howard Taft
Elbert H. Gary
King Gillette
Alexander Graham Bell
John D. Rockefeller
Thomas A. Edison
F. W. Woolworth
Clarence Darrow

Das ist nur ein kleiner Teil der Hunderte von bekannten Amerikanern, deren Leistungen – finanzieller und anderer Art – beweisen, dass diejenigen, die das Carnegie-Geheimnis verstehen und anwenden, es im Leben zu viel bringen. Jeder, den ich kenne und der das Geheimnis nutzte, gelangte in dem von ihm gewählten Beruf zu beachtlichem Erfolg. Ich habe noch nie jemanden getroffen, der es zu Ruhm oder einem bedeutenden Vermögen gebracht hätte, ohne im Besitz des Geheimnisses zu sein. Aus diesen zwei Tatsachen ziehe ich die Schlussfolgerung, dass das Geheimnis als Teil des Wissens, das entscheidend für die Selbstbestimmung ist, wichtiger ist als alles, was man im Rahmen der allgemein so bezeichneten »Bildung« lernt.

Und was ist *Bildung* eigentlich? Viele der oben genannten Männer haben nur wenig Zeit in der Schule verbracht. John Wanamaker erzählte mir einst, er habe das bisschen Schulbildung, über das er verfüge, ganz ähnlich erlangt, wie eine moderne Lokomotive Wasser aufnimmt, er habe »sie unterwegs aufgegriffen«. Henry Ford schaffte es nie bis auf die Highschool, ganz zu schweigen von der Universität. Ich will hier nicht den Wert der Schulbildung schlechtreden, aber diejenigen, die das Geheimnis meistern und anwenden, bringen es weit, häufen Reichtum an und gehen das Leben auf ihre eigene Weise an, auch wenn ihre Schulbildung mickrig ausfiel.

In diesem Buch geht es um Fakten, nicht um Fiktion. Seine Absicht ist es, eine große, universell gültige Wahrheit zu vermitteln, durch die alle, die *bereit* sind, nicht nur lernen können, *was zu tun ist*, sondern auch *wie man es tut*, und *den nötigen Anstoß* erhalten, um loszulegen. Alle Geschichten in diesem Buch handeln von Leuten, die wie Sie darauf aus sind, nicht nur genügend zu verdienen, um davon zu leben, sondern sich auch den Wunsch nach Genuss, Erfüllung und Seelenfrieden finanzieren können wollen.

Irgendwann im Verlauf der Lektüre wird Ihnen das Geheimnis, das ich meine, ins Auge springen und sich klar und deutlich zeigen, *wenn Sie bereit dafür sind!* Wenn es so weit ist, werden Sie es erkennen. Egal, ob das im ersten oder im letzten Schritt der Fall ist – halten Sie einen Augenblick lang inne und erheben Sie das Glas, um auf diese Erleuchtung anzustoßen.

Als letzte Vorbereitung, bevor Sie mit der Lektüre beginnen, möchte ich Ihnen einen kurzen Satz mitgeben, der einen Hinweis auf das Carnegie-Geheimnis enthält: *Alle Erfolge, alle verdienten Reichtümer nehmen Ausgang in einer Idee!* Wenn Sie für das Geheimnis bereit sind, liegt es schon halb in Ihrer Hand; die andere Hälfte werden Sie umgehend erkennen, wenn sie sich Ihnen offenbart.

Napoleon Hill, 1937

Vorwort zur vorliegenden Ausgabe

Manchen Menschen scheint der Erfolg einfach zuzufliegen. Sie schaffen es, in luxuriösen Häusern zu leben, ihre Kinder auf die besten Schulen zu schicken, elegante Autos zu fahren, um die Welt zu reisen und darüber hinaus noch genügend Kapazitäten zu haben, um denen zu helfen, die ihnen nahestehen, und einen Beitrag zur Gemeinschaft zu leisten, in der sie leben, ohne auch nur ins Schwitzen zu geraten. Diese Menschen sind nicht klüger oder gebildeter als Sie. Sie arbeiten nicht härter als Sie. Sie opfern sich nicht dafür auf, ihren Lebensunterhalt zu verdienen; im Gegenteil, sie verdienen mehr als genug, um ihr Leben voll und ganz zu genießen.

Was ist ihr Geheimnis?

Diese Frage stellte sich vor fast einem Jahrhundert der weltbekannte Stahlmagnat Andrew Carnegie, und er beauftragte den jungen Journalisten Napoleon Hill damit, die Antwort zu finden. Unter der Anleitung von Carnegie verbrachte Hill die folgenden 25 Jahre damit, über 500 Millionäre zu befragen (und 25.000 Fallstudien von Menschen, die erfolglos geblieben waren, anzufertigen), um die geheime Formel zum Erfolg aufzudecken und sie der Welt zu präsentieren. Das Ergebnis der gemeinsamen Vision und Bemühungen der beiden war das Buch *Denke nach und werde reich*, das sich seitdem über 15 Millionen Mal verkauft, Millionen Leser und Führungskräfte inspiriert und angeleitet und die Welt, in der wir leben, mit geprägt hat.

Vielen Leuten erscheint die Vorstellung, das Geheimnis des Erfolgs zu teilen, abträglich. Man könnte meinen, es solle besser sorgsam gehütet werden und nur wenigen Auserwählten bekannt sein. Doch Carnegie und Hill waren große Anhänger dessen, was sie »Allumfassende Intelligenz« nannten. Sie wussten, dass das Streben nach Reichtum und Glück kein Nullsummenspiel ist. Sie wussten, dass sich Reichtum und Glück durch nicht mehr als eine

Idee und ein Verlangen, Intelligenz, Planung und Beharrlichkeit erreichen ließen. Sie wussten, dass mehr Reichtum und Glück neue Chancen entstehen lassen würden, die die Zunahme von Reichtum und Glück weltweit förderten. Sie wussten, dass das Teilen des Geheimnisses mehr Chancen für alle bedeutete.

In unserer digitalen Welt, in der Menschen und Ideen im Handumdrehen an Bedeutung gewinnen und verlieren, hat Carnegies und Hills gar nicht so geheime Formel für Erfolg eine beständige Bedeutung erlangt, weil sie auf ewigen, in der Natur und im Wesen des Menschen wurzelnden Wahrheiten und Weisheiten beruht. Auch heute werden Menschen durch Nachdenken reich, wie es schon vor Hunderten oder sogar Tausenden Jahren geschehen ist. Das Geheimnis hat sich nicht verändert. Wenn Sie es kennen und in die Praxis umsetzen, werden auch Sie Reichtum und Glück in einem Maße anziehen, das Sie nie für möglich gehalten hätten.

Angesichts des fortwährenden Erfolgs von *Denke nach und werde reich* und den Millionen Menschen, die die Prinzipien aus dem Buch umgesetzt haben, fragen Sie sich vielleicht, warum eine überarbeitete Ausgabe nötig ist. Warum sollte man an einem Erfolg herumdoktern? Der einzige Grund, der eine überarbeitete Version rechtfertigt, ist, das Buch besser zu machen. In diesem Fall bedeutet »besser« nicht, die Informationen und Konzepte abzuwandeln, die Napoleon Hill so sorgfältig gesammelt, analysiert, zusammengefasst und ersonnen hat. »Besser« heißt, diese Konzepte und Hills Ratschläge für den Durchschnittsmenschen zugänglicher zu machen.

Napoleon Hill schrieb vor dem Hintergrund der damaligen Gesellschaftsstrukturen, der damaligen Situation in den USA und der Welt sowie auf der Basis der wissenschaftlichen Kenntnisse in dieser Zeit. Wenn Ihnen also einige Passagen nicht zeitgemäß erscheinen, ist das wenig überraschend. Dies tut der Wahrheit und Gültigkeit der dargestellten Konzepte aber keinen Abbruch! Hills Schreibstil ist außerdem so, wie es zu seiner Zeit üblich war. Er setzte auf eine Textstruktur aus langen und oft verschlungenen

Absätzen und flocht praktische Hinweise in Erfolgsgeschichten ein. Leider trägt dieser Ansatz eher dazu bei, Geheimnisse zu hüten, als sie zu enthüllen, und steht somit im Widerspruch zu Carnegies und Hills Ziel, das Geheimnis einem breiteren Publikum zugänglich zu machen. Heutige Leser haben weder die Zeit noch die Geduld, einen dichten Text durchzuarbeiten, um die wesentlichen Einsichten und Informationen herauszuziehen. Außerdem haben sie einen anderen Hintergrund als Hill und Carnegie und brauchen andere Beispiele.

Diese Ausgabe enthält alle Prinzipien aus *Denke nach und werde reich* in komprimierter Form, sie präsentiert sie in einem zugänglicheren Format, damit Sie sich nicht durch lange Absätze wühlen müssen, um zu einzelnen Weisheiten vorzudringen. Sie verlagert den Fokus von der Frage, was man tun sollte, darauf, wie man es tut, ergänzt zusätzliche praktische Hinweise und versammelt die Erfolgsgeschichten in einem abgetrennten Abschnitt jedes Kapitels zur Illustration der Prinzipien, die im entsprechenden Schritt vorgestellt werden. Die Worte und die Stimme Napoleon Hills bleiben auch in dieser Ausgabe erhalten. Obwohl ich einige Absätze neu gegliedert und manche der Beispiele aktualisiert oder gestrichen habe, ist es der Text von Hill, der den Kern dieses Buches bildet.

Die Fans und Anhänger von Napoleon Hill können beruhigt darauf vertrauen, dass dieses Buch dem Original treu ist. Ich habe den Auftrag erst nach reiflicher Überlegung angenommen und es mir zur Pflicht gemacht, die Weisheit und den Geist Andrew Carnegies und Napoleon Hills unbeeinträchtigt in diese neue Ausgabe zu überführen. Ich habe im Verlauf meiner Karriere mit führenden Kräften aus den verschiedensten Bereichen zusammengearbeitet, um ihr Wissen und ihre Kenntnisse an Millionen Leser weltweit zu vermitteln. Dies ist mein erstes Projekt mit verstorbenen Experten, doch das ändert nichts an der Ehrfurcht, die ich Andrew Carnegie und Napoleon Hill sowie ihren Kenntnissen und ihrem Wissen gegenüber an den Tag lege. Mein Ziel ist es, ihren Ideen treu zu bleiben, während ich das Geheimnis einem breiteren und moderneren Publikum zugänglich mache. Darauf habe ich meinen Fokus gerichtet.

Abweichungen von Hills Text gibt es vor allem im Bereich der Darstellung. Während Hill glaubte, dass »es [das Geheimnis] besser zu wirken scheint, wenn es nur aufgedeckt und sichtbar gemacht wird, sodass diejenigen, *die bereit sind* und *danach suchen*, es sich zunutze machen können«, glaube ich, dass es die Prinzipien für ein größeres Publikum zugänglich macht, wenn man sie so deutlich wie möglich und auf lineare Weise, Schritt für Schritt enthüllt.

Ob mir das gelingt, können nur Sie beurteilen. Wie ich meinen Kollegen und Klienten immer sage: »Ihr Erfolg ist mein Erfolg.« Wenn meine Bemühungen in diesem Fall gelungen sind, werden Sie die Erfolgsformel von Mr Carnegie und Mr Hill besser verstehen und in die Praxis umsetzen können, was Ihnen Erfolg in allen Lebensbereichen und mir den Erfolg, mein Ziel erreicht zu haben, bescheren wird. Ich hoffe von Herzen, dass meine Bemühungen sich für Sie auszahlen werden.

Joe Kraynak, 2015

Der *Gedanke* ist eine entschiedene Idee,
die in Verbindung mit einem festen Ziel, Beharrlichkeit,
einem brennenden Verlangen und Glauben in die Erlangung
von Reichtum überführt werden kann.

Die Fähigkeit, unsere Gedanken zu kontrollieren,
ermöglicht uns, unsere Realität zu formen.

Reichtum beginnt mit einer Geisteshaltung, mit einem festen
Ziel, mit wenig oder gar keiner harten Arbeit.

Schritt 1:
Nutzen Sie die Kraft der Gedanken

Alle Erfolge beginnen mit einem Gedanken. Sie würden dieses Buch nicht lesen, wenn Sie nicht zuerst daran *gedacht* hätten, es zu lesen. Wenn wir etwas erreichen wollen, ist der Gedanke mehr als nur eine Überlegung oder eine Idee. *Der Gedanke ist der Motor des Handelns.* Als solcher ist er eher eine *Einstellung* oder *Geisteshaltung* als eine flüchtige Erscheinung. Er ist eine Idee, die in Verbindung mit einem festen Ziel, Beharrlichkeit und einem brennenden Verlangen in die Erlangung von Reichtum oder eines anderen ersehnten Objekts überführt wird. Damit ein Gedanke als ausreichender Anstoß zum Erfolg dienen kann, müssen folgende Bedingungen erfüllt sein:

- **Entschiedenheit:** Es darf keine Alternativpläne geben. Der Gedanke setzt ein konkretes Ziel.
- **Zielstrebigkeit:** Alles Streben richtet sich auf das Ziel, das Sie im Kopf haben, den Gegenstand oder den Zustand, den Sie sich herbeiwünschen, die Richtung, die Sie einschlagen wollen.
- **Beharrlichkeit:** Die »Was immer nötig ist«-Einstellung, wenn es um das Erreichen des Ziels geht. Kaum jemand hat je etwas erreicht, wenn er glaubte, er würde es nicht schaffen.
- **Ein brennendes Verlangen:** Wenn das Verlangen groß genug ist, ist kein Hindernis unüberwindbar.
- **Glaube:** Man muss daran glauben und fest davon ausgehen, dass das Ziel erreicht wird.

Der Gedanke ist die Energie, die zu den nötigen Taten antreibt, um Hindernisse zwischen Ihnen und dem, was Sie sich wünschen, zu überwinden.

In der Natur verwurzelte Prinzipien

Die Prinzipien, die Ihnen ermöglichen, durch Nachdenken reich zu werden, wurzeln in der Natur. Sie, die Erde, auf der Sie leben, und jede andere materielle Substanz sind das Produkt evolutionärer Prozesse, durch die mikroskopisch kleine Teilchen der Materie neu und passend angeordnet wurden. Darüber hinaus begannen die Erde, jede einzelne der Milliarden Zellen in unserem Körper und jedes Atom auf der Welt *als nicht greifbare Form der Energie.*

Ein *Verlangen* ist ein Gedankenimpuls! Gedankenimpulse sind eine Form der Energie. Wenn Sie mit einem Gedankenimpuls starten, dem *Verlangen*, ein Vermögen anzuhäufen, machen Sie sich damit den gleichen »Stoff« zunutze, den die Natur zur Schöpfung der Erde und jeder Form von Materie im Universum verwendet hat, einschließlich des Körpers und des Gehirns, die den Gedankenimpuls hervorbringen.

Soweit die Wissenschaft ermitteln konnte, besteht das gesamte Universum aus Materie und Energie. Die Kombination von beidem brachte alles hervor, was wir sehen können, vom größten Stern am Himmel bis zum kleinsten Sandkorn.

Sie versuchen nun, von der Methode der Natur zu profitieren. Sie bemühen sich (aufrichtig und ernsthaft, hoffen wir), sich an die Gesetze der Natur anzupassen, indem Sie danach streben, ein *Verlangen* in sein reales und finanzielles Gegenstück zu überführen. *Sie können es schaffen! Andere haben es auch schon getan!*

Sie können mithilfe von Gesetzen, die unabänderlich sind, ein Vermögen aufbauen. Doch zunächst müssen Sie sich mit diesen Gesetzen vertraut machen und lernen, sie zu *nutzen*. Der Autor hofft, Ihnen durch Wiederholung und durch die Annäherung an diese Prinzipien von jeder erdenklichen Seite das Geheimnis zu enthüllen, durch das große Reichtümer erlangt wurden. So seltsam und paradox es erscheinen mag – das »Geheimnis« ist *kein Geheimnis*. Die Natur selbst führt es uns vor Augen, auf der Erde, auf der wir leben, in den Sternen, den Planeten, die rund um uns herum schweben, in den Elementen unter und um uns, in jedem Grashalm und jeder Form des Lebens in Sichtweite.

Die Natur präsentiert uns das »Geheimnis« auf biologische Weise – in der Umwandlung einer winzigen Zelle, so klein, dass sie auf einer Nadelspitze verloren gehen könnte, in einen *Menschen*, der diese Zeilen liest. Das ist sicher kein kleineres Wunder als die Verwandlung eines Verlangens in sein reales Gegenstück!

Lassen Sie sich nicht davon entmutigen, wenn Sie nicht alles, was Sie bis hierher gelesen haben, verstehen. Wenn Sie sich nicht schon seit Langem mit dem Studium des menschlichen Geistes befassen, ist nicht zu erwarten, dass Sie alles, was in diesem Kapitel steht, gleich beim ersten Lesen begreifen können.

Doch mit der Zeit werden Sie große Fortschritte machen.

Die folgenden Prinzipien werden Ihnen Einblicke in die Vorstellungskraft eröffnen. Nehmen Sie alles auf, was Sie verstehen, wenn Sie diese Überlegungen zum ersten Mal lesen, dann werden Sie bei einem zweiten Durchgang bemerken, dass etwas geschehen ist, was die Worte klarer erscheinen lässt und Ihnen ein breiteres Verständnis des Ganzen ermöglicht. Am wichtigsten ist, dass Sie das Studium dieser Prinzipien *nicht aufgeben* oder unterbrechen, bis Sie das Buch mindestens *drei* Mal gelesen haben, denn dann werden Sie nicht mehr aufhören wollen.

Sie sind »der Meister Ihres Schicksals, der Kapitän Ihrer Seele«

Als der englische Dichter W. E. Henley die prophetischen Zeilen »Ich bin der Meister meines Schicksals, ich bin der Kapitän meiner Seele« schrieb, hätte er uns darüber aufklären sollen, warum wir die Meister unseres Schicksals, die Kapitäne unserer Seele sind: Wir besitzen die Fähigkeit, unsere *Gedanken* zu steuern, und unsere *Gedanken formen unsere Realität.* Und das funktioniert so:

- Der Äther, durch den diese kleine Erde treibt, in dem wir uns bewegen und existieren, ist eine unfassbar schnell vibrierende Form der Energie. Dieser Äther ist mit einer universellen Kraft gefüllt, die sich an die Art der Gedanken *anpasst*, die wir haben, und uns auf natürliche Weise *beeinflusst*, sodass unsere Gedanken in ihr reales Gegenstück überführt werden.
- Diese Kraft unterscheidet nicht zwischen destruktiven und konstruktiven Gedanken. Sie setzt Gedanken an Armut genauso schnell in Realität um wie Gedanken an Reichtum.
- Unser Gehirn wird von den Gedanken, die uns beherrschen, magnetisiert, und diese »Magneten« ziehen auf eine Weise, die niemand genau durchblickt, die Kräfte, Menschen und Lebensumstände an, die zum Wesen unserer dominierenden Gedanken passen.
- Bevor wir Reichtum in Hülle und Fülle anhäufen können, müssen wir unser Gehirn mit einem intensiven *Verlangen* nach Reichtum magnetisieren. Wir müssen »geldbewusst« werden, bis das *Verlangen* nach Geld genügend Kraft besitzt, um sich aus einem Verlangen in echten Reichtum zu verwandeln.

> *Sie sind wahrlich der Meister Ihres Schicksals, der Kapitän Ihrer Seele.* Diese naturgegebene und beständige Wahrheit bildet die Grundlage der Prinzipien, die in diesem Buch beschrieben werden. Diese Prinzipien offenbaren, wie man sein finanzielles Schicksal selbst in die Hand nimmt.

Entwickeln Sie Erfolgsbewusstsein

Die große Wirtschaftskrise in den USA, die 1929 begann, brachte eine noch nie da gewesene Zerstörung mit sich, die auch einige Zeit nach dem Amtsantritt von Franklin D. Roosevelt noch andauerte. Dann ließ die Krise nach, bis sie sich schließlich ganz auflöste. So wie ein Techniker im Theater das Licht nach und nach aufdreht, sodass die Dunkelheit dem Licht gewichen ist, bevor man es so richtig bemerkt, verließ auch der Bann der Angst langsam die Köpfe der Menschen, und die Dunkelheit füllte sich mit Glauben. Was unmöglich schien, wurde durch die Kraft der Gedanken möglich.

Einige der Leser dieses Buches werden glauben, dass niemand *durch Nachdenken reich werden* könne. Sie sind nicht in der Lage, »sich reich zu denken«, weil ihre Denkgewohnheiten von Armut, Mangel, Elend, Misserfolgen und Niederlagen geprägt sind. Der erste Schritt, um durch Nachdenken reich zu werden, besteht darin, die richtige Geisteshaltung einzunehmen:

- **Werden Sie *erfolgsbewusst*.** Erfolg stellt sich bei denen ein, die *erfolgsbewusst* sind. Wer sich gleichgültig gestattet, *scheiterbewusst* zu sein, wird scheitern.
- **Denken Sie nicht in Begriffen wie »unmöglich« und »geht nicht«.** Die Leute weisen gern auf Lösungsansätze hin, die *nicht funktionieren und sich nicht umsetzen lassen*. Streichen Sie diese und andere kontraproduktive Formulierungen aus Ihrem Wortschatz.
- **Bewerten Sie Chancen danach, was möglich ist, nicht gemäß Ihrer eigenen Eindrücke und Überzeugungen.** Menschen neigen dazu, alles und jeden gemäß ihrer beschränkten Eindrücke und Überzeugungen zu beurteilen. Lassen Sie nicht zu, dass vorgefasste Meinungen Sie und andere davon abhalten, zu erreichen, was möglich ist.

> *Das Ziel dieses Buches ist es, all denen, die danach suchen, zu zeigen, wie man von einer **scheiterbewussten** zu einer **erfolgsbewussten** Geisteshaltung gelangt.*

Geschichten, die von der Kraft der Gedanken zeugen

Die folgenden Geschichten demonstrieren, wie sich immaterielle Gedanken in Verbindung mit einem festen Ziel, Beharrlichkeit und einem brennenden Verlangen in materielles Vermögen überführen lassen und wie die Kraft, die Gedanken zu steuern, die Realität formt.

Der Mann, der durch die Kraft der Gedanken zum Partner von Thomas A. Edison wurde

Edwin C. Barnes setzte die Kraft der Gedanken ein, um ein Geschäftspartner des großen Thomas Edison zu werden. Zwei der Haupteigenschaften von Barnes' Gedanken waren, dass er *entschieden* war und ein *festes Ziel* verfolgte: Barnes wollte *mit* Edison arbeiten, nicht *für* ihn.

Dem standen zwei Hindernisse im Weg: Barnes kannte Edison nicht und hatte nicht die Mittel, um nach Orange in New Jersey zu reisen und ihn kennenzulernen. Das hätte ausgereicht, um die meisten Menschen zu entmutigen, doch Barnes' Gedanke war kein gewöhnlicher Gedanke! Er ging mit Beharrlichkeit und einem brennenden Verlangen einher. Barnes war so entschlossen, sein Ziel zu erreichen, dass er schließlich beschloss, als blinder Passagier auf einem Güterzug mitzufahren.

In Edisons Labor angekommen, stellte er sich vor und verkündete, er wolle mit dem Erfinder ins Geschäft kommen. Über dieses erste Treffen zwischen Barnes und ihm berichtete Edison Jahre später:

> Er stand dort vor mir und sah aus wie ein gewöhnlicher Landstreicher, doch irgendetwas in seinem Gesichtsausdruck vermittelte den Eindruck, dass er fest entschlossen war, das zu erreichen, weswegen er

gekommen war. Ich hatte aus jahrelanger Erfahrung gelernt, dass ein Mann, der sich etwas so sehr *wünscht*, dass er bereit ist, dafür ohne mit der Wimper zu zucken seine gesamte Zukunft aufs Spiel zu setzen, es auch erreicht. Ich gab Barnes die Chance, um die er mich bat, weil ich erkannte, dass er so lange darauf beharren würde, bis er Erfolg hatte. Die spätere Entwicklung zeigte, dass das kein Fehler war.

Was genau der junge Barnes in diesem Gespräch zu Edison sagte, war weitaus weniger wichtig als das, was er *dachte*. Das sagte sogar Edison selbst! Es konnte nicht das äußere Erscheinungsbild des jungen Mannes gewesen sein, das ihm die Stelle bei Edison einbrachte, denn das sprach sicherlich gegen ihn. Entscheidend war der *Gedanke*.

Es war nicht Barnes äußeres Erscheinungsbild, das ihm die Stelle bei Edison einbrachte. Entscheidend war der *Gedanke*.

Barnes wurde nicht gleich Edisons Partner. Er erhielt die Chance, bei Edison im Büro anzufangen. Er bekam einen sehr geringen Lohn und eine Aufgabe, die für Barnes von größter Bedeutung war, weil sie ihm ermöglichte, sich zu beweisen – obwohl Edison die Aufgabe ziemlich unbedeutend fand.

So vergingen Monate, während derer sich scheinbar nichts ereignete, was Barnes seinem ersehnten *Ziel* näherbrachte. Doch in Barnes' Kopf geschah etwas Wichtiges. Sein *Verlangen*, Edisons Geschäftspartner zu werden, wurde immer stärker.

Psychologen haben zutreffend festgestellt: »Wenn man wirklich bereit für etwas ist, tritt es auch ein.« Barnes war bereit für die Geschäftspartnerschaft mit Edison; mehr noch, er war *fest entschlossen, bereit zu bleiben, bis er sein Ziel erreicht hatte.*

Er sagte nicht zu sich selbst: Ach, was bringt es schon? Ich glaube, ich schwenke lieber um und bemühe mich um eine Stelle als

Verkäufer. Stattdessen sagte er: »Ich bin hergekommen, um Edisons Geschäftspartner zu werden, und das werde ich schaffen, auch wenn es den Rest meines Lebens in Anspruch nimmt.« Und das meinte er auch so! Wie anders die Geschichte vieler Leute klingen würde, wenn sie sich ein festes Ziel setzen und dieses so lange verfolgen würden, bis sich daraus eine alles verschlingende Besessenheit entwickelt hätte!

»Wenn man wirklich bereit für etwas ist, tritt es ein.«

Vielleicht ahnte der junge Barnes es zu der Zeit nicht, doch seine bulldoggenartige Entschlossenheit, seine Beharrlichkeit beim Verfolgen dieses einen *Verlangens*, war dazu bestimmt, alle Widerstände einzureißen und ihm die Chance zu verschaffen, die er sich wünschte.

Als sich die Gelegenheit schließlich ergab, geschah das in einer anderen Form und aus einer anderen Richtung, als Barnes erwartet hatte. Das ist einer der Tricks von Chancen. Sie haben die schlitzohrige Angewohnheit, sich durch die Hintertür hereinzuschleichen, und treten oft als Unglück oder Rückschläge verkleidet auf. Vielleicht verpassen es deswegen so viele, sie zu erkennen.

Edison hatte gerade ein neues Bürogerät erfunden, einen Phonographen, der zu der Zeit »Edison-Diktiermaschine« und später Ediphone hieß. Seine Vertriebler waren nicht gerade begeistert von dem Apparat. Sie glaubten nicht, dass er sich ohne große Mühen verkaufen ließe. Da sah Barnes seine Chance. Sie war leise herbeigekrochen und hatte sich in einer seltsam aussehenden Maschine versteckt, die niemanden außer Barnes und den Erfinder interessierte.

Barnes wusste (*festes Ziel*, befeuert durch *Beharrlichkeit* und ein *brennendes Verlangen*), dass er die Edison-Diktiermaschine verkaufen könnte. Das schlug er Edison vor und erhielt umgehend die Erlaubnis dafür. Und es gelang ihm auch. So erfolgreich, dass Edison ihm vertraglich zugestand, das Gerät im ganzen Land zu vertreiben und zu vermarkten. Diese Partnerschaft brachte den Slogan »Hergestellt von Edison, installiert von Barnes« hervor. Die Geschäftsverbindung machte Barnes reich, aber er erreichte zudem noch etwas viel Größeres: Er bewies, dass man wirklich *durch Nachdenken reich werden kann.*

Barnes *dachte* sich buchstäblich in die Partnerschaft mit dem großen Edison! Er *dachte* sich ein Vermögen herbei. Zu Beginn hatte er gar nichts, kein Geld, keinen Einfluss und nur eine geringe Schulbildung. Doch was er stattdessen besaß, waren Initiative, Glauben und der Wille zu gewinnen. Er *wusste, was er wollte, und war fest entschlossen, diesem Verlangen nachzugehen, bis es erfüllt war.* Dank dieser nicht greifbaren Kräfte machte er sich zum ersten Mann an der Seite des größten Erfinders, der je gelebt hat.

Barnes *dachte* sich buchstäblich in eine Partnerschaft mit dem großen Edison!

Lassen Sie uns nun eine andere Situation betrachten, einen Mann, der genügend greifbare Hinweise auf Reichtum hatte, ihn aber verlor, weil er einen Meter vor dem Ziel aufgab.

Ein Meter daneben

Zu den gängigsten Gründen des Scheiterns gehört die Gewohnheit aufzugeben, wenn man zwischenzeitlich das Gefühl hat, am Ende zu sein. Diesen Fehler macht jeder irgendwann einmal. Dies ist eine Geschichte darüber, wie ein Gedanke ohne die nötige Beharrlichkeit zum Scheitern führen kann.

R. U. Darby, der später einer der erfolgreichsten Versicherungsmakler der USA wurde, erzählt uns die Geschichte seines Onkels, der in den Tagen des Goldrausches vom »Fieber« gepackt wurde und in den Westen ging, um *durch Graben reich zu werden*. Ihm war nicht bewusst, dass sich im Kopf der Menschen mehr Gold finden lässt als in der Erde. Er erstand ein Stück Land und machte sich mit Hacke und Schaufel ans Werk. Sein Gedanke war sicherlich von *Entschlossenheit* geprägt, er verfolgte ein *festes Ziel* und war von *einem brennenden Verlangen* angetrieben – dem Verlangen nach Gold.

Gedanken ohne Beharrlichkeit sind oft zum Scheitern verurteilt.

Nach wochenlangem Schuften wurde er mit einem Fund belohnt. Doch um das glänzende Erz an die Oberfläche zu holen, brauchte er bestimmte Gerätschaften. Also deckte er die Mine still und leise zu, kehrte in seine Heimatstadt Williamsburg in Maryland zurück und erzählte seiner Familie und ein paar Nachbarn von dem Fund. Sie brachten das Geld für die nötigen Geräte auf und ließen sie in den Westen bringen. Der Onkel und Darby fuhren zurück zur Mine.

Dort holten sie die erste Ladung Erz aus der Mine und brachten sie zu einer Schmelzhütte. Es stellte sich heraus, dass sie eine der einträglichsten Minen von ganz Colorado besaßen! Ein paar mehr solcher Ladungen, und die Schulden wären abbezahlt. Danach würde das Geld in Strömen fließen.

Die Bohrer stießen in die Tiefe vor, während sich die Hoffnung von Darby und seinem Onkel immer weiter in die Höhe schraubte. Doch dann geschah etwas. Die Goldader verschwand! Sie waren am Ende des Regenbogens angekommen, doch ein Topf voll Gold war nicht zu finden. Sie bohrten weiter, wollten die Ader unbedingt wiederfinden, doch ohne Erfolg.

Schließlich beschlossen sie *aufzugeben*. Sie verkauften die Geräte für ein paar Hundert Dollar an einen Trödler und stiegen in den

Zug nach Hause. Manche Trödler sind eher dumm, doch nicht so dieser! Er rief einen Bergbauingenieur hinzu, der sich die Mine ansah und ein paar Berechnungen anstellte. Der Ingenieur war der Meinung, dass das Projekt gescheitert war, weil die Besitzer der Mine sich nicht mit »Bruchlinien« auskannten. Seinen Kalkulationen nach befände sich die Ader nur *einen Meter von der Stelle entfernt, wo die Darbys aufgehört hatten zu bohren!* Und genau so war es auch. Der Trödler holte Erz im Wert von Millionen Dollar aus der Mine, weil er klug genug war, einen Experten um Rat zu fragen, bevor er aufgab.

> Der Trödler hatte kein Spezialwissen über Bruchlinien, aber den Verstand, einen Fachmann hinzuzuziehen. Lesen Sie Schritt 15, um mehr darüber zu erfahren, wie man die Kraft des Spezialwissens nutzt, wenn man selbst keines hat.

Einige Zeit später holte Darby ein Vielfaches seines Verlustes wieder herein, als er erkannte, dass *Verlangen* in Gold umgewandelt werden kann. Da war er schon ins Lebensversicherungsgeschäft eingestiegen.

Die Erinnerung daran, dass er ein riesiges Vermögen verloren hatte, weil er einen Meter vor dem Gold aufgegeben hatte, kam Darby in seinem Beruf zugute, denn er sagte sich immer: »Ich habe einen Meter vor dem Gold aufgegeben, aber ich werde niemals aufgeben, wenn jemand, dem ich eine Versicherung verkaufen will, Nein sagt.« Dieses Nicht-locker-lassen verdankt er der Lektion, die er daraus gelernt hatte, im Goldgräbergeschäft so kurz vor der Erfüllung seiner Träume aufgegeben zu haben.

Bevor sich Erfolg einstellt, müssen die meisten Leute eine Reihe Rückschläge und manchmal sogar ein Scheitern hinnehmen. Angesichts eines Misserfolgs erscheint es wie die einfachste und logischste Lösung *aufzugeben*. In solchen Zeiten der Widrigkeit ist Beharrlichkeit der Schlüssel zum Erfolg.

Mehr als 500 der erfolgreichsten Menschen der Welt behaupten, dass ihr größter Erfolg nur einen Schritt hinter der Niederlage eintrat. Das Scheitern ist ein Gauner mit einem scharfen Sinn für List und Ironie. Es hat große Freude daran, einem ein Bein zu stellen, wenn der Erfolg fast schon in Reichweite ist.

Wenn man dem Scheitern einen Strich durch die Rechnung machen will, ist *Beharrlichkeit* entscheidend, wie die nächste Geschichte zeigt.

Eine 50 Cent teure Lektion in Beharrlichkeit

Kurz nachdem Darby durch die »harte Schule des Lebens« gegangen war und auf schmerzhafte Weise gelernt hatte, wie wichtig Beharrlichkeit ist, hatte er das Glück, eine Situation zu erleben, die ihm zeigte, dass »Nein« nicht zwingend »Nein« bedeutet.

Eines Nachmittags half er seinem Onkel, in einer altmodischen Mühle Weizen zu mahlen. Der Onkel betrieb einen großen Hof, auf dem eine Reihe von Teilpächtern lebte. Leise öffnete sich die Tür und ein kleines Mädchen, die Tochter eines Pächters, kam herein. Es blieb neben der Tür stehen.

Der Onkel sah auf, erblickte das Kind und blaffte: »Was willst du?«

Das Mädchen antwortete demütig: »Meine Mama hätte gern 50 Cent.«

»Gibt's nicht«, erwiderte der Onkel scharf. »Und jetzt ab mit dir.«

»Ja, Sir«, sagte das Mädchen. Doch es rührte sich nicht von der Stelle.

Der Onkel fuhr mit seiner Arbeit fort, so konzentriert, dass er gar nicht bemerkte, dass das Mädchen die Mühle nicht verließ. Als er aufschaute und sah, dass es immer noch dort stand, brüllte er: »Ich habe dir gesagt, du sollst nach Hause gehen! Jetzt hau ab, oder ich hole die Rute.«

Das kleine Mädchen sagte: »Ja, Sir«, bewegte sich aber keinen Zentimeter.

Der Onkel ließ einen Sack Korn fallen, den er gerade in den Mühlentrichter hatte schütten wollen, griff nach einer Fassdaube und ging mit einem Gesichtsausdruck, der nichts Gutes verhieß, auf das Kind zu.

Darby hielt die Luft an. Er war sich sicher, dass er nun Zeuge eines Mordes werden würde. Sein Onkel hatte ein hitziges Gemüt, das wusste er. Als er beim Kind angekommen war, trat es rasch einen Schritt vor, sah ihm in die Augen und schrie, so laut es seine schrille Stimme erlaubte: *»Meine Mama soll die 50 Cent haben!«*

Der Onkel hielt inne, sah das Mädchen kurz an und legte langsam die Fassdaube zur Seite. Dann steckte er die Hand in die Tasche, holte einen halben Dollar heraus und drückte ihn der Kleinen in die Hand.

Sie nahm das Geld und ging langsam rückwärts Richtung Tür, ohne den Blick von dem Mann abzuwenden, den sie gerade besiegt hatte. Nachdem sie weg war, setzte sich der Onkel auf eine Kiste und starrte mehr als zehn Minuten lang aus dem Fenster. Er dachte ehrfürchtig über die krachende Niederlage nach, die er gerade erlitten hatte.

Auch Darby begann zu überlegen. Es war das allererste Mal gewesen, dass er miterlebt hatte, wie das Kind eines Teilpächters vorsätzlich eine erwachsene Autoritätsperson in ihre Schranken verwiesen hatte. Wie war dem Mädchen das gelungen? Was war dem Onkel widerfahren, dass sein Zorn verraucht und er sanft wie ein

Lamm geworden war? Welch eine seltsame Macht hatte das Kind eingesetzt, die ihm den Sieg über einen überlegenen Menschen eingebracht hatte? Diese und ähnliche Fragen gingen Darby durch den Kopf, doch eine Antwort darauf fand er erst Jahre später, als er mir die Geschichte dieses ungewöhnlichen Erlebnisses erzählte.

Seltsamerweise geschah das am gleichen Ort, an dem sein Onkel sich dem Kind geschlagen geben musste.

Während wir in der modrigen alten Mühle standen, gab Darby die Geschichte dieses außerordentlichen Sieges wieder und fragte am Ende: »Was glauben Sie? Was für eine seltsame Kraft nutzte das Kind, die meinen Onkel derart überwältigte?«

Nachdem ich Darby erklärt hatte, welche Kraft das kleine Mädchen unwissentlich eingesetzt hatte – die Kraft der *Gedanken*, wie ich sie zu Beginn des Kapitels beschrieben habe –, ließ er rasch seine 30 Jahre als Verkäufer von Lebensversicherungen Revue passieren und gab ganz offen zu, dass sein Erfolg in diesem Beruf in nicht geringem Ausmaß auf das zurückzuführen war, was er von dem Kind gelernt hatte.

Er erklärte: »Jedes Mal, wenn mich ein potenzieller Kunde hinauskomplimentieren wollte, ohne einen Vertrag zu unterschreiben, sah ich das Kind in der alten Mühle stehen, mit trotzig glänzenden Augen, und sagte zu mir: ›Dem verkaufe ich jetzt etwas.‹ Den Großteil meiner Verkäufe habe ich bei Kunden erzielt, die zuerst Nein gesagt hatten.«

Außerdem erinnerte er sich an den Fehler, den er und sein Onkel gemacht hatten, als sie nur einen Meter vor dem Gold aufgaben. »Aber diese Erfahrung«, meinte er dann, »hat sich im Nachhinein als Segen herausgestellt. Sie lehrte mich, am Ball zu bleiben, egal, wie schlecht es lief, und das musste ich lernen, bevor ich in irgendetwas Erfolg haben konnte.« Diesen beiden Erfahrungen hat Darby es zu verdanken, dass er es schafft, jedes Jahr Lebensversicherungen im Wert von mehr als einer Million Dollar zu verkaufen.

Henry Ford und der V8-Motor

Millionen Menschen kennen die Leistungen von Henry Ford und beneiden ihn um sein Glück, sein Geschick, sein Genie oder worauf auch immer sie seinen Reichtum zurückführen. Vielleicht einer von 100.000 kennt das Geheimnis seines Erfolgs, doch alle, die Bescheid wissen, sind zu bescheiden oder zurückhaltend, um darüber zu sprechen, eben weil es so einfach ist. Das folgende Ereignis sollte *das Geheimnis* treffend darstellen.

Als Ford beschloss, seinen heute berühmten V8-Motor zu bauen, wollte er, dass alle acht Zylinder in einem Block gegossen wurden, und wies seine Ingenieure an, ein entsprechendes Modell zu entwerfen. Sie brachten die Pläne zu Papier, glaubten aber, dass es unmöglich wäre, einen Achtzylinder-Gas-Motorblock in einem Stück herzustellen.

Ford sagte: »Machen Sie es trotzdem.«

»Aber es ist unmöglich!«, lautete die Antwort.

»Gehen Sie«, befahl Ford, »und arbeiten Sie daran, bis Sie es geschafft haben, egal, wie lange es dauert.«

Die Ingenieure machten sich an die Arbeit. Ihnen blieb nichts anderes übrig, wenn sie ihren Job behalten wollten. So vergingen sechs Monate, und nichts geschah. Nach weiteren sechs Monaten gab es immer noch keine Ergebnisse. Die Ingenieure versuchten alles, doch die Aufgabe schien nicht lösbar zu sein, »unmöglich!«.

Gegen Ende des Jahres rief Ford die Ingenieure zusammen, und sie informierten ihn erneut darüber, dass sie keinen Weg gefunden hatten, seine Anordnung umzusetzen.

»Gehen Sie zurück an die Arbeit«, sagte Ford. »Ich will diesen Motor und werde ihn auch bekommen.«

Also machten die Ingenieure weiter und stießen plötzlich wie durch Zauberhand auf das Geheimnis. Die *Entschlossenheit* von Ford hatte wieder einmal gesiegt!

Henry Ford hatte Erfolg, weil er die Prinzipien des Erfolgs verstand und anwendete. Eines davon ist das *Verlangen*: zu wissen, was man will. Das andere lautet *Beharrlichkeit*: weiterzumachen, bis das Ziel erreicht ist. Behalten Sie diese Geschichte von Ford bei der Lektüre dieses Buches im Hinterkopf, denn sie enthüllt *das Geheimnis*, die Prinzipien, durch die sich jedes Ziel erreichen lässt.

Von Milchshakes zu McDonald's mit Ray Kroc

Ray Kroc ist ein weiteres gutes Beispiel für einen Menschen, dessen Reichtum mit einem *Gedanken* begann. Ursprünglich verkaufte Kroc Milchshake-Mixer. Die meisten seiner Kunden – Restaurants und Imbisse – nahmen ihm ein oder zwei Geräte ab. Als ein kleines Lokal im kalifornischen San Bernardino acht Mixer bei ihm bestellte, beschloss er, hinzufahren und sich anzugucken, warum sich dort so viele Milchshakes verkaufen ließen. Er hatte noch nie so viele Kunden in einem Restaurant gesehen. Die Brüder, die es betrieben, verkauften nur eine kleine Auswahl an Speisen: Hamburger, Cheeseburger, Pommes, Shakes und Limonade, alles zu den niedrigsten Preisen in der Gegend.

Kroc erkannte seine Chance. Wenn er eine Kette solcher Restaurants eröffnete, von denen jedes so produktiv und einträglich war wie dieses, würde das Geld in Strömen fließen. Er schlug die Idee den McDonald-Brüdern vor, die sich mit Kroc zusammenschlossen, um sie umzusetzen. Innerhalb weniger Jahre wurde McDonald's nicht nur zur größten Restaurantkette des Landes, sondern zudem ein Wegbereiter der Fast-Food-Industrie. Später übernahm Kroc das Unternehmen ganz von den Brüdern und expandierte in die ganze Welt, was ihn zu einem der reichsten Männer seiner Zeit machte.

McDonald's begann mit einem *Gedanken* – eine begrenzte Auswahl an Speisen zu den niedrigsten Preisen der Gegend zu verkaufen. Zu einem weltweiten, Milliarden Dollar umsetzenden Fast-Food-Konzern wurde das Unternehmen durch einen anderen *Gedanken* – eine Kette dieser Restaurants zu eröffnen. Beide Gedanken waren immateriell, schufen aber letzten Endes greifbaren Reichtum.

Über dieses Buch

Die meisten Menschen, die ernsthaft danach streben, sich und ihren Platz im Leben zu verbessern, wollen unbedingt das Geheimnis erfahren, *wie man reich wird.* Viele Vermögende haben diese wichtige Lebenslektion ganz allein gelernt, so wie Darby, als er erkannte, was er und sein Onkel falsch gemacht hatten, als sie einen Meter vor der Goldader aufgaben, und als er die 50 Cent teure Lektion in Beharrlichkeit beobachtete. Doch nur wenige Menschen haben das Glück, solch wertvolle Lehrstücke zu erleben, oder die Fähigkeit, aus diesen Situationen zu lernen. Ich habe dieses Buch geschrieben, um *das Geheimnis* mehr Menschen zugänglich zu machen.

Reichtum beginnt mit einer Geisteshaltung, mit einem festen Ziel, mit wenig oder keiner harten Arbeit.

Ich habe 25 Jahre mit Recherchen verbracht, mehr als 500 Reiche interviewt und mehr als 25.000 Menschen analysiert, deren Bemühungen, zu Wohlstand zu gelangen, gescheitert waren, weil auch ich wissen wollte, *wie Reiche zu ihrem Vermögen kommen.* Ohne diese Forschungen hätte ich dieses Buch nicht schreiben können.

Denken Sie, wenn Sie weiterlesen, immer daran: Reichtum beginnt mit einer Geisteshaltung, mit einem festen Ziel, mit wenig oder keiner harten Arbeit. In diesem Buch lernen Sie, wie man zu der Geisteshaltung gelangt, die Reichtum anzieht. Wenn Sie sich daranmachen, durch Nachdenken reich zu werden, stellen Sie schon bald Folgendes fest:

> **Wenn das Geld anfängt zu fließen, strömt es so schnell, in solcher Fülle, dass man sich fragt, wo es sich all die mageren Jahre über versteckt hatte.**

Das ist eine erstaunliche Aussage, umso mehr, wenn wir die weitverbreitete Fehlannahme in Betracht ziehen, dass Reichtum nur denen zuteilwird, die hart und viel arbeiten.

Wenn Sie in den Spiegel schauen,
bekommen Sie möglicherweise gleichzeitig Ihren
besten Freund und Ihren schlimmsten
Feind zu Gesicht.

Schritt 2: Erkennen Sie sich selbst

Die älteste aller Ermahnungen lautet: »Erkenne dich selbst!« Um in einem Vorhaben Erfolg zu haben, muss man sich selbst kennen, seine Stärken und Schwächen, und stets danach streben, die Stärken auszubauen und die Schwächen auszumerzen. Der gängigste Grund für Erfolg und für Misserfolg ist das *Selbst.* Jede Schwäche des Selbst unterminiert den Erfolg. An dieser Stelle möchte ich Sie dazu ermuntern, eine Selbsteinschätzung vorzunehmen. Dafür präsentiere ich Ihnen eine Liste mit 31 gängigen Hindernissen auf dem Weg zum Erfolg, damit Sie anfangen können, diese auszuräumen.

> Der gängigste Grund für Erfolg und für Misserfolg ist das *Selbst*.

Führen oder folgen?

Bevor Sie sich daranmachen können, reich zu werden, müssen Sie sich entscheiden, ob Sie das als Führungskraft oder als Befehlsempfänger erreichen wollen:

- *Führungskräfte* werden reich, indem sie Chancen schaffen und Befehlsempfänger dazu bringen, Produkte und Dienstleistungen zu entwerfen, zu produzieren, zu vermarkten und zu vertreiben.
- *Befehlsempfänger* können reich werden, indem sie ihr Spezialwissen als Dienstleistung an die Führungskraft verkaufen.

Es ist keine Schande, ein Befehlsempfänger zu sein. Andererseits ist es aber auch nicht gerade eine Auszeichnung, ein Befehlsempfänger zu bleiben. Die meisten großen Führungskräfte begannen ihre Laufbahn als Befehlsempfänger. Sie wurden zu großen Führungskräften, weil sie *intelligente Befehlsempfänger* waren. Leute, die einer Führungskraft nicht auf intelligente Weise folgen können, werden mit wenigen Ausnahmen auch selbst nicht gut führen können. Diejenigen, die einer Führungskraft am effizientesten folgen können, sind für gewöhnlich die, die am schnellsten selbst zu einer solchen aufsteigen. Ein intelligenter Befehlsempfänger zu sein, hat viele Vorteile, unter anderem erhält man *die Gelegenheit, Wissen von Führungskräften zu erlangen.*

> Was die Entlohnung angeht, ist der Unterschied enorm. Der Befehlsempfänger kann nicht ernsthaft glauben, er habe die gleiche Entlohnung wie eine Führungskraft verdient, auch wenn viele Befehlsempfänger den Fehler machen, genau das zu erwarten.

Die wichtigsten Eigenschaften einer Führungskraft erkennen

Wenn Sie sich dazu entschließen, als Führungskraft reich zu werden, sollten Sie sicherstellen, dass Sie über die folgenden elf essenziellen Eigenschaften verfügen:

1. **Unerschütterlicher Mut, basierend auf der Kenntnis seiner selbst und des Berufs:** Kein Befehlsempfänger lässt gern eine Führungskraft entscheiden, der es an Selbstbewusstsein und Mut mangelt. Kein intelligenter Befehlsempfänger wird eine solche Führungskraft lange bestimmen lassen.
2. **Selbstbeherrschung:** Menschen, die nicht in der Lage sind, sich selbst zu beherrschen, können auch nicht über andere herrschen. Selbstbeherrschung setzt ein wichtiges Signal für die Befehlsempfänger, das sich die intelligenteren unter ihnen zum Vorbild nehmen werden.

3. **Ein ausgeprägtes Gerechtigkeitsempfinden:** Ohne Gespür für Fairness und Gerechtigkeit kann keine Führungskraft ihre Befehlsempfänger leiten und sich ihren Respekt bewahren.
4. **Entschiedenheit:** Wer in seinen Entscheidungen schwankt, zeigt dadurch Unsicherheit. So jemand kann nicht erfolgreich andere Menschen führen.
5. **Entschlossenes Verfolgen von Plänen:** Eine erfolgreiche Führungskraft muss die Arbeit planen und den Plan abarbeiten. Eine Führungskraft, die sich von Mutmaßungen leiten lässt und keinen umsetzbaren, festen Plan verfolgt, ist wie ein Schiff ohne Steuerruder. Früher oder später wird es auf Grund laufen.
6. **Die Gewohnheit, mehr zu tun als das, wofür man bezahlt wird:** Führungskräfte müssen mehr tun, als sie von ihren Befehlsempfängern verlangen.
7. **Eine angenehme Persönlichkeit:** Schlampige, fahrlässige Menschen können keine erfolgreichen Führungskräfte werden. Eine Führungsposition verlangt Respekt. Befehlsempfänger respektieren keine Führungskräfte ohne angenehme Persönlichkeit, manchmal auch als Charisma bezeichnet.
8. **Mitgefühl und Verständnis:** Erfolgreiche Führungskräfte müssen sich in ihre Befehlsempfänger einfühlen können. Außerdem müssen sie Verständnis für sie und ihre Probleme haben.
9. **Ein Blick fürs Detail:** Erfolgreiche Führungskräfte müssen ihre Position in all ihren Details beherrschen.
10. **Die Bereitschaft, die volle Verantwortung zu übernehmen:** Erfolgreiche Führungskräfte müssen willens sein, die Verantwortung für die Fehler und Unzulänglichkeiten ihrer Befehlsempfänger zu übernehmen. Wenn sie versuchen, sich dieser Verantwortung zu entledigen, werden sie keine Führungskräfte bleiben. Wenn Befehlsempfänger Fehler machen und sich unfähig zeigen, hat die Führungskraft versagt.
11. **Kooperation:** Erfolgreiche Führungskräfte müssen das Prinzip der gemeinsamen Bemühungen verstehen und anwenden

und in der Lage sein, auch Befehlsempfänger dazu zu bewegen. Führung verlangt Macht und Macht verlangt *Kooperation*.

Die zehn wichtigsten Gründe für das Scheitern von Führungskräften

Zu wissen, *was es zu vermeiden gilt*, ist genauso wichtig wie zu wissen, *was zu tun ist*. Hier sind die zehn Hauptgründe für das Scheitern von Führungskräften:

1. **Unfähigkeit, Details zu organisieren:** Wer eine effiziente Führungskraft sein will, muss in der Lage sein, Details zu meistern und zu organisieren. Keine echte Führungskraft hat je zu viel zu tun, um etwas zu erledigen, das von ihr verlangt wird. Wenn eine Führungskraft oder ein Befehlsempfänger zu beschäftigt für eine Planänderung oder einen Notfall sind, ist das ein Hinweis auf Ineffizienz. Die erfolgreiche Führungskraft muss alle Details im Griff haben, die mit der Position zusammenhängen. Das bedeutet natürlich, dass die Führungskraft Verantwortlichkeiten effektiv delegieren können muss.
2. **Unwilligkeit, einfache Aufgaben zu übernehmen:** Wahrlich große Führungskräfte sind bereit, wenn nötig jede Aufgabe durchzuführen, die sie auch von anderen verlangen würden.

> »Der Größte von euch soll euer Diener sein« ist eine Wahrheit, die alle fähigen Führungskräfte befolgen und respektieren.

3. **Die Erwartung, für das bezahlt zu werden, was man »weiß«, statt dafür, wie man dieses Wissen einsetzt:** Man wird nicht für das bezahlt, was man »weiß«, sondern für das, was man »tut« oder andere veranlasst, zu tun.
4. **Angst vor Konkurrenz durch die Befehlsempfänger:** Die Führungskraft, die fürchtet, einer ihrer Befehlsempfänger wer-

de ihr die Position streitig machen, kann sich praktisch sicher sein, dass diese Befürchtung früher oder später eintrifft. Fähige Führungskräfte ziehen Stellvertreter heran, denen sie nach Belieben Aufgaben überlassen können. Nur auf diese Weise können Führungskräfte darauf vorbereitet sein, gleichzeitig an mehreren Orten zu sein und ihre Aufmerksamkeit auf eine Vielzahl von Dingen zu richten. Es ist eine ewige Wahrheit, dass man für die Fähigkeit, andere Leute zu guten Leistungen anzuspornen, mehr Geld bekommt, als man je für eigene Leistungen erhalten könnte. Effiziente Führungskräfte steigern durch ihr Wissen über den Beruf und ihre natürliche Anziehungskraft die Effizienz anderer. Sie bringen ihre Leute so dazu, mehr und besser zu arbeiten, als sie selbst es je könnten.

5. **Mangelnde Vorstellungskraft:** Ohne Fantasie sind Führungskräfte nicht fähig, auf Notfälle zu reagieren und Pläne zu erstellen, anhand derer sie die Befehlsempfänger effizient führen können.
6. **Egoismus:** Führungskräfte, die alle Lorbeeren für sich beanspruchen, auch wenn die Befehlsempfänger die Arbeit erledigt haben, werden sicherlich auf Abneigung stoßen. Große Führungskräfte schmücken sich niemals mit dem Verdienst aller. Sie geben alle Ehre an ihre Befehlsempfänger weiter, weil sie wissen, dass die meisten Menschen für Lob und Anerkennung härter arbeiten als für Geld allein.
7. **Maßlosigkeit:** Maßlose Führungskräfte respektieren die Befehlsempfänger nicht. Außerdem zersetzt jede Form der Maßlosigkeit die Ausdauer und die Lebenskraft derer, die darin schwelgen.
8. **Illoyalität:** Dieser Punkt hätte vielleicht schon an erster Stelle der Liste stehen sollen. Führungskräfte, die ihrem Unternehmen und den Mitarbeitern (über und unter ihnen) gegenüber nicht loyal sind, werden nicht lange führen. Wer illoyal ist, zeigt, dass er nicht mehr wert ist als der Staub am Boden, und wird deshalb mit wohlverdienter Verachtung gestraft. Mangel

an Loyalität ist in jedem Lebensbereich einer der Hauptgründe des Scheiterns.

9. **Betonung der »Autorität« der Führungskraft:** Effiziente Führungskräfte führen durch Ermutigung und Motivation, nicht indem sie versuchen, ihren Befehlsempfängern Angst einzujagen. Führungskräfte, die versuchen, sich durch ihre »Autorität« Eindruck zu verschaffen, fallen in die Kategorie »Führung durch Zwang«. Wahre Führungskräfte haben es nicht nötig, auf ihre Position hinzuweisen, sie stellen sie durch ihr Verhalten, ihr Mitgefühl, ihr Verständnis, ihr Gerechtigkeitsempfinden und eine Demonstration ihrer Kenntnisse über den Job unter Beweis.
10. **Betonung des Titels:** Kompetente Führungskräfte brauchen keinen »Titel«, um sich den Respekt ihrer Befehlsempfänger zu sichern. Führungskräfte, die zu viel Aufhebens um solche Titel machen, haben im Allgemeinen sonst wenig, was sie hervorheben könnten. Die Tür zum Büro der wahren Führungskraft steht allen offen, die eintreten möchten, und ihr Arbeitsplatz ist frei von Äußerlichkeiten oder Prunk.

Diese Punkte zählen zu den häufigsten Gründen für das Scheitern einer Führungskraft. Jede einzelne dieser Schwächen kann den Misserfolg herbeiführen. Studieren Sie die Liste sorgfältig, wenn Sie eine Führungsposition anstreben, und machen Sie sich von diesen Fehlern frei.

Fruchtbare Felder für neue Führungskräfte

Es gibt in allen Bereichen genügend Möglichkeiten für neue Führungskräfte, weil sie wertsteigernde Chancen schaffen und erkennen. Hier sind ein paar fruchtbare Felder, in denen ein Niedergang der Führungskompetenz stattgefunden hat und Führungskräfte der neuen Schule eine Fülle an *Möglichkeiten* vorfinden:

- **Politik:** Der Bedarf an kompetenten, integren Politikern kann nur als dringend bezeichnet werden. Zu viele Politiker sind anscheinend zu hoch qualifizierten, rechtlich legitimierten Betrügern geworden. Sie haben die Steuern so sehr erhöht und die Industrie und Wirtschaft so verdorben, dass es kein Mensch mehr ertragen kann.
- **Finanzen und Ökonomie:** Die chronische weltweite Instabilität der Finanzmärkte hat das öffentliche Vertrauen in diese quasi zerstört. Die Welt braucht Führungskräfte, die die Finanzprinzipien, auf denen stabile Wirtschaftssysteme basieren, verstehen und zu schätzen wissen. Diese Führungskräfte sollten die moralische Integrität besitzen, das Richtige zu tun, statt es den Banken zu ermöglichen, auf Kosten des Bestands des gesamten Systems kurzzeitige Gewinne einzufahren.
- **Wirtschaft:** Der alte Typ von Führungskraft dachte und handelte mit Blick auf die Dividende, nicht mit Blick auf die menschliche Komponente! Die Ausbeutung von Arbeitern und Tarifverträge, die Unternehmen in den Bankrott treiben, sind ein Ding der Vergangenheit (oder sollten es zumindest sein). Daran sollten alle denken, die danach streben, im Bereich Wirtschaft, Industrie und Handwerk zu einer Führungskraft aufzusteigen.
- **Religion:** Die religiösen Führungskräfte der Zukunft werden gezwungen sein, den heutigen Bedürfnissen ihrer Anhänger mehr Aufmerksamkeit zu schenken, vor allem in Bezug auf deren Finanzen und zwischenmenschliche Beziehungen. Sie dürfen ihr Augenmerk nicht mehr so sehr auf die tote Vergangenheit und die noch nicht geborene Zukunft richten.
- **Weitere Berufsgruppen:** In den Bereichen Recht, Medizin und Bildung werden eine neue Art von Führung und auch von Führungskräften gebraucht. Das gilt vor allem für den Bereich Bildung, wo die Pädagogen Wege finden müssen, zu vermitteln, wie man das Wissen, das in den Schulen gelehrt wird, *anwendet*. Statt mit *Theorie* sollten sie sich mehr mit *Praxis* beschäftigen.

- **Medien:** Die Medien (Zeitungen, Zeitschriften, Film, Fernsehen, Spiele, Webseiten, Radio und so weiter) formen den Geist, der den Kurs der zukünftigen Zivilisation bestimmt. Dort werden kluge, unvoreingenommene Führungskräfte gebraucht, die diese mächtigen Werkzeuge verantwortungsvoll einsetzen, um einen positiven Wandel herbeizuführen.

Dies sind nur einige der Bereiche, in denen sich heute Gelegenheiten für neue Führungskräfte und eine neue Art von Führung bieten.

> **Eine Führungskraft ist jemand, der Chancen schafft und Befehlsempfänger dazu bringt, Produkte und Dienstleistungen zu entwerfen, zu produzieren, zu vermarkten und zu vertreiben.**

Die Bedeutung der Führung durch Zustimmung

Es gibt zwei Formen des Führens:

- *Führung durch Zustimmung* und mit dem Wohlwollen der Befehlsempfänger ist die bei Weitem wirksamste Methode.
- *Führung durch Zwang*, ohne die Zustimmung und das Wohlwollen der Befehlsempfänger, ist untragbar.

In der Geschichte wimmelt es von Beispielen dafür, dass die Führung durch Zwang keinen Bestand hat. Der Niedergang und das Verschwinden von Diktatoren und Königen sagt eine Menge aus. Es bedeutet, dass die Menschen aufgezwungenen Herrschern nicht auf Dauer folgen. Die Welt ist in ein neues Zeitalter der Beziehungen zwischen Führungskräften und Befehlsempfängern eingetreten, das eindeutig nach einer neuen Führungsriege und einer neuen Art der Führung in Wirtschaft und Industrie verlangt.

Wer den alten Führungsstil durch Zwang vertritt, muss ein Verständnis für die neue Art der Führung (Kooperation) entwickeln oder in den Rang der Befehlsempfänger zurückgestuft werden. Eine andere Option steht nicht zur Verfügung.

Die Beziehung zwischen Arbeitgeber und Arbeitnehmer – oder Führungskraft und Befehlsempfänger – wird in Zukunft von gegenseitiger Zusammenarbeit geprägt sein, basierend auf der gerechten Aufteilung der Geschäftsgewinne. Ihr Verhältnis wird, anders als in der Vergangenheit, eher eine Partnerschaft sein. Hitler, Stalin und Saddam Hussein sind Beispiele für die Führung durch Zwang. Ihre Zeiten sind vorbei. Ohne große Schwierigkeit ließen sich auch in den Bereichen Wirtschaft, Industrie und Handwerk Prototypen dieser früheren Art der Führungskraft finden, die schon entthront wurden oder kurz davor stehen. *Führung durch Zustimmung* der Befehlsempfänger ist die einzige Form, die bestehen kann!

Führung durch Zwang ist nicht von Dauer.
Die Menschen folgen Zwangsherrschern vielleicht zeitweise,
doch nicht freiwillig oder für lange Zeit.

Führungskräfte der neuen Schule werden die elf wesentlichen Eigenschaften, die in diesem Kapitel genannt wurden, sowie einige weitere gern verinnerlichen. Wer diese zur Grundlage seines Auftretens macht, wird in allen Bereichen des Lebens eine Fülle von Gelegenheiten erhalten, eine Führungskraft zu werden.

Hindernisse aus dem Weg räumen: Die 31 Hauptgründe für Misserfolg

Die größte Tragödie des Lebens ist, wie viel größer die Zahl der Menschen ist, die sich bemühen und scheitern, als die der wenigen, die Erfolg haben.

Ich hatte das Privileg, mehrere Tausend Männer und Frauen zu analysieren, von denen 98 Prozent als gescheitert galten. In einer Zivilisation und einem Bildungssystem, die zulassen, dass 98 Prozent der Menschen als Versager durchs Leben gehen, läuft etwas gehörig schief. Doch ich habe dieses Buch nicht geschrieben, um Moralpredigten über richtige und falsche Entwicklungen zu halten, denn dabei käme ein Buch heraus, das 100-mal dicker wäre als dieses.

> **Wenn Sie in den Spiegel schauen,**
> **bekommen Sie möglicherweise gleichzeitig Ihren besten**
> **Freund und Ihren schlimmsten Feind zu Gesicht.**

Meine Analyse ergab: Es gibt mindestens 31 Hauptgründe für Misserfolge und 17 Schritte, die Leute unternehmen, um reich zu werden. Auf den folgenden Seiten finden Sie eine Liste der 31 Hauptgründe für Misserfolge sowie eine offene Kategorie für alle weiteren Gründe, die für ein Ausbleiben des Erfolgs sorgen. Überprüfen Sie beim Durchgehen der Liste Schritt für Schritt Ihr eigenes Verhalten, um zu erkennen, wie viele dieser Gründe zwischen Ihnen und dem Erfolg stehen.

1. **Ungünstige genetische Voraussetzungen:** Man kann, wenn überhaupt, nur wenig daran ändern, wenn jemand mit einem Mangel an Intelligenz geboren wurde. Die Philosophie dieses Buches bietet nur eine Methode an, um diese Schwäche zu überbrücken – die Unterstützung durch das *Master Mind*. Glücklicherweise ist dies jedoch der einzige der 31 Gründe

des Misserfolgs, der nicht ohne Weiteres durch den Einzelnen korrigiert werden kann.

2. **Das Fehlen eines klaren Lebensziels:** Wer keine zentrale Absicht, kein klares Ziel vor Augen hat, kann sich keine Hoffnung auf Erfolg machen. 98 von 100 Menschen, die ich analysiert habe, fehlte dieses Ziel. Das war vielleicht der *Hauptgrund ihres Misserfolgs*.
3. **Ein Mangel an Ehrgeiz, überdurchschnittlich zu sein:** Für diejenigen, denen alles so gleichgültig ist, dass sie im Leben nicht vorankommen wollen und nicht bereit sind, den Preis dafür zu bezahlen, gibt es keine Hoffnung.
4. **Unzureichende Bildung:** Dies ist ein Hindernis, das sich relativ leicht beheben lässt. Die Erfahrung zeigt, dass oft die sogenannten Selfmade-Leute, die sich quasi selbst ausgebildet haben, als am besten ausgebildet gelten. Es braucht mehr als einen Universitätsabschluss, um jemanden zu einem gebildeten Menschen zu machen. Das ist man, wenn man gelernt hat, das, was man will, zu erlangen, ohne die Rechte anderer zu verletzen. Bildung besteht weniger aus reinem Wissen als aus Wissen, das effektiv und kontinuierlich *angewendet* wird. Man wird nicht allein für das bezahlt, was man weiß, sondern vor allem dafür, *was man mit diesem Wissen anfängt*.
5. **Mangel an Selbstdisziplin:** Disziplin ist eine Folge der Selbstbeherrschung. Das bedeutet, dass man all seine negativen Eigenschaften unter Kontrolle haben muss. Bevor man die Umstände im Griff haben kann, muss man als Erstes sich selbst im Griff haben. Selbstbeherrschung ist die schwierigste Aufgabe, die sich Ihnen je stellen wird. Wenn Sie sich selbst nicht beherrschen, werden Sie von Ihrem Selbst beherrscht. Wenn Sie in den Spiegel schauen, bekommen Sie möglicherweise gleichzeitig Ihren besten Freund und Ihren schlimmsten Feind zu Gesicht.
6. **Schlechte Gesundheit:** Niemand kann überragende Erfolge feiern, ohne gesund zu sein. Viele der Gründe für mangelnde

Gesundheit gehen darauf zurück, dass man sich nicht unter Kontrolle und im Griff hat. Dazu zählen hauptsächlich:

- übermäßiger Konsum von Nahrung, die nicht gesundheitsförderlich ist,
- übermäßiger Genuss von schädlichen Substanzen wie Nikotin und Alkohol,
- falsche Denkweisen; das Zulassen von zu vielen negativen Gedanken,
- falsch eingesetzte und übermäßige sexuelle Aktivität,
- Mangel an der richtigen körperlichen Betätigung,
- unzureichende Versorgung mit frischer Luft, auch aufgrund von falschem Atmen.

7. **Ungünstige Umwelteinflüsse während der Kindheit:** Unser Wesen wird durch frühe Erfahrungen geprägt. Die meisten Menschen mit kriminellen Neigungen erlangen diese infolge eines schlechten Umfeldes und ungeeignetem Umgang in der Kindheit.
8. **Aufschieberitis:** Dies ist einer der häufigsten Gründe für Misserfolg. Die »gute, alte Aufschieberitis« lauert allen Menschen auf und wartet auf ihre Gelegenheit, deren Erfolgschancen zu verderben. Die meisten von uns scheitern, weil wir »auf den richtigen Zeitpunkt« warten, um ein lohnenswertes Projekt anzugehen. Zögern Sie es nicht hinaus. Der »richtige Zeitpunkt« trifft nie ein. Legen Sie jetzt sofort los und arbeiten Sie mit den Werkzeugen, die Ihnen zur Verfügung stehen. Dann werden Sie unterwegs schon noch bessere finden.
9. **Mangelnde Beharrlichkeit:** Die meisten von uns sind gut darin, etwas anzufangen, aber schlecht darin, es auch zu beenden. Außerdem neigen viele Menschen dazu, beim ersten Anzeichen einer Niederlage aufzugeben. *Beharrlichkeit* lässt sich durch nichts ersetzen. Wer Ausdauer beweist, stellt fest, dass der »gute, alte Misserfolg« irgendwann müde wird und *sich verzieht.* Der *Beharrlichkeit* hat der Misserfolg nichts entgegenzusetzen.

10. **Eine negative Persönlichkeit:** Für denjenigen, der andere Menschen durch seine negative Persönlichkeit abstößt, gibt es keine Hoffnung. Erfolg ergibt sich durch den Einsatz von Macht, und Macht erhält man durch die gemeinsamen Bemühungen anderer. Eine negative Persönlichkeit wird niemanden zur Kooperation bewegen.
11. **Mangelnde Kontrolle des Sexualtriebs:** Die sexuelle Energie ist der machtvollste Anstoß zum Handeln. Da es sich dabei um die stärkste aller Emotionen handelt, muss sie durch Umwandlung kontrolliert und in andere Bahnen gelenkt werden.
12. **Ein unkontrolliertes Verlangen nach »Leistungen ohne Gegenleistungen«:** Der Glücksspieltrieb lässt Millionen von Menschen scheitern. Beispiele dafür bietet das Dot.com-Fiasko zu Beginn der 2000er-Jahre, als Millionen Leute versuchten, durch Investitionen in windige Unternehmen Geld zu verdienen.
13. **Mangel an ausgeprägter Entscheidungskraft:** Wer Erfolg hat, trifft schnell Entscheidungen und revidiert sie, wenn überhaupt, nur nach langem Überlegen wieder. Wer scheitert, trifft Entscheidungen, wenn überhaupt, nur nach langem Überlegen, und revidiert sie oft und schnell wieder. Unentschlossenheit und Aufschieberitis sind untrennbar miteinander verbunden. Wo das eine auftritt, ist das andere meist nicht fern. Man muss sich dieses Paares entledigen, bevor man endgültig in der Tretmühle des Scheiterns festsitzt.
14. **Eine oder mehrere der sechs grundlegenden Ängste:** Diese Ängste werden in Schritt 3 analysiert. Sie gilt es zu überwinden, bevor man seine Dienste effektiv an den Mann bringen kann.
15. **Die Wahl des falschen Ehepartners:** Dies ist einer der häufigsten Gründe für einen Misserfolg. Die Ehe stellt eine enge Verbindung zwischen zwei Menschen her. Wenn diese Beziehung nicht harmonisch ist, ist ein Scheitern wahrscheinlich. Zudem wird es sich um eine Form des Scheiterns handeln,

die von Leid und Unzufriedenheit geprägt ist und jeglichen *Ehrgeiz* zerstört.

16. **Übertriebene Vorsicht:** Wer keinerlei Risiko eingeht, muss sich meist mit dem begnügen, was andere übrig lassen, wenn sie die Wahl haben. Übertriebene Vorsicht ist genauso schlecht wie Unvorsichtigkeit. Beides sind Extreme, gegen die es sich zu wappnen gilt. Wagnisse gehören zum Leben dazu.
17. **Die Wahl der falschen Geschäftspartner:** Dieser Punkt zählt zu den häufigsten Gründen eines Scheiterns im Geschäftsleben. Wer seine Dienste anbietet, sollte sich mit großer Sorgfalt einen Arbeitgeber aussuchen, der einen Ansporn darstellt und intelligent und erfolgreich ist. Wir ahmen die Menschen, mit denen wir am engsten zusammenarbeiten, gern nach. Wählen Sie einen Arbeitgeber aus, den es sich nachzuahmen lohnt.
18. **Aberglaube und Vorurteile:** Aberglaube ist eine Form der Angst und zudem ein Zeichen des Unverstands. Erfolgreiche Menschen sind offen für Neues und haben vor nichts Angst.
19. **Die falsche Berufswahl:** Niemand kann in einem Bereich Erfolg haben, der ihm oder ihr keine Freude macht. Der wichtigste Schritt, wenn es um das Anbieten der eigenen Dienste geht, ist die Auswahl eines Berufs, für den man brennt.
20. **Ein Mangel an Konzentration oder Anstrengung:** Wer alles kann, kann nichts gut. Konzentrieren Sie sich auf ein *festes Hauptziel.*
21. **Die Gewohnheit, übermäßig viel Geld auszugeben:** Geldverschwender können nicht erfolgreich sein, vor allem, weil sie immer *Angst vor Armut* haben. Machen Sie es sich zur Gewohnheit, stets einen festgelegten Teil Ihres Einkommens zu sparen. Geld, das auf der Bank liegt, bildet eine sichere Grundlage für den nötigen Mut, wenn wir über die Bereitstellung unserer Dienste verhandeln. Ohne Rücklagen muss man nehmen, was man geboten bekommt, und darüber noch froh sein.
22. **Fehlende Begeisterung:** Ohne Begeisterung ist niemand überzeugend. Außerdem wirkt Begeisterung ansteckend, und

wer Begeisterung ausstrahlt, ist im Allgemeinen in jeder Gruppe willkommen.

23. **Intoleranz:** »Engstirnige« Menschen bringen es selten zu etwas. Intoleranz bedeutet, dass man aufgehört hat zu lernen. Zu den gefährlichsten Formen der Intoleranz gehört die gegenüber abweichenden religiösen, ethnischen und politischen Ansichten.
24. **Ausschweifungen:** Zu den gefährlichsten Formen der Ausschweifung gehört ein Übermaß an Essen, alkoholischen Getränken und sexueller Aktivität. Jede dieser Schwächen führt zwingend zu Misserfolg.
25. **Die Unfähigkeit, mit anderen zusammenzuarbeiten:** Wegen dieser Schwäche lassen sich mehr Menschen Positionen und große Chancen im Leben entgehen als aus allen anderen Gründen zusammen. Es handelt sich um einen Fehler, den keine wohlinformierte Führungskraft tolerieren wird.
26. **Macht, die man sich nicht selbst erarbeitet hat** (das bezieht sich auf die Söhne und Töchter reicher Familien und andere, die Geld erben, das sie nicht selbst verdient haben): Macht in den Händen von Leuten, die sie sich nicht schrittweise erarbeitet haben, macht den Erfolg oft unmöglich. *Schneller Reichtum* ist gefährlicher als Armut.
27. **Vorsätzliche Unehrlichkeit:** Ehrlichkeit ist unerlässlich. Es kann vorkommen, dass man durch Umstände, die man nicht kontrollieren kann, zeitweilig zu Unehrlichkeit gezwungen ist, ohne dauerhaften Schaden anzurichten. Doch für Menschen, die bewusst unehrlich sind, gibt es *keine Hoffnung*. Früher oder später werden sie von ihren Taten eingeholt, und dann zahlen sie mit dem Verlust ihres Rufs und vielleicht sogar ihrer Freiheit dafür.
28. **Geltungsbedürfnis und Eitelkeit:** Diese Eigenschaften sind rote Flaggen, die andere davor warnen, sich zu nähern. *Sie machen den Erfolg unmöglich.*
29. **Raten, statt zu denken:** Die meisten Menschen sind zu gleichgültig oder faul, um sich die Fakten zu beschaffen, die *die*

richtigen Schlüsse erlauben. Sie handeln lieber auf der Grundlage von »Meinungen«, die auf Mutmaßungen oder vorschnellen Urteilen beruhen.

30. **Kapitalmangel:** Dies ist ein gängiger Grund für den Misserfolg von Menschen, die in der Geschäftswelt die ersten Schritte machen, ohne über das nötige Kapital zu verfügen, um Fehler wiedergutzumachen und das Unternehmen zu tragen, bis es sich einen *Ruf* erarbeitet hat.
31. **Andere:** Hier können Sie weitere Gründe für Misserfolge zusammenfassen, die Sie kennengelernt haben und die bisher nicht in der Liste aufgeführt sind.

> **Tipp:** Überlegen Sie zunächst selbst, welche dieser 31 typischen Gründe für Misserfolge auf Sie zutreffen, und bitten Sie dann einen oder mehrere Menschen – etwa einen Vorgesetzten, einen Freund, einen Lehrer, einen Kollegen und einen Kunden –, Sie anhand der Liste einzuschätzen. Mehrere verschiedene Ansichten ergeben ein vollständigeres und objektiveres Bild Ihrer Stärken und Schwächen.

Ein Schatz an Chancen und Ressourcen

Ein großes Hindernis auf dem Weg zum Erfolg, das oben nicht explizit genannt wurde, ist das Finden von Ausreden, was jedem Punkt auf der Liste zugeschlagen werden könnte. Zur Selbsterkenntnis und Selbstverbesserung gehört es, zu bemerken, wann man sich in Ausreden flüchtet und dadurch die eigenen Erfolgschancen einschränkt. Dann gilt es, die eigene Einstellung so zu ändern, dass man die Vorteile, die man genießt, zu schätzen weiß, vor allem, wenn man in einem Land mit einer freien (kapitalistischen) Marktwirtschaft wie den USA lebt. Lassen Sie uns einen Blick darauf werfen, was die Vereinigten Staaten von Amerika denjenigen, die ein Vermögen anstreben – egal ob groß oder klein –, zu bieten haben.

Zuallererst müssen wir uns in Erinnerung rufen, dass wir in einem Land leben, in dem jeder gesetzestreue Bürger ein ausgeprägteres Recht auf freie Meinungsäußerung und freies Handeln hat als überall sonst auf der Welt. Die meisten von uns haben sich die Vorteile dieser Freiheit niemals vor Augen geführt. Wir haben unsere unbegrenzte Freiheit noch nie mit der beschnittenen Freiheit in anderen Ländern verglichen.

Bei uns herrschen das Recht auf Gedankenfreiheit, auf die freie Wahl der Ausbildung, auf Religionsfreiheit, politische Freiheit, freie Berufswahl, die Freiheit, *beliebig* viel Besitz anzuhäufen und unser Eigen zu nennen, ohne deshalb belästigt zu werden, die freie Wahl des Wohnortes, auf freie Ehepartnerwahl, Chancengleichheit für alle Rassen, auf Reisefreiheit, freie Nahrungsmittelwahl und die Freiheit, *jedes gewünschte Lebensziel anzustreben* – wir können sogar Präsident oder Präsidentin der USA werden.

Wir haben noch weitere Freiheitsrechte, doch diese Liste bietet einen ersten Überblick über die wichtigsten, die uns in höchstem Maße *Chancen* ermöglichen. Der Vorteil dieser Freiheiten fällt noch deutlicher ins Auge, da die USA das einzige Land sind, das jedem Bürger, egal ob dort geboren oder eingebürgert, eine derart umfassende und vielfältige Liste von Freiheitsrechten garantiert.

Lassen Sie uns als Nächstes ein paar der Geschenke anschauen, die uns dieses breite Angebot von Freiheiten in die Hände legt. Werfen wir einen Blick auf eine durchschnittliche amerikanische Familie (das heißt, eine Familie mit einem durchschnittlichen Einkommen) und zählen wir auf, was für jedes Familienmitglied in diesem Land der *Chancen* und der Fülle frei verfügbar ist! Neben dem Recht auf freie Meinungsäußerung und freies Handeln stehen *Nahrung*, *Kleidung* und *Obdach*, die drei Grundbedürfnisse des Lebens:

- **Nahrung:** Aufgrund der universellen Freiheiten steht der durchschnittlichen amerikanischen Familie eine erlesene Auswahl an Lebensmitteln aus der ganzen Welt zur Verfügung, zu einem Preis, den sie sich leisten kann.

- **Kleidung:** Überall in den Vereinigten Staaten können Männer und Frauen ihren Bedarf an Kleidung decken und sich zu Preisen, die mit dem Gehalt einer durchschnittlichen Familie bezahlbar sind, gut ausstatten.
- **Obdach:** Auch wenn die Unterkünfte von unterschiedlicher Größe und Qualität sind, hat doch jede Familie zu einem angemessenen Preis Zugang zu einem gemütlichen Haus oder Apartment, mit Heizung und Klimaanlage, mit Elektrizität sowie Gas oder Strom zum Kochen.

Und das sind nur die drei grundlegendsten Bedürfnisse. Jedem durchschnittlichen amerikanischen Bürger stehen im Gegenzug für seine bescheidenen Anstrengungen, die acht Arbeitsstunden am Tag nicht überschreiten, noch weitere Privilegien und Vorteile zur Verfügung. Dazu gehört auch ein Auto, mit dem man für einen geringen Preis nach Belieben umherfahren kann.

Der durchschnittliche Amerikaner genießt eine Gewährleistung der Eigentumsrechte, wie es sie in keinem anderen Land der Erde gibt. Überschüssiges Geld kann auf der Bank deponiert werden, mit der Garantie, dass der Staat es schützt und dafür einsteht, sollte die Bank bankrottgehen. US-Bürger können innerhalb des Landes ohne Pass reisen und es zudem nach Belieben verlassen und zurückkehren. So frei und so günstig ist das Reisen in den wenigsten Ländern.

> Die drei Grundbedürfnisse – Nahrung, Kleidung und Obdach – können durch ein Mindestmaß an Anstrengungen gedeckt werden, was uns die Freiheit gibt, *durch Nachdenken reich zu werden.*

Das »Wunder«, das diese Geschenke mit sich bringt

Wir hören oft, dass Politiker über die Freiheit Amerikas reden, wenn sie auf Stimmenfang sind, doch sie nehmen sich nur selten die Zeit oder machen sich die Mühe, die Quelle oder das Wesen dieser »Freiheit« zu erforschen. Ich, der ich keine persönlichen Interessen, keinen Groll und keine Hintergedanken hege, habe das Privileg, eine offene Analyse dieses geheimnisvollen, abstrakten, oft missverstandenen »Etwas« vornehmen zu können, das jedem Bürger der USA mehr Freiheiten und mehr Chancen, Reichtum anzuhäufen, bietet, als man in jedem anderen Land antrifft.

Ich kann den Ursprung und das Wesen dieser *unsichtbaren Macht* erkunden, weil ich – schon seit mehr als einem Vierteljahrhundert – viele der Menschen kenne, die diese Macht gestaltet haben und für ihre Aufrechterhaltung sorgen.

Der Name dieses geheimnisvollen Wohltäters der Menschheit lautet *Kapital*!

Das *Kapital* umfasst nicht nur Geld, sondern auch äußerst organisierte, intelligente Gruppen von Menschen, die ihr Geld effizient so einsetzen, dass sowohl die Allgemeinheit als auch sie selbst davon profitieren.

Zu diesen Gruppen gehören Wissenschaftler, Pädagogen, Apotheker, Erfinder, Wirtschaftsanalysten, PR-Fachleute, Transportexperten, Buchhalter, Anwälte, Ärzte und andere, die über ein ausgeprägtes Spezialwissen in allen Bereichen der Industrie und Wirtschaft verfügen. Sie wagen sich vor, probieren Dinge aus und bereiten den Weg zu neuen Tätigkeitsfeldern. Sie unterstützen Universitäten, Krankenhäuser und Schulen, bauen Straßen, bringen Zeitungen heraus, kommen (auch durch ihre Steuern) für einen Großteil der staatlichen Kosten auf und kümmern sich um die Unmenge von Details, die den menschlichen Fortschritt vorantreiben. Kurz gesagt sind die Kapitalisten das Gehirn der Zivilisation, weil sie für den Stoff sorgen, aus dem Bildung, Aufklärung und Fortschritt bestehen.

Geld ohne Gehirn ist immer gefährlich. Richtig eingesetzt, ist es der wichtigste Bestandteil der Zivilisation. Ein einfaches Frühstück einer New Yorker Familie, bestehend aus Grapefruitsaft, Müsli, Eiern, Brot, Butter und Kaffee mit Zucker, wäre nicht zu einem erschwinglichen Preis erhältlich, wenn das organisierte Kapital nicht für die Maschinen, die Schiffe, die Eisenbahn und die für die Bedienung dieser Geräte ausgebildeten Menschen gesorgt hätte.

Geld ohne Gehirn ist immer gefährlich.
Die Kombination aus beidem treibt den Fortschritt
der Zivilisation an.

Dampfschiffe und Eisenbahnen wachsen weder auf Bäumen noch fahren sie von selbst. Sie entstehen auf den Ruf der Zivilisation hin, durch die Arbeit, die Ideen und die Organisationsfähigkeit von Menschen, die über *Vorstellungskraft, Glauben, Entscheidungsfreudigkeit und Beharrlichkeit* verfügen! Diese Menschen nennt man Kapitalisten. Ihr Antrieb ist der Wille, zu bauen, zu erschaffen, etwas zu erreichen, nützliche Dienste anzubieten, Gewinne einzufahren und reich zu werden. Und da sie *Dienste anbieten, ohne die es keine Zivilisation gäbe*, können sie große Vermögen anhäufen.

Ich möchte mich ganz klar und deutlich ausdrücken: Diese Kapitalisten sind genau die Leute, gegen die viele Straßenredner wettern. Es handelt sich um die Menschen, die Radikale, Gauner, unehrliche Politiker und unlautere Arbeiterführer meinen, wenn sie von »Raubtierkapitalisten« oder der »Wall Street« reden.

Damit möchte ich mich nicht für oder gegen eine bestimmte Gruppe von Menschen oder ein Wirtschaftssystem aussprechen. Ich will weder Tarifverträge verdammen, wenn ich von »unlauteren Arbeiterführern« spreche, noch behaupten, dass jeder Kapitalist eine weiße Weste habe.

Die Absicht dieses Buches – eine Absicht, auf die ich mehr als ein Vierteljahrhundert verwendet habe – ist es, allen, die es wollen, das nötige Wissen und die zuverlässigste Philosophie an die Hand zu geben, durch die jeder Einzelne so viel Geld verdienen kann, wie er nur will.

Die ökonomischen Vorteile des kapitalistischen Systems habe ich dargestellt, um zwei Dinge zu zeigen:

- dass alle, die reich werden wollen, das System, das alles Streben nach Vermögen kontrolliert, anerkennen und sich daran anpassen müssen, und
- um ein Gegenstück zu dem Bild zu schaffen, das Politiker und Demagogen zeichnen, die absichtlich eine negative Darstellung verfolgen, indem sie vom organisierten Kapital reden, als handle es sich um etwas Giftiges.

Dies ist ein kapitalistisches Land, entstanden durch die Nutzung von Kapital, und wir, die das Recht für uns beanspruchen, an den Segnungen der Freiheit und der Chancen teilhaben zu wollen, die hier reich werden wollen, sollten wissen, dass es für uns weder Reichtum noch Chancen gäbe, wenn das *organisierte Kapital* diese Dinge nicht verfügbar gemacht hätte.

Wenn Sie zu den Leuten gehören, die glauben, man könne ein Vermögen anhäufen, einfach indem sich Menschen in Gruppen organisieren und *mehr Lohn* für *weniger Arbeit* verlangen, wenn Sie zu denjenigen gehören, die staatliche Maßnahmen fordern und möglichst nicht einmal davon gestört werden wollen, wenn das Geld morgens geliefert wird, wenn Sie zu denen gehören, die es für richtig halten, ihre Stimme Politikern zu geben, die dann im Gegenzug Gesetze erlassen, die zur Plünderung der Staatskasse führen, steht Ihnen das völlig frei, und Sie können sicher sein, dass niemand Sie dafür belangen wird, denn *dies ist ein freies Land, in dem jeder frei seine Meinung vertreten kann*, in dem fast jeder ohne große Mühen leben kann und in dem viele gut zu leben vermögen, ohne überhaupt zu arbeiten.

Doch Sie sollten die volle Wahrheit über die *Freiheit* kennen, mit der so viele Leute prahlen und die so wenige verstehen. So wunderbar sie auch ist, so weit sie auch reicht, so viele Privilegien sie uns auch verschafft, *Reichtum ohne Mühen kann und wird auch sie uns nicht einbringen.*

Das Gesetz der Wirtschaftslehre

Es gibt nur eine verlässliche Methode, reich zu werden und es auch auf legale Weise zu bleiben, und das ist der Verkauf von Produkten oder Dienstleistungen. Es ist noch kein System geschaffen worden, in dem sich Menschen nur durch ihre reine Anzahl oder ohne Leistung eines Gegenwerts legal ein Vermögen verschaffen können.

Es gilt das *Gesetz der Wirtschaftslehre.* Das ist mehr als nur Theorie. Es ist ein Gesetz, das kein Mensch brechen kann, ohne ernsthafte Konsequenzen zu spüren.

Gemäß dem Gesetz der Wirtschaftslehre kann man nur rechtmäßig Gewinn machen, wenn man ein Produkt oder eine Dienstleistung gegen mehr Geld eintauscht, als die Bereitstellung des Produktes oder der Dienstleistung kostet.

Merken Sie sich dieses Prinzip gut, denn es ist weitaus mächtiger als alle Politiker und politischen Apparate. Es steht außerhalb und jenseits der Kontrolle der Gewerkschaften. Es lässt sich nicht von Betrügern oder selbst ernannten Anführern irgendeiner Berufsgruppe umstimmen, beeinflussen oder bestechen. Außerdem *ist es allsehend und verfügt über ein perfektes Buchhaltungssystem,* in dem es genau verfolgt, wann und wo ein jeder Mensch versucht, etwas zu bekommen, ohne etwas dafür zu geben. Früher oder später kommen die Kontrolleure vorbei, schauen sich die Unterlagen aller großen und kleinen Leute an und verlangen eine Buchprüfung.

»Wall Street«, »Big Business«, »Raubtierkapitalismus« oder wie auch immer man das System nennen möchte, das uns die *amerikanische Freiheit* verschafft hat, repräsentiert eine Gruppe von Menschen, die dieses mächtige *Gesetz der Wirtschaftslehre* verstehen, respektieren und sich ihm fügen! Ihr fortdauernder finanzieller Erfolg beruht darauf, dass sie das Gesetz achten.

Das *Gesetz der Wirtschaftslehre* ist naturgegeben! Es existiert kein Oberster Gerichtshof, bei dem Übertreter des Gesetzes Berufung einlegen könnten. Das Gesetz selbst bestraft diejenigen, die es brechen, und belohnt alle, die es achten, ohne dass irgendein Mensch eingreifen könnte. Das Gesetz kann nicht aufgehoben werden. Es ist so fix wie die Sterne am Himmel und gehört demselben System an, das über die Sterne herrscht.

Kann man sich weigern, sich dem *Gesetz der Wirtschaftslehre* zu fügen?

Sicherlich! Dies ist ein freies Land, wo alle mit den gleichen Rechten zur Welt kommen, auch dem Privileg, das *Gesetz der Wirtschaftslehre* zu ignorieren.

Was passiert dann?

Nun, es passiert nichts, bis eine große Anzahl von Menschen sich zusammenschließt und sich explizit dafür ausspricht, das Gesetz zu ignorieren und sich mit Gewalt zu nehmen, was sie haben will. *Dann kommt der Diktator, mit gut organisierten Erschießungskommandos und Maschinenpistolen!*

Dieses Stadium haben wir in den USA noch nicht erreicht. Aber wir wissen genau, wie es dazu kommt. Vielleicht sind wir klug genug, eine solch furchtbare Realität nicht persönlich erleben zu wollen. Es wäre zweifellos besser für uns, mit der *Meinungsfreiheit*, der *Handlungsfreiheit* und der *Freiheit, nützliche Dienste im Austausch für Geld anzubieten*, weiterzumachen.

Die Gepflogenheit von Staatsvertretern, Männern und Frauen im Gegenzug für ihre Stimme das Plündern der Staatskasse zu gestatten, führt manchmal zu einem Wahlerfolg, doch so wie die Nacht auf den Tag folgt dann unvermeidlich der Zahltag: wenn jeder Penny, der unrechtmäßig ausgegeben wurde, mit Zins und Zinseszins zurückgezahlt werden muss. Wenn diejenigen, die so gierig waren, nicht zur Rückzahlung gezwungen werden, fällt diese Last ihren Kindern und Kindeskindern zu, bis zur dritten und vierten Generation. Es gibt keine Möglichkeit, sich den Schulden zu entziehen.

Menschen können sich zu Gruppen zusammenschließen – und tun dies manchmal auch –, um für höhere Löhne und geringere Arbeitszeiten zu kämpfen. Doch es gibt eine Grenze, die sie nicht überschreiten dürfen. Das ist der Punkt, an dem das *Gesetz der Wirtschaftslehre* greift, an dem das Unternehmen geschlossen wird und alle Angestellten gehen müssen.

Diese Beobachtungen fußen nicht auf kurzzeitigen Erfahrungen. Sie sind das Ergebnis einer 25 Jahre andauernden, sorgfältigen Analyse der Methoden sowohl der erfolgreichsten und auch der am wenigsten erfolgreichen Menschen in den USA.

Chancen sehen und ergreifen

Die *Gelegenheit* hat ihre Waren vor Ihnen ausgebreitet. Treten Sie vor, suchen Sie sich das Gewünschte aus, erstellen Sie einen Plan, setzen Sie den Plan um und bleiben Sie *beharrlich* bei der Sache. Das »kapitalistische« Amerika wird den Rest erledigen. Darauf können Sie sich verlassen – *das kapitalistische Amerika bietet jedem Menschen die Gelegenheit, nützliche Dienste anzubieten und entsprechend dem Wert dieser Dienste Gewinne einzufahren.*

Dieses Recht verweigert das »System« niemandem, doch es kann keine Leistungen ohne Gegenleistung versprechen (und tut es auch nicht), denn das *Gesetz der Wirtschaftslehre* ist der unumstößliche Herrscher des Systems, das es nicht lange anerkennt oder toleriert, wenn jemand *sich etwas nimmt, ohne zu geben.*

Das kapitalistische Amerika bietet jedem Menschen die Gelegenheit, nützliche Dienste anzubieten und entsprechend dem Wert dieser Dienste Gewinne einzufahren.

Amerika bietet alle nötigen Freiheiten und Gelegenheiten, um Reichtum anzuhäufen, die sich ehrliche Menschen wünschen könnten. Wer jagen geht, sucht sich dafür wildreiche Jagdgründe aus. Ähnliches gilt für denjenigen, der reich werden will. Daher sollte er es sich gut überlegen, bevor er versucht, das kapitalistische System eines Landes zu zerstören, dessen Bürger jedes Jahr Hunderte Millionen Dollar für Luxusgüter ausgeben, von denen die Menschen in den meisten Ländern der Welt nur träumen können.

Denken Sie auch daran, dass die Produktion, der Transport und das Vermarkten dieser Handelswaren Arbeitsplätze für *viele Millionen Männer und Frauen* schafft, die für ihre Dienste *monatlich viele Millionen Dollar* erhalten und diese frei für Luxusgegenstände und lebensnotwendige Güter ausgeben. Dieser Austausch von Waren und Dienstleistungen bietet eine Fülle von *Gelegenheiten*, ein Vermögen zu verdienen.

Hier kommt einem die *amerikanische Freiheit* zu Hilfe. Nichts hält Sie oder andere davon ab, die Bemühungen zu unternehmen, die für die Durchführung dieser Geschäfte nötig sind. Wer begabt, gut ausgebildet und erfahren ist, kann sich großen Reichtum verschaffen. Wer weniger begünstigt ist, kann trotzdem kleinere Summen anhäufen. Jeder kann sich für einen geringen Arbeitsaufwand seinen Lebensunterhalt verdienen.

Sie sind der Meister Ihres Schicksals auf Erden,
genauso wie Sie über die Macht verfügen,
Ihre Gedanken zu kontrollieren.

Gehen Sie in sich und finden Sie heraus,
wie viele der »Gespenster« Ihnen im Weg stehen.

Befreien Sie sich von den sechs Gespenstern
der Angst.

Schritt 3: Überlisten Sie die sechs Gespenster der Angst

Bevor Sie irgendeinen Teil dieser Philosophie erfolgreich anwenden können, muss Ihr Geist darauf eingestellt sein, sie aufzunehmen. Die Vorbereitung ist nicht weiter schwierig. Sie beginnt mit dem Studium, der Analyse und dem Verständnis der drei Feinde, die Sie loswerden müssen: *Unentschlossenheit, Zweifel* und *Angst!*

Der sechste Sinn wird nie funktionieren, solange diese drei negativen Kräfte in Ihrem Kopf verbleiben. Die Mitglieder dieses unheiligen Trios sind eng miteinander verwandt; wo man eines antrifft, sind die beiden anderen nicht weit.

Unentschlossenheit ist der Keim der *Angst*! Behalten Sie das beim Lesen dieses Buches im Hinterkopf. Unentschlossenheit bringt *Zweifel* hervor, und dann vermischen sich die beiden und werden zu *Angst!* Die »Vermischung« geht oft langsam vonstatten. Das ist einer der Gründe, warum die drei Feinde so gefährlich sind. Sie treiben aus und wachsen, ohne dass man ihre Anwesenheit bemerkt.

Dieses Kapitel handelt im weiteren Verlauf von einem Ziel, das erreicht werden muss, bevor sich die Philosophie als Ganzes praktisch anwenden lässt. Darüber hinaus wird ein Zustand analysiert, der Unmengen von Menschen in die Armut getrieben hat, und eine Wahrheit präsentiert, die von allen verstanden werden muss, die zu Reichtum gelangen wollen, egal, ob es sich dabei um finanziellen Reichtum handelt oder um eine Geisteshaltung, die viel mehr wert ist als Geld.

Die Absicht dieses Kapitels besteht darin, die Aufmerksamkeit auf die Ursachen der sechs grundlegenden Ängste und die Heilmittel dagegen zu lenken. Bevor wir einen Feind besiegen können, müssen wir seinen Namen, seine Gewohnheiten und seinen Aufenthaltsort kennen. Gehen Sie beim Lesen in sich und prüfen Sie, ob auch Sie von den sechs verbreiteten Ängsten betroffen sind – und wenn ja, von welchen.

Lassen Sie sich nicht von den Angewohnheiten dieser heimtückischen Feinde hinters Licht führen. Manchmal verbergen sie sich im Unterbewusstsein, wo sie nur schwer zu finden und noch schwerer zu eliminieren sind.

Die sechs grundlegenden Ängste

Es gibt sechs grundlegende Ängste, und unter irgendeiner Kombination davon leidet jeder Mensch irgendwann einmal. Die meisten haben schon Glück, wenn sie nicht von allen sechs auf einmal befallen sind. Hier sind sie – geordnet nach der Häufigkeit ihres Auftretens:

- die Angst vor *Armut,*
- die Angst vor *Kritik,*
- die Angst vor *Krankheit,*
- die Angst vor *Liebesverlust,*
- die Angst vor dem *Alter,*
- die Angst vor dem *Tod.*

Alle anderen Ängste sind von geringerer Bedeutung und lassen sich diesen sechs Begriffen zuordnen.

Diese Ängste, ein wahrer Fluch der Welt, treten periodisch auf. Während der Wirtschaftskrise in den 1930ern zappelten wir fast sechs Jahre lang im Griff der *Angst vor Armut.* Zu Kriegszeiten oder im Angesicht von Terror erleben wir eine Periode der *Angst vor dem Tod.* Selbst in Phasen des Wohlstands und des Friedens hält uns die *Angst vor Krankheit* gefangen, begünstigt durch die Ausbreitung verschiedener Erkrankungen auf der ganzen Welt.

Angst ist nicht mehr als eine Geisteshaltung. Unsere Geisteshaltung unterliegt unserer Kontrolle und kann gesteuert werden. Wie jeder weiß, sind Ärzte weniger anfällig für Krankheiten als andere

Leute, weil sie *keine Angst davor* haben. Es gibt bekanntermaßen Ärzte, die ohne Angst und ohne zu zögern täglich mit Hunderten Patienten mit ansteckenden Erkrankungen wie Pocken in Kontakt kommen, ohne sich zu infizieren. Ihre Immunität beruht größtenteils, wenn nicht sogar ganz, auf ihrer absoluten Furchtlosigkeit.

Wir können nichts erschaffen, das nicht zuerst in Form eines Gedankenimpulses auftritt. Auf diese Aussage folgt nun eine weitere, noch wichtigere: *Gedankenimpulse beginnen umgehend damit, sich in ihr reales Gegenstück zu verwandeln, egal, ob diese Gedanken freiwillig oder unfreiwillig gedacht wurden.* Gedankenimpulse, die ganz zufällig aus dem Äther aufgegriffen werden (Gedanken, die anderen Köpfen entsprungen sind), können das eigene finanzielle, geschäftliche, berufliche oder gesellschaftliche Schicksal genauso sehr bestimmen wie Gedankenimpulse, die man absichtlich und vorsätzlich selbst erzeugt.

Gedankenimpulse beginnen umgehend damit, sich in ihr reales Gegenstück zu verwandeln, egal ob diese Gedanken freiwillig oder unfreiwillig gedacht wurden.

Wir legen hier den Grundstein für die Präsentation einer Tatsache, die ganz wichtig ist für alle, die nicht verstehen, warum manche Menschen stets »Glück« haben, während andere mit gleich guten oder besseren Voraussetzungen – Fähigkeit, Ausbildung, Erfahrung und Intelligenz – auf Dauer vom Unglück verfolgt zu werden scheinen. Dieser Umstand lässt sich dadurch erklären, dass Menschen in der Lage sind, ihren Geist vollständig zu kontrollieren. Sie können ihre Köpfe für die umherziehenden Gedankenimpulse, die von anderen Köpfen freigesetzt werden, öffnen oder fest dagegen verschließen. So gelingt es, nur ausgewählte Impulse einzulassen.

Es gibt nur eine Sache, über die wir die absolute Kontrolle haben, und das sind unsere *Gedanken*. Dieser Umstand, zusammen mit der Tatsache, dass alles, was Menschen erschaffen, von Gedanken ausgeht, führt uns ganz nahe an das Prinzip heran, durch das sich *Angst* besiegen lässt.

Wenn es stimmt, dass *alle Gedanken dazu neigen, sich zu verwirklichen* (und das ist über jeden berechtigten Zweifel erhaben), stimmt es auch, dass Gedankenimpulse, die sich um Angst und Armut drehen, nicht in Mut und finanzielle Gewinne überführt werden können.

Nach dem Börsencrash von 1929 konnten viele Bewohner der USA und anderer Industrieländer nicht anders, als an Armut zu denken. Langsam, aber sicher brachte dieser Massengedanke sein reales Gegenstück hervor, bekannt als die »Wirtschaftskrise«. Das musste gemäß den Naturgesetzen genau so passieren.

Angst vor Armut

Einen Kompromiss zwischen *Armut* und *Reichtum* kann es nicht geben! Die beiden Straßen, die zum Reichtum und in die Armut führen, verlaufen in entgegengesetzte Richtungen. Wer reich sein will, muss sich gegen alle Umstände sträuben, die in Richtung Armut weisen. (Das Wort »Reichtum« wird hier im weitesten Sinn gebraucht, es steht für finanzielle, spirituelle, geistige und materielle Fülle.) Der Ausgangspunkt des Pfades, der zum Reichtum führt, ist das *Verlangen*, welches wir in Schritt 5 behandeln, doch zunächst müssen Sie Ihren Geist darauf vorbereiten, das *Verlangen* praktisch zu nutzen.

An dieser Stelle ist es Zeit, dass Sie sich einem Test unterziehen, der klar zeigt, wie viel dieser Philosophie Sie schon in sich aufgenommen haben. Nun können Sie zum Propheten werden und genau voraussagen, was die Zukunft für Sie bereithält. Wenn Sie nach dem Lesen dieses Kapitels bereit sind, Armut zu akzeptieren, können Sie sich auf ein Leben in Armut einstellen. Das ist eine Entscheidung, die sich nicht vermeiden lässt.

Wenn Sie nach Reichtum streben, legen Sie fest, welche Form und welche Mengen nötig sind, um Ihre Bedürfnisse zu befriedigen. Sie kennen den Weg, der zum Reichtum führt. Sie haben eine Karte in die Hand bekommen, die Ihnen, wenn Sie sie nutzen, den Weg weist. Wenn Sie es verpassen loszugehen oder stehen bleiben, bevor Sie angekommen sind, ist das allein Ihre Schuld. Es liegt in Ihrer Verantwortung. Wenn Sie jetzt scheitern oder sich weigern, Reichtum vom Leben zu fordern, liegt das an Ihnen. Davor kann Sie keine Ausrede bewahren, denn reich zu werden verlangt nur eines – und das ist zufälligerweise genau das, was Sie selbst im Griff haben: die richtige *Geisteshaltung.* Eine Geisteshaltung nimmt man an. Sie kann nicht gekauft werden, man muss sie erzeugen.

Die Angst vor Armut ist eine Geisteshaltung, nichts anderes! Doch sie reicht aus, um die Erfolgschancen jedes Vorhabens zu sprengen. Diese Angst lähmt den Verstand, zerstört die Vorstellungskraft, beendet die Eigenständigkeit, zersetzt die Begeisterung, schwächt die Initiative, stellt das Ziel infrage, fördert die Aufschieberitis, erstickt den Enthusiasmus und macht Selbstbeherrschung unmöglich. Sie raubt einem Menschen den Charme, zerstört die Fähigkeit, klar zu denken, lenkt ab, besiegt die Beharrlichkeit, macht die Willenskraft zunichte, löscht jeden Ehrgeiz aus, trübt das Gedächtnis und lädt das Scheitern in jeder Form ein. Sie tötet die Liebe und meuchelt die zarteren Emotionen des Herzens, verhindert Freundschaften und beschwört die Katastrophe in 100 verschiedenen Formen herauf, führt zu Schlaflosigkeit, Leid und Unglück. All das, obwohl wir ganz offensichtlich in einer Welt leben, in der es alles, was das Herz begehrt, im Überfluss gibt und nichts zwischen uns und unserem Verlangen steht, außer das Fehlen eines festen Ziels.

Die *Angst vor Armut* ist zweifellos die zerstörerischste unter den sechs grundlegenden Ängsten. Sie führt die Liste an, weil sie am schwersten zu besiegen ist. Es verlangt großen Mut, die Wahrheit über die Ursache dieser Angst zu erkennen, und noch größeren

Mut, diese dann zu akzeptieren. Die Angst vor Armut entstand aus der menschlichen Neigung, *andere wirtschaftlich auszubeuten.* Fast alle Tiere außer dem Menschen werden von Instinkten geleitet, ihre Denkfähigkeit ist begrenzt. Daher machen sie aufeinander Jagd. Menschen mit ihrem überlegenen Gespür, mit ihrer Denkfähigkeit und ihrem Verstand verspeisen einander nicht, ihnen verschafft es mehr Befriedigung, einander *finanziell* »aufzufressen«.

Von allen Zeitaltern der Geschichte, über die wir etwas wissen, scheint unseres vor allem durch unsere Fixierung auf Geld hervorzustechen. Wer kein fettes Bankkonto vorweisen kann, gilt weniger als der Staub auf der Erde, doch wer Geld hat – *egal, wie er es erlangt hat* –, wird oft zum Idol verklärt und behandelt, als stände er über den Gesetzen. Diese Menschen dominieren in der Politik, beherrschen die Wirtschaft und die ganze Welt verneigt sich vor ihnen, wenn sie vorbeilaufen.

Nichts erzeugt so viel Leid und Demut wie *Armut.* Nur wer Armut erlebt hat, versteht ihre volle Bedeutung.

Es ist daher kein Wunder, dass wir die Armut fürchten. Eine lange Reihe von ererbten Erfahrungen hat uns nachdrücklich gelehrt, dass man manchen Menschen nicht trauen kann, wenn es um Geld und materielle Besitztümer geht. Das ist ein harter Vorwurf, und am schlimmsten ist, dass er *zutrifft.*

Viele Ehen sind motiviert durch das Geld, das eine oder beide beteiligten Parteien besitzen. Daher ist es kein Wunder, dass die Scheidungsrichter so viel zu tun haben.

Menschen sind so sehr hinter Geld her, dass ihnen jedes Mittel recht ist, um es zu erlangen – wenn möglich, auf legale Weise, wenn nötig oder zweckdienlich, auch auf andere.

Die Selbstanalyse kann Schwächen enthüllen, mit denen man nicht gerne konfrontiert wird. Diese Form der Prüfung ist wesentlich für alle, die vom Leben mehr verlangen als nur Mittelmaß und Armut. Denken Sie, wenn Sie sich Punkt für Punkt dem Test unterziehen, immer daran, dass Sie selbst das Gericht und die Jury zugleich sind, Staatsanwalt und Verteidiger, Kläger und Angeklagter, und dass es sich um einen Gerichtsprozess handelt. Sehen Sie den Tatsachen ins Auge. Stellen Sie sich konkrete Fragen und verlangen Sie klare Antworten. Nach Abschluss der Untersuchung werden Sie mehr über sich selbst wissen. Wenn Sie das Gefühl haben, in dieser Selbstanalyse kein neutraler Richter sein zu können, bitten Sie jemanden, der Sie gut genug kennt, die Aufgabe zu übernehmen, während Sie das Kreuzverhör durchführen. Sie wollen die Wahrheit ans Tageslicht bringen. Machen Sie das, egal, wie schwer es Ihnen fällt, auch wenn es zwischenzeitlich beschämend ist!

Die Mehrheit der Menschen würde auf die Frage, wovor sie sich am meisten fürchten, antworten: »Vor nichts.« Diese Antwort wäre nicht korrekt, denn nur wenigen Leuten ist klar, dass sie von einer Angst gefangen gehalten, eingeschränkt und körperlich und geistig geplagt werden. Das Gefühl der Angst sitzt so tief und ist so gut verborgen, dass man mit dieser Last durchs Leben gehen kann, ohne sie zu bemerken. Nur eine mutige Analyse kann die Anwesenheit dieses universellen Feindes enthüllen. Wenn Sie eine solche Analyse durchführen, dringen Sie tief in Ihr Innerstes vor. Hier ist eine Liste von Symptomen, nach denen Sie Ausschau halten sollten:

Symptome der Angst vor Armut

Gleichgültigkeit: Drückt sich meist aus durch mangelnden Ehrgeiz, die Bereitschaft, Armut zu akzeptieren, das widerstandslose Hinnehmen der Entschädigungen, die das Leben zu bieten hat, geistige und körperliche Faulheit und einen Mangel an Initiative, Fantasie, Begeisterung und Selbstbeherrschung.

Unentschlossenheit: Die Gewohnheit, andere für sich selbst denken zu lassen. Zaudern.

Zweifel: Finden im Allgemeinen Ausdruck durch Ausreden, die das eigene Scheitern zu verschleiern, zu erklären oder zu entschuldigen suchen, manchmal auch durch Neid oder Kritik an anderen, die erfolgreich sind.

Sorgen: Drücken sich normalerweise darin aus, Fehler bei anderen zu suchen, mehr auszugeben, als man zur Verfügung hat, und das äußere Erscheinungsbild zu vernachlässigen, in Stirnrunzeln und finsteren Blicken, in übermäßigem Konsum von Alkohol oder Drogen, in Nervosität, mangelnder Ausgeglichenheit, Unsicherheit und in fehlender Eigenständigkeit.

Übervorsichtigkeit: Die Gewohnheit, immer nach dem Negativen zu suchen – über ein mögliches Scheitern zu reden und nachzudenken, statt sich darauf zu konzentrieren, wie man Erfolg haben kann. Alle Wege in die Katastrophe zu kennen, aber nie Pläne zu ersinnen, wie der Misserfolg verhindert werden kann. Stets auf »den richtigen Zeitpunkt« zu warten, um Ideen und Pläne umzusetzen, bis das Warten zu einer dauerhaften Gewohnheit wird. Die in Erinnerung zu behalten, die gescheitert sind, und die Erfolgreichen zu vergessen. Das Loch im Donut zu sehen, aber nicht das Gebäckstück selbst.

Aufschieberitis: Die Gewohnheit, auf morgen zu verschieben, was schon letztes Jahr hätte getan werden sollen, mehr Zeit auf das Erfinden von Ausreden zu verschwenden, als zur Erledigung der Aufgabe nötig wäre (dieses Symptom ist nah mit Übervorsichtigkeit, Zweifel und Sorgen verwandt), sich zu weigern, Verantwortung zu übernehmen, wo es sich vermeiden lässt, lieber einen Kompromiss einzugehen, statt für eine Sache zu kämpfen, sich Schwierigkeiten zu fügen, statt sie als Sprungbrett zu nutzen, mit dem Leben um den letzten Penny zu ringen, statt Wohlstand, Fülle, Reichtum, Glück und Zufriedenheit einzufordern, und im Voraus zu planen, was man tun will, *falls und wenn der Misserfolg eintritt, statt alle Brücken abzubrechen und den Rückzug unmöglich zu machen.* Weitere Anzeichen sind ein Mangel an – und oft die völlige Abwesenheit von – Selbstbewusstsein, Zielstrebigkeit, Selbstbeherrschung, Initiative, Begeisterungsfähigkeit, Ehrgeiz, Sparsamkeit und der Fähigkeit, vernünftig zu argumentieren, die Einstellung, *mit Armut zu rechnen, statt Reichtum zu verlangen*, und eine enge Verbundenheit mit armen Menschen, statt die Gegenwart von solchen zu suchen, die Reichtum verlangen und empfangen.

Angst vor Kritik

Die meisten Menschen fühlen sich mindestens unwohl, wenn man sie kritisiert, und werden in manchen Fällen sogar depressiv und verzweifelt, wenn andere etwas an ihnen auszusetzen haben. Die Angst vor Kritik beraubt Menschen der Initiative, zersetzt ihre Vorstellungskraft, schränkt ihre Individualität ein, nimmt ihnen die Eigenständigkeit und schadet ihnen auf 100 andere Weisen. Eltern richten bei ihren Kindern oft irreparablen Schaden an, wenn sie sie kritisieren. Die Mutter eines meiner Kindheitsfreunde bestrafte ihn fast täglich mit der Rute und schloss jedes Mal mit den Worten: »Du landest noch im Zuchthaus, bevor du 20 bist.« Er kam mit 17 in die Erziehungsanstalt.

Kritik ist etwas, das jeder von uns oft erlebt. Jeder verfügt über einen Vorrat davon, der gratis ausgeteilt wird, ob berechtigt oder nicht. Unsere nächsten Verwandten sind oft die schlimmsten Kritiker. Es sollte als Verbrechen anerkannt sein (denn es handelt sich um ein Verbrechen der schlimmsten Sorte), einem Kind durch unnötige Kritik einen Minderwertigkeitskomplex einzupflanzen. Arbeitgeber, die sich mit der menschlichen Natur auskennen, holen nicht durch Kritik, sondern durch konstruktive Vorschläge das Beste aus Menschen heraus. Das kann Eltern auch bei ihren Kindern gelingen. Kritik sät *Angst* oder Ablehnung im Herzen eines Menschen, doch sie erzeugt niemals Liebe oder Zuneigung.

Angst vor Krankheit

Diese Angst kann sowohl vererbt als auch gesellschaftlich erworben sein. Sie steht naturgemäß in engem Zusammenhang mit den Ursachen der Angst vor dem Alter und der Angst vor dem Tod, weil sie nah an die Grenze zu »schrecklichen Welten« führt, über die wir quasi nichts wissen, aber unangenehme Geschichten gehört haben. Außerdem ist die Ansicht durchaus verbreitet, dass bestimmte unmoralische Menschen, die im Gesundheitswesen tätig sind, nicht unbeteiligt daran sind, die Angst vor Krankheit zu schüren.

Im Allgemeinen haben wir Angst vor Krankheiten, weil sie Leid verursachen und wir uns angesichts dessen, was der Tod bringen könnte, fürchten und unsicher fühlen. Außerdem ängstigen uns die Kosten, die Krankheiten mit sich bringen.

Ein angesehener Arzt schätzte, dass 75 Prozent aller Menschen, die die Dienste von Medizinern in Anspruch nehmen, an Hypochondrie (eingebildeten Krankheiten) leiden. Es ist überzeugend belegt worden, dass die Angst vor Erkrankungen, auch wenn sie völlig unbegründet ist, oft die Symptome der gefürchteten Krankheit auslöst. Welch eine Macht das menschliche Gehirn doch hat! Es kann heilen oder krank machen.

Eine Reihe von Experimenten, die wir vor einigen Jahren durchgeführt haben, zeigte, dass Menschen durch Einbildung krank werden können. Bei diesem Versuch besuchten drei Bekannte nacheinander das »Opfer« und fragten jeweils: »Was fehlt dir? Du siehst schrecklich krank aus.« Der erste Frager erntete meist ein Grinsen und ein lockeres »Nichts, es ist alles in Ordnung«. Der zweite bekam zu hören: »Ich weiß es nicht genau, aber mir geht es nicht so gut.« Beim dritten erfolgte dann das offene Eingeständnis, der Befragte fühle sich wirklich krank.

Probieren Sie es an einem Bekannten aus, wenn Sie bezweifeln, dass das stimmt, aber treiben Sie es nicht zu weit. In manchen primitiven Kulturen rächen sich die Mitglieder an ihren Feinden, indem sie sie mit Flüchen belegen. Da das Opfer den Fluch für wahr hält, wird es krank und stirbt oft sogar.

Es gibt überwältigende Hinweise darauf, dass Krankheiten manchmal aus einem negativen Gedankenimpuls entstehen. So ein Impuls kann von einem Kopf zum anderen weitergegeben oder vom Einzelnen im eigenen Kopf erzeugt werden.

Ärzte schicken ihre Patienten manchmal zur Erholung in andere Landstriche, weil sie einen Wechsel der »geistigen Einstellung« für nötig halten. Der Samen der Angst vor Krankheit befindet sich im Kopf eines jeden Menschen. Sorgen, Angst, Rückschläge und Enttäuschungen in der Liebe oder in Geschäftsdingen können diesen Samen austreiben und wachsen lassen.

Angst vor Liebesverlust

Die Ursache dieser jedem innewohnenden Angst muss nicht groß erklärt werden, da sie offensichtlich den polygamen Gewohnheiten der Urmenschen entspringt, dem Nächsten die Partnerin wegzunehmen und sich mit ihr zu vergnügen, wann immer es ging.

Die Angst vor Liebesverlust ist die schmerzhafteste aller sechs grundlegenden Ängste. Sie richtet vermutlich mehr Schaden in Körper und Geist an als jede andere.

Eines der auffallendsten Symptome dieser Angst ist *Eifersucht*: die Gewohnheit, Freunden und Menschen, die man liebt, ohne realistische Hinweise auf Gründe zu misstrauen. Zu weiteren Symptomen zählt es, den Mann oder die Frau grundlos der Untreue zu bezichtigen und generell argwöhnisch zu sein, niemandem zu vertrauen und schon beim geringsten Anlass oder völlig grundlos an Freunden, Verwandten, Geschäftspartnern und geliebten Menschen herumzumäkeln.

Angst vor dem Alter

Die Gefahr zu erkranken, die mit den Jahren stetig steigt, ist eine der Hauptursachen der weitverbreiteten Angst vor dem Alter. Auch die Erotik ist ein Faktor, da niemandem der Gedanke gefällt, dass seine sexuelle Anziehungskraft schwindet.

Ein weiterer Grund der Angst vor dem Alter ist die Gefahr, seine Unabhängigkeit einzubüßen, da das Alter mit dem Verlust von körperlicher und finanzieller Freiheit einhergehen kann.

Manche Menschen neigen dazu, mit dem Alter langsamer zu werden. Sie entwickeln einen Minderwertigkeitskomplex, weil sie das fälschlicherweise für altersbedingte »Schwäche« halten. (Dabei zählen die späteren Jahre in Wahrheit mental und spirituell zu den besten des Lebens. Leider gibt es ältere Männer und Frauen, deren Initiative, Vorstellungskraft und Eigenständigkeit schwinden, weil sie irrtümlich davon ausgehen, dass sie zu alt für diese Eigenschaften seien.)

Angst vor dem Tod

Für manche Menschen ist dies die grausamste aller grundlegenden Ängste. Der Grund dafür ist offensichtlich. Wir wissen nicht, was uns nach dem Tod erwartet. Wie Shakespeare so treffend in *Hamlet* formuliert: Der Tod ist »das unentdeckte Land, aus dessen Gauen kein Wandrer wiederkehrt«.[1]

Die Angst vor dem *Tod* ist heute nicht mehr so weitverbreitet wie zu Zeiten, als es noch keine großen Universitäten gab. Die Wissenschaft hat den Scheinwerfer der Wahrheit auf die Welt gerichtet, und diese Wahrheit befreit die Menschen rasend schnell von ihrer schrecklichen Angst vor dem *Tod*. Mithilfe von Biologie, Astronomie, Geologie und anderen verwandten Disziplinen sind die Ängste des Mittelalters, die ihre Klauen in den Geist der Menschen geschlagen hatten und ihre Vernunft zerstörten, nun zerstreut worden.

Die Angst vor dem Tod ist nutzlos. Er wird kommen, egal, was man davon hält. Akzeptieren Sie ihn als Notwendigkeit und vertreiben Sie die Gedanken daran aus Ihrem Kopf. Er muss eine Notwendigkeit sein, sonst würde er nicht alle ereilen.

Führen Sie sich vor Augen, dass die ganze Welt aus nur zwei Dingen besteht, *Energie* und *Materie*. Zu den Grundlagen der Physik gehört das Wissen, dass weder Materie noch Energie (die einzigen beiden Realitäten, die dem Menschen bekannt sind) erschaffen oder zerstört werden können. Beides kann umgewandelt werden, aber nicht zerstört.

Wenn das Leben irgendetwas ist, dann Energie. Wenn weder Energie noch Materie zerstört werden können, gilt das auch für das Leben. Es kann, wie andere Formen der Energie, verschiedene Umwandlungsprozesse durchlaufen oder sich verändern, aber nicht zerstört werden. Der Tod ist nur ein Übergang.

Wenn der Tod nicht nur eine Veränderung oder ein Übergang ist, folgt nichts auf ihn außer ein langer, ewiger, friedlicher Schlaf, und vor Schlaf braucht man keine Angst zu haben. Daher können Sie die Angst vor dem Tod für immer bezwingen.

Sorgen

Sich Sorgen zu machen, ist eine Geisteshaltung, die auf Angst basiert. Sorgen nagen langsam, aber beharrlich an uns. Sie sind heimtückisch und raffiniert. Sie machen sich Schritt für Schritt breit, bis sie die Fähigkeit zum klaren Denken gelähmt und das gesamte Selbstbewusstsein sowie jegliche Initiative zerstört haben. Sorgen sind eine Form der andauernden Angst, die durch Unentschlossenheit ausgelöst wird, und somit eine Geisteshaltung, die sich kontrollieren lässt.

Ein unsteter Geist ist hilflos. Unentschlossenheit führt zu einem unsteten Geist. Den meisten Menschen mangelt es schon im normalen Geschäftsumfeld an Willenskraft, um rasch Entscheidungen zu treffen und zu ihnen zu stehen. In Zeiten wirtschaftlicher Unsicherheit fällt das den Menschen doppelt schwer, nicht nur durch ihre natürliche Neigung, nur langsam Entschlüsse zu fassen, sondern auch durch den Einfluss der Entscheidungsschwierigkeiten anderer um sie herum, die zu einem Zustand der »Massenunentschlossenheit« führt. Durch Unentschlossenheit werden die sechs grundlegenden Ängste in einen Zustand der Sorge überführt.

Werden Sie furchtlos

Sie können alle Ängste überwinden:

- Machen Sie sich für immer von der *Angst vor dem Tod* frei, indem Sie akzeptieren, dass der Tod unvermeidbar ist.
- Werden Sie die *Angst vor Armut* los, indem Sie beschließen, mit jedem Vermögen, das Sie anhäufen können, sorglos auszukommen.
- Bezwingen Sie die *Angst vor Kritik*, indem Sie beschließen, sich *keine Sorgen* darüber zu machen, was andere Leute denken, tun oder sagen.
- Vertreiben Sie die *Angst vor dem Alter*, indem Sie es akzeptieren, nicht als Einschränkung, sondern als Geschenk, das Weisheit, Selbstbeherrschung und Einsichten mit sich bringt, wie sie der Jugend unbekannt sind.
- Machen Sie sich von der *Angst vor Krankheit* frei, indem Sie bewusst alle Symptome vergessen.
- Bezwingen Sie die *Angst vor Liebesverlust*, indem Sie sich entscheiden, wenn nötig auch ohne Liebe zurechtzukommen.
- Befreien Sie sich von der *Gewohnheit der Sorge* in all ihren Formen, indem Sie ganz generell beschließen, dass nichts im Leben es wert ist, sich darüber Sorgen zu machen. Diese Entscheidung wird Ihnen so viel Ausgeglichenheit, Seelenfrieden und Gelassenheit verschaffen, dass Sie glücklich werden.

Eine Verpflichtung sich selbst und allen anderen gegenüber

Ein Mensch, der von Angst erfüllt ist, macht dadurch nicht nur seine Chancen auf intelligentes Handeln zunichte, sondern überträgt diese destruktiven Schwingungen zudem auf andere Menschen und beeinträchtigt auch sie.

Selbst Hunde und Pferde spüren es, wenn es dem Besitzer an Mut mangelt; mehr noch, sie greifen das Gefühl der Angst auf, das von ihm ausgeht, und verhalten sich entsprechend. Auch weiter unten im Tierreich, bei den weniger intelligenten Tieren, findet sich diese Fähigkeit, Angst wahrzunehmen. Eine Biene spürt sofort, wenn ein Mensch Angst hat. Aus unbekannten Gründen stechen Bienen Menschen, die Angst aussenden, deutlich eher als solche, denen keine Angst anzumerken ist.

Angstschwingungen breiten sich genauso schnell von einem Menschen zum nächsten aus, wie der Klang der menschlichen Stimme vom Sender zum Empfänger wandert – und über *dasselbe Medium.*

Telepathie ist eine Tatsache. Gedanken lassen sich bereitwillig von einem Kopf in den anderen übertragen, egal, ob die Person, die den Gedanken denkt, oder die, die ihn empfängt, daran glaubt.

> Ein Mensch, der von Angst erfüllt ist, macht dadurch nicht nur seine Chancen auf intelligentes Handeln zunichte, sondern überträgt diese destruktiven Schwingungen zudem auf andere Menschen und beeinträchtigt auch sie.

Wer negative oder destruktive Gedanken ausspricht, kann sich quasi sicher sein, dass das üble Folgen haben wird. Genauso wirkt auch die Freisetzung destruktiver Gedankenimpulse, selbst ohne dass Worte ausgesprochen werden, und zwar in mehr als einer Hinsicht:

- Als Erstes – und das ist vielleicht das Wichtigste und sollte im Kopf behalten werden – fügt die Person, die Gedanken destruktiver Art freisetzt, dadurch ihrer kreativen Vorstellungskraft Schaden zu.
- Zweitens führt die Gegenwart destruktiver Emotionen im Geist zur Entwicklung einer negativen Persönlichkeit, die andere Menschen abstößt und sie gegen einen selbst aufbringt.

- Der dritte Nachteil derer, die negative Gedanken haben oder freisetzen, geht auf eine bedeutende Tatsache zurück: Solche Gedankenimpulse schaden nicht nur anderen, sondern *setzen sich im Unterbewusstsein der Menschen fest, die sie aussenden.* Sie werden zu einem Teil ihrer Persönlichkeit.

Die reine Freisetzung eines Gedankens ist nie das Ende vom Lied. Ist das erst geschehen, breitet sich der Gedanke in alle Richtungen durch den Äther aus, doch er gräbt sich zudem dauerhaft ins Unterbewusstsein der Person ein, von der er ausging.

Wenn Sie es sich nun zum Ziel gesetzt haben, erfolgreich zu sein, müssen Sie dafür inneren Frieden finden, Ihre materiellen Lebensbedürfnisse erfüllen und vor allem *glücklich* werden. All diese Faktoren des Erfolgs beginnen in Form von Gedankenimpulsen.

Sie können Ihren eigenen Geist steuern; Sie sind in der Lage, ihn mit den Gedankenimpulsen zu füttern, die Sie auswählen. Mit diesem Privileg geht die Verantwortung einher, es konstruktiv einzusetzen. Sie sind der Meister Ihres Schicksals auf Erden, genauso wie Sie über die Macht verfügen, Ihre Gedanken zu kontrollieren. Sie können Ihre Umgebung beeinflussen, leiten und irgendwann ganz über sie bestimmen und dadurch Ihr Leben so gestalten, wie Sie es gern hätten. Andererseits können Sie sich auch weigern, dieses Privileg auszunutzen, und Ihr Leben nicht nach Ihren Maßgaben gestalten – und sich so ins weite Meer der »Umstände« stürzen, wo Sie hierhin und dorthin gespült werden, wie ein Stück Holz auf den Wellen des Ozeans.

Die gängigste aller Schwächen der Menschen ist zweifellos die Gewohnheit, ihren Geist nicht gegen den negativen Einfluss anderer zu verschließen.

Es gibt nur eines, worüber Sie die *absolute Kontrolle* haben: Ihre Gedanken.

Der Geist kann alles hervorbringen, was er ersinnen und woran er glauben kann.

Schritt 4: Verhindern Sie das siebte grundlegende Übel, das negative Denken

Zusätzlich zu den *sechs grundlegenden Ängsten* gibt es noch ein weiteres Übel, an dem Menschen leiden. Es bietet dem Keimen des Scheiterns einen fruchtbaren Nährboden und hält sich so sehr im Hintergrund, dass es oft gar nicht bemerkt wird. Dieses Problem kann im Grunde gar nicht als Angst betrachtet werden. *Es sitzt tiefer als jede der sechs im vorigen Kapitel beschriebenen Ängste und hat häufiger dramatische Auswirkungen.* Mangels einer besseren Bezeichnung soll dieses Übel hier *Empfänglichkeit für negative Einflüsse* genannt werden.

Menschen, die Reichtum erlangen, schützen sich immer gegen dieses Übel! Die von Armut Geschlagenen hingegen nie. Wer Erfolg haben will, muss sich gegen dieses Problem wappnen. Wenn Sie dieses Buch lesen, um reich zu werden, sollten Sie ganz genau überprüfen, ob Sie empfänglich für negative Einflüsse sind. Wer diese Selbstanalyse vernachlässigt, verwirkt sein Recht darauf, das Ersehnte zu erlangen.

Führen Sie die Analyse als eine Art Suche durch. Lesen Sie zunächst die aufgeführten Fragen und beantworten Sie sie dann ganz genau. Gehen Sie die Aufgabe so sorgfältig an, wie Sie auch nach einem Feind suchen würden, von dem Sie wissen, dass er in einem Hinterhalt lauert, und behandeln Sie Ihre Schwächen, wie Sie auch einen greifbareren Gegner behandeln würden.

> Das siebte grundlegende Übel ist die *Empfänglichkeit für negative Einflüsse.* Sie sitzt tiefer als jede der sechs anderen Ängste und hat häufiger dramatische Auswirkungen.

Sie können sich leicht gegen Straßenräuber schützen, weil das Gesetz für diesen Fall organisierte Vorkehrungen getroffen hat, aber dieses *siebte grundlegende Übel* ist schwer zu überwinden, weil es dann zuschlägt, wenn man sich seiner Anwesenheit gerade nicht bewusst ist, im Schlafen oder im Wachen. Außerdem ist seine Waffe nicht greifbar, weil sie nur aus einer *Geisteshaltung* besteht. Aber es ist gefährlich, weil es in vielfältigeren Formen daherkommt, als es menschliche Erfahrungen gibt. Manchmal verschafft es sich durch wohlmeinende Worte der eigenen Familie Zutritt. In anderen Fällen entsteht es im Inneren, durch die eigene Einstellung. Doch es ist immer so tödlich wie Gift, auch wenn es vielleicht nicht so schnell wirkt.

Wie Sie sich gegen negative Einflüsse schützen

Um sich gegen negative Einflüsse zu schützen, egal, ob sie selbst fabriziert oder das Ergebnis der Handlungen von negativen Menschen in Ihrem Umfeld sind, unternehmen Sie die folgenden Schritte:

1. Erkennen Sie, dass Sie über *Willenskraft* verfügen, und üben Sie sie kontinuierlich aus, bis Sie rund um Ihren Geist eine undurchdringliche Mauer gegen negative Einflüsse aufgebaut haben. Machen Sie sich klar, dass Sie – und alle anderen Menschen – von Natur aus faul, gleichgültig und stets für alles, was Ihren Schwächen in die Karten spielt, empfänglich sind.
2. Erkennen Sie, dass Sie von Natur aus anfällig für alle sechs grundlegenden Ängste sind, und kämpfen Sie immer gegen sie an.
3. Führen Sie sich vor Augen, dass negative Einflüsse oft im Unterbewusstsein wirken und deshalb schwer zu entdecken sind.
4. Verschließen Sie Ihren Geist gegenüber allen Menschen, die Sie in irgendeiner Weise herabsetzen oder entmutigen.
5. Suchen Sie bewusst die Gegenwart von Menschen, die Sie dazu bringen, eigenständig zu denken und zu handeln.

6. Rechnen Sie nicht mit Schwierigkeiten, denn solche Erwartungen neigen dazu, sich zu erfüllen.

Die gängigste aller Schwächen des Menschen ist zweifellos die Gewohnheit, ihren Geist nicht gegen den negativen Einfluss anderer zu verschließen. Was diese Schwäche noch gefährlicher macht, ist, dass die meisten Menschen nicht erkennen, dass sie von ihr betroffen sind. Außerdem weigern sich viele, die sie doch bemerken, gegen dieses Übel vorzugehen, bis es zu einem unkontrollierbaren Teil ihres Alltags geworden ist.

Die gängigste aller Schwächen der Menschen ist zweifellos die Gewohnheit, ihren Geist nicht gegen den negativen Einfluss anderer zu verschließen.

Der folgende Fragenkatalog kann Ihnen helfen, sich so zu sehen, wie Sie wirklich sind. Lesen Sie sich die Fragen vor und sprechen Sie Ihre Antworten laut aus, damit Sie Ihre Stimme hören können. Das macht es leichter, ehrlich zu sich selbst zu sein.

Testfragen zur Selbstanalyse

Klagen Sie oft darüber, dass es Ihnen »schlecht geht«? Wenn ja, was ist der Grund dafür?

Kritisieren Sie andere schon beim geringsten Anlass?

Machen Sie bei der Arbeit häufig Fehler? Wenn ja, warum?

Sind Sie in Unterhaltungen sarkastisch und beleidigend?

Vermeiden Sie bewusst die Gesellschaft anderer? Wenn ja, warum?

Leiden Sie oft an Verdauungsstörungen? Wenn ja, was ist der Grund dafür?

Kommen Ihnen das Leben sinnlos und die Zukunft hoffnungslos vor? Wenn ja, was ist der Grund dafür?

Mögen Sie Ihren Beruf? Wenn nicht, warum nicht?

Haben Sie oft Selbstmitleid und wenn ja, warum?

Sind Sie neidisch auf Menschen, die besser sind als Sie?

Worüber denken Sie häufiger nach, Erfolg oder Misserfolg?

Wächst oder schrumpft Ihr Selbstbewusstsein mit fortschreitendem Alter?

Ziehen Sie wertvolle Einsichten aus Ihren Fehlern?

Lassen Sie sich von Familie oder Freunden in Sorge versetzen? Wenn ja, warum?

Trifft es zu, dass Sie manchmal auf Wolke sieben schweben und an anderen Tagen zutiefst verzweifelt sind?

Wer beflügelt Sie am meisten? Warum?

Nehmen Sie negative oder entmutigende Einflüsse hin, die Sie meiden könnten?

Sind Sie nachlässig, was Ihr äußeres Erscheinungsbild angeht? Wenn ja, wann und warum?

Haben Sie gelernt, Ihre Probleme zu verdrängen, indem Sie sich in Arbeit stürzen?

Würden Sie sich einen »rückgratlosen Schwächling« nennen, wenn Sie zuließen, dass andere Ihnen die Denkarbeit abnähmen?

Vernachlässigen Sie es, in Ihrem Kopf aufzuräumen, bis das Chaos dort Sie schlecht gelaunt und reizbar macht?

Wie viele vorhersehbare Störfaktoren gibt es in Ihrem Leben, und warum nehmen Sie sie hin?

Greifen Sie zu Alkohol, Drogen oder Zigaretten, um »die Nerven zu beruhigen«? Wenn ja, warum versuchen Sie es nicht stattdessen mit Willenskraft?

Gibt es jemanden, der Ihnen »auf die Nerven geht«? Wenn ja, aus welchem Grund?

Haben Sie ein *festes Ziel*, das Sie anstreben? Wenn ja, worin besteht es und wie wollen Sie es erreichen?

Leiden Sie an einer oder mehreren der *sechs grundlegenden Ängste*? Wenn ja, an welchen?

Haben Sie eine Methode, wie Sie sich gegen den negativen Einfluss anderer schützen können?

Setzen Sie bewusst Autosuggestion ein, um eine positive Einstellung zu erreichen?

Was ist Ihnen wichtiger, materieller Besitz oder das Privileg, die eigenen Gedanken steuern zu können?

Lassen Sie sich leicht entgegen Ihrer eigenen Meinung von anderen beeinflussen?

Hat der heutige Tag Ihrem Wissensschatz oder Ihrer Geisteshaltung irgendetwas Wertvolles hinzugefügt?

Führen Sie sich offen und ehrlich die Umstände vor Augen, die Sie unglücklich machen, oder scheuen Sie die Verantwortung dafür?

Analysieren Sie alle Ihre Fehler und Misserfolge und versuchen, daraus zu lernen, oder sind Sie der Meinung, dass das nicht Ihre Aufgabe ist?

Können Sie drei Ihrer schlimmsten Schwächen nennen? Wie gehen Sie dagegen vor?

Ermuntern Sie andere Leute, mit ihren Sorgen zu Ihnen zu kommen?

Leiten Sie aus Ihren Alltagserfahrungen Lehren und Einflüsse ab, die zu Ihrer geistigen Weiterentwicklung beitragen?

Hat Ihre Anwesenheit grundsätzlich einen negativen Einfluss auf andere Menschen?

Welche Eigenschaften stören Sie bei anderen Menschen am meisten?

Bilden Sie sich Ihre eigene Meinung oder lassen Sie zu, dass andere Menschen Sie beeinflussen?

Haben Sie gelernt, sich in eine Geisteshaltung zu versetzen, in der Sie gegen alle entmutigenden Einflüsse geschützt sind?

Erfüllt Ihr Beruf Sie mit Glauben und Hoffnung?

Sind Sie sich bewusst, dass Sie über spirituelle Kräfte verfügen, die stark genug sind, um alle Formen der *Angst* abzuwehren?

Hilft Ihr Glaube Ihnen, positiv zu denken?

Halten Sie es für Ihre Aufgabe, sich anderer Leute Sorgen anzunehmen? Wenn ja, warum?

Wenn Sie an das Sprichwort »Gleich und gleich gesellt sich gern« glauben, was können Sie dann über sich lernen, wenn Sie sich die Freunde anschauen, die Sie anziehen?

Welchen Zusammenhang sehen Sie, wenn überhaupt, zwischen den Menschen, die Ihnen am nächsten stehen, und den Aspekten Ihres Lebens, die Sie unglücklich machen?

Ist es vielleicht möglich, dass jemand, den Sie als Freund betrachten, in Wahrheit Ihr schlimmster Feind ist, weil er oder sie einen negativen Einfluss auf Ihr Denken hat?

Wonach entscheiden Sie, wer Ihnen guttut und wer Ihnen schadet?

Sind Ihre engsten Vertrauten Ihnen mental überlegen oder unterlegen?

Wie viel Zeit wenden Sie jeden Tag für folgende Dinge auf?

- Ihren Beruf
- Schlaf
- Freizeit und Entspannung
- Das Erlangen nützlichen Wissens
- Zeitverschwendung

Welcher Ihrer Bekannten …

- ermutigt Sie am meisten?
- ruft Sie am meisten zu Vorsicht auf?
- entmutigt Sie am meisten?
- hilft Ihnen in anderen Hinsichten am meisten?

Was ist Ihre größte Sorge? Warum nehmen Sie sie hin?

Nehmen Sie es – ohne zu zögern – an, wenn Ihnen jemand kostenlos und ungefragt Ratschläge gibt, oder hinterfragen Sie dessen Motive?

Was wünschen Sie sich am allermeisten? Haben Sie vor, es zu erreichen? Sind Sie bereit, diesem Wunsch alles andere unterzuordnen? Wie viel Zeit verbringen Sie täglich damit, auf die Erfüllung dieses Wunsches hinzuarbeiten?

Ändern Sie häufig Ihre Meinung? Wenn ja, warum?

Schließen Sie für gewöhnlich ab, was Sie begonnen haben?

Lassen Sie sich schnell von Titeln, Abschlüssen, Auszeichnungen oder finanziellen Mitteln anderer beeindrucken?

Lassen Sie sich leicht davon beeinflussen, was andere Leute über Sie sagen oder denken?

- Umschmeicheln Sie andere aufgrund ihres gesellschaftlichen Status oder ihres Geldes?
- Wen halten Sie für den bedeutendsten lebenden Menschen? In welcher Hinsicht ist diese Person Ihnen überlegen?
- Wie viel Zeit haben Sie auf diesen Fragebogen verwendet? (Für die Analyse und das Beantworten der gesamten Liste ist mindestens ein Tag nötig.)

Wenn Sie all diese Fragen ehrlich beantwortet haben, wissen Sie nun mehr über sich selbst als die meisten Menschen. Studieren Sie die Fragen eingehend. Kommen Sie mehrere Monate lang einmal pro Woche auf sie zurück. Sie werden erstaunt sein, wie viel wertvolles Wissen Ihnen die simple Methode, diese Fragen ehrlich zu beantworten, einbringen wird. Wenn Sie sich bei einigen Antworten unsicher sind, fragen Sie Leute, die Sie gut kennen, vor allem solche, die keinen Anlass haben, Ihnen zu schmeicheln, und betrachten Sie sich selbst durch deren Augen. Sie werden staunen.

Es gibt nur eines, worüber Sie die *absolute Kontrolle* haben: Ihre Gedanken. Das ist die wichtigste und beflügelndste aller bekannten Tatsachen! Sie spiegelt unsere göttliche Natur wider. Dieses Privileg ist das alleinige Mittel, selbst über unser Schicksal zu bestimmen. Wer daran scheitert, seinen eigenen Geist im Griff zu haben, wird auch sonst nichts im Griff haben.

Es gibt nur eines, worüber Sie die *absolute Kontrolle* haben: Ihre Gedanken.

Wenn Sie sorglos mit Ihrem Besitz umgehen müssen, tun Sie das in Bezug auf die materiellen Dinge. Ihr Geist ist Ihr wichtigster spiritueller Besitz! Schützen und nutzen Sie ihn mit der Sorgfalt, die göttlichen Hoheiten zusteht. Genau zu diesem Zweck verfügen Sie über *Willenskraft*.

Leider gibt es keinen rechtlichen Schutz gegen die, die – gezielt oder nichts ahnend – den Geist anderer mit negativen Gedanken oder Einflüsterungen vergiften. Auf diese Form der Zerstörung sollte eine harte Strafe stehen, weil sie den Opfern jede Chance darauf zunichtemachen kann (und es oft auch tut), materielle Besitztümer zu erlangen, die rechtlich geschützt sind.

Negativ denkende Menschen versuchten, Thomas A. Edison davon zu überzeugen, dass er keine Maschine bauen könne, die die menschliche Stimme aufzeichnete und wiedergab, weil, wie sie sagten, »niemand je eine solche Maschine hergestellt hat«. Edison glaubte ihnen nicht. Er wusste, dass der Geist *alles hervorbringen kann, was er ersinnen und woran er glauben kann,* und dieses Wissen hob den großen Edison von der Masse der gewöhnlichen Menschen ab.

> **Thomas Edison wusste, dass der Geist alles hervorbringen kann, was er ersinnen und woran er glauben kann.**

Negativ denkende Menschen erklärten F. W. Woolworth, dass er sich mit einem Geschäft, in dem alles nur fünf oder zehn Cent kostete, ruinieren werde, doch er glaubte ihnen nicht. Er wusste, dass er in einem gewissen Rahmen alles erreichen konnte, wenn er an seine Pläne glaubte. Indem er sein Recht ausübte, seinen Geist gegen die negativen Einflüsse anderer zu verschließen, häufte er ein Vermögen von mehr als 100 Millionen Dollar an.

Negativ denkende Menschen erklärten George Washington, er könne nicht auf einen Sieg gegen die weit überlegenen britischen Truppen hoffen, doch er übte sein göttliches Recht auf *Glauben* aus – und so erscheint die Originalausgabe dieses Buches unter dem Sternenbanner, während der Name von Lord Cornwallis mehr oder weniger in Vergessenheit geraten ist.

Zweifelnde Thomasse spotteten verächtlich über Henry Fords erstes, primitiv zusammengeschustertes Automobil, als er es auf den Straßen von Detroit ausprobierte. Manche sagten, das Gefährt würde sich niemals als praktisch erweisen. Andere meinten, niemand würde für so ein verrücktes Gerät Geld bezahlen. *Ford sagte: »Ich werde die ganze Welt mit zuverlässigen Autos überziehen«, und er tat es!* Seine Entscheidung, auf sein eigenes Urteilsvermögen zu vertrauen, brachte ihm mehr Geld ein, als seine Nachkommen in fünf Generationen verschwenden können. Henry Ford wird hier öfter erwähnt, weil er ein erstaunliches Beispiel dafür ist, was jemand, der seinen eigenen Kopf hat – und den Willen, ihn durchzusetzen –, erreichen kann. Seine Erfolge ziehen der abgedroschenen Floskel »Ich hatte nie eine Chance« den Boden unter den Füßen weg. Auch Ford hatte niemals eine Chance, aber er *verschaffte sich eine Gelegenheit und untermauerte sie durch Beharrlichkeit, bis ihn das reicher machte als Krösus.*

Ford hatte niemals eine Chance, aber er *verschaffte sich eine Gelegenheit und untermauerte sie durch Beharrlichkeit,* bis ihn das reicher machte als Krösus.

Die Herrschaft über den Geist ist das Ergebnis von Selbstdisziplin und Gewohnheit. Entweder beherrschen Sie Ihren Geist oder er beherrscht Sie. Es gibt kein Dazwischen. Und die praktikabelste Methode, um die Herrschaft über den Geist zu erlangen, besteht darin, ihn dauerhaft mit einem festen Ziel beschäftigt zu halten, gestützt durch einen festen Plan. Schauen Sie sich die Menschen an, die bemerkenswerte Erfolge vorweisen können, und Sie werden sehen, dass sie ihren Geist beherrschen, mehr noch, dass sie diese Macht nutzen und sie dafür einsetzen, ihre Ziele zu erreichen. Anders ist Erfolg nicht möglich.

55 verbreitete Ausreden

Eines haben alle erfolglosen Menschen gemeinsam: Sie glauben, eine hieb- und stichfeste Erklärung dafür zu haben, warum sie ihre Ziele nicht erreichen.

Manche dieser Ausreden sind clever, und einige lassen sich sogar durch Tatsachen belegen. Doch Ausreden bringen kein Geld ein. Die Welt will immer nur eines wissen: *Sind Sie erfolgreich?*

> **Der einzige Maßstab für Ihren Erfolg ist, was Sie erreicht haben.**

Ein Experte für Charakteranalysen hat eine Liste mit den gängigsten Ausreden zusammengestellt. Gehen Sie beim Lesen dieser Liste in sich und prüfen Sie, wie viele der Ausreden auf Sie selbst zutreffen. Denken Sie auch daran, dass die Philosophie, die in diesem Buch vermittelt wird, jede einzelne davon überflüssig macht.

Wenn ich *doch nur* keine Frau und Familie hätte …
Wenn ich *doch nur* genügend Einfluss hätte …
Wenn ich *doch nur* das Geld hätte …
Wenn ich *doch nur* die richtige Ausbildung hätte …
Wenn ich *doch nur* eine Stelle finden würde …
Wenn ich *doch nur* gesund wäre …
Wenn ich *doch nur* mehr Zeit hätte …
Wenn die Zeiten *doch nur* besser wären …
Wenn die anderen mich *doch nur* verstehen würden …
Wenn die Umstände *doch nur* anders wären …
Wenn ich mein Leben *doch nur* noch einmal leben könnte …
Wenn ich *doch nur* keine Angst davor hätte, was die anderen dazu sagen …
Wenn ich *doch nur* eine Chance gehabt hätte …
Wenn ich *doch nur* jetzt die Chance hätte …

Wenn es die anderen *doch nur* nicht so auf mich abgesehen hätten ...
Wenn nur nichts passiert, das mich aufhält ...
Wenn ich *doch nur* jünger wäre ...
Wenn ich *doch nur* tun könnte, was ich will ...
Wenn ich *doch nur* reich zur Welt gekommen wäre ...
Wenn ich *doch nur* »die richtigen Leute« treffen würde ...
Wenn ich *doch nur* so begabt wäre wie andere ...
Wenn ich mich *doch nur* durchsetzen könnte ...
Wenn ich *doch nur* früher meine Chancen genutzt hätte ...
Wenn mich die Leute *doch nur* nicht so nerven würden ...
Wenn ich mich *doch nur* nicht um den Haushalt und die Kinder kümmern müsste ...
Wenn ich *doch nur* etwas Geld sparen könnte ...
Wenn mein Chef *doch nur* meine Arbeit schätzen würde ...
Wenn ich *doch nur* jemanden hätte, der mir hilft ...
Wenn meine Familie mich *doch nur* verstehen würde ...
Wenn ich *doch nur* in einer Großstadt leben würde ...
Wenn ich *doch nur* den ersten Schritt wagen würde ...
Wenn ich *doch nur* frei wäre ...
Wenn ich *doch nur* so wäre wie manche andere Leute ...
Wenn ich *doch nur* nicht so dick wäre ...
Wenn meine Fähigkeiten *doch nur* erkannt würden ...
Wenn die Gelegenheit *doch nur* günstiger wäre ...
Wenn ich *doch nur* die Schulden los wäre ...
Wenn ich *doch nur* nicht versagt hätte ...
Wenn ich *doch nur* wüsste, wie ...
Wenn doch nur nicht jeder gegen mich wäre ...
Wenn ich mir *doch nur* nicht so viele Sorgen machen müsste ...
Wenn ich *doch nur* den Richtigen/die Richtige heiraten könnte ...
Wenn die Menschen *doch nur* nicht so dumm wären ...
Wenn meine Familie *doch nur* nicht so speziell wäre ...
Wenn ich *doch nur* etwas selbstsicherer wäre ...
Wenn ich *doch nur* nicht so viel Pech hätte ...
Wenn sich die Welt *doch nur* nicht gegen mich verschworen hätte ...

Wenn es *doch nur* nicht so wäre, dass »alles so kommt, wie es kommen muss« …

Wenn ich *doch nur* nicht so hart arbeiten müsste …

Wenn ich *doch nur* nicht mein ganzes Geld verloren hätte …

Wenn ich *doch nur* in einem anderen Stadtteil leben würde …

Wenn ich *doch nur* nicht eine solche Vergangenheit hätte …

Wenn ich *doch nur* mein eigener Chef wäre …

Wenn mir die Leute *doch nur* zuhören würden …

Wenn ich *doch nur* – und das ist die größte Ausrede von allen – den Mut hätte, mich so zu sehen, wie ich wirklich bin. Wenn ich herausfinden würde, was an mir nicht stimmt, und ich es ändern könnte, dann hätte ich vielleicht die Chance, aus meinen Fehlern und den Erfahrungen anderer zu lernen. Ich weiß, dass irgendetwas an mir nicht *stimmt*, sonst wäre ich heute ja dort, wo ich sein könnte, wenn ich mehr Zeit dafür aufgewendet hätte, meine Schwächen zu analysieren, und weniger dafür, mir Ausreden zu überlegen, die sie verdecken sollen.

Ausreden zu erfinden, um Misserfolge zu erklären, ist ein allgemeiner Zeitvertreib. Die Gewohnheit ist so alt wie die Menschheit und verhindert jeden Erfolg! Warum klammern sich die Menschen so an ihre geliebten Ausreden? Die Antwort liegt auf der Hand: Sie verteidigen sie, weil sie sie *erschaffen* haben.

Eine Ausrede entspringt der eigenen Vorstellungskraft. Und es ist nur natürlich, seine Geistesprodukte zu verteidigen.

Ausreden zu suchen ist eine tief verwurzelte Gewohnheit. Und Gewohnheiten sind schwer zu durchbrechen, vor allem wenn sie eine Rechtfertigung für unser Verhalten liefern. Das hatte Plato vor Augen, als er sagte: »Der erste und beste Sieg ist, sich selbst zu besiegen. Sich selbst zu unterliegen ist das Schändlichste und Schlimmste von allem.«

Ausreden sind kein Ersatz für Erfolg.

Ein anderer Philosoph dachte das Gleiche, als er sagte: »Es überraschte mich sehr, als ich entdeckte, dass ein Großteil des Hässlichen, was ich in anderen sah, nur ein Spiegelbild meiner selbst war.«

»Ich habe nie verstanden«, erklärte Elbert Hubbard, »warum die Menschen so viel Zeit damit verbringen, sich bewusst selbst in die Irre zu führen, indem sie Ausreden erfinden, die ihre Schwächen überdecken sollen. Diese Zeit würde auch ausreichen, um die Schwäche zu beheben, und dann wären keine Ausreden nötig.«

Zum Ende dieses Kapitels möchte ich Sie daran erinnern, dass »das Leben eine Partie Schach ist und Ihr Gegenspieler die *Zeit*. Wenn Sie zögern, bevor Sie einen Zug tätigen, oder nicht schnell genug ziehen, werden Ihre Figuren von der *Zeit* vom Brett gefegt. Sie spielen gegen einen Spieler, der *Unentschlossenheit* nicht toleriert!«

Bisher mögen Sie vielleicht eine logische Ausrede dafür gehabt haben, warum Sie das Leben nicht dazu gedrängt haben, Ihnen Ihre Wünsche zu erfüllen, doch die ist nun hinfällig, weil Sie in Besitz des Schlüssels sind, der das Tor zur Fülle öffnet.

Dieser Schlüssel ist immateriell, aber mächtig! Er ist Ihrer, wenn Sie in Ihrem Geist ein *brennendes Verlangen* für eine bestimmte Form des Reichtums erzeugen. Den Schlüssel zu nutzen, kostet nichts, doch es hat seinen Preis, wenn Sie ihn nicht nutzen. Dieser Preis ist der *Misserfolg*. Den, der den Schlüssel einsetzt, erwartet eine gewaltige Belohnung – nämlich die Zufriedenheit, die alle erfüllt, die sich selbst besiegen und das Leben zwingen, ihnen das zu geben, was sie von ihm verlangen.

Diese Belohnung ist die Mühe wert. Wollen Sie es wagen und sich selbst davon überzeugen?

»Wenn uns etwas verbindet«, sagte der unsterbliche Emerson, »werden wir uns treffen.« Diesen Gedanken möchte ich zum Abschluss aufgreifen und sagen: »Wenn uns etwas verbindet, haben wir uns – durch diese Seiten – getroffen.«

Jeder nennenswerte Erfolg beginnt mit einem *brennenden Verlangen* nach dem, was man sich wünscht.

Für Verlangen in Verbindung mit *Glauben* existiert das Wort »unmöglich« nicht.

Nur wer *geldbewusst* wird, kann Reichtum anhäufen.

Fülle und Wohlstand zu verlangen kostet nicht mehr Mühe, als Elend und Armut zu akzeptieren.

Schritt 5: Entwickeln Sie ein brennendes Verlangen

Jeder nennenswerte Erfolg beginnt mit einem *brennenden Verlangen* nach dem, was man sich wünscht. Wenn Sie das Vermögen nicht erst vor Ihrem inneren Auge sehen, wird es nie auf Ihrem Bankkonto landen. Die Chance, reich zu werden, war noch nie größer als heute. Für uns, die wir nach Reichtum streben, sollte es eine Ermutigung sein, dass diese dynamische Welt, in der wir leben, neue Ideen, neue Herangehensweisen, neue Führungskräfte, neue Erfindungen, neue Lehrmethoden, neue Vermarktungsmethoden, neue Bücher, neue Literatur, neue Computerprogramme, neue Medikamente und neue Ansätze für alle Wirtschafts- und Lebensthemen braucht. Die Chancen sind grenzenlos.

Doch bei all diesem Bedarf an Erneuerungen und Verbesserungen gibt es eine Eigenschaft, die notwendig ist, um zu gewinnen: *ein festes Ziel*, die Kenntnis dessen, was man will, und ein brennendes *Verlangen*, es zu bekommen.

> Sie müssen wissen, was Sie wollen, und ein brennendes Verlangen danach verspüren.

Seien Sie ein »pragmatischer Träumer«

Pragmatische Träumer sind solche, die ihre Träume in Taten umsetzen. Sie haben immer schon bestimmt – und werden es auch weiterhin tun –, wo es mit der Gesellschaft hingeht. Wir, die wir reich werden wollen, sollten stets daran denken, dass die wahren Großen der Welt immer Menschen waren, welche sich die nicht fassbaren, unsichtbaren Kräfte der noch ungeborenen Chancen erschlossen und nutzten. Sie verwandelten diese Kräfte (oder Gedankenimpulse) in Wolkenkratzer, Städte, Fabriken, Flugzeuge, Autos, bessere Gesundheitsversorgung und andere Annehmlichkeiten.

Toleranz und Offenheit sind für den Träumer von heute praktisch ein Muss. Wer neue Ideen fürchtet, hat schon verloren, bevor er begonnen hat. Nie war eine Zeit günstiger für Pioniere. Es stimmt zwar, dass wir keinen Wilden Westen mehr erobern können wie zu Planwagenzeiten, doch es gibt die gewaltige Welt der Geschäfte, Finanzen und Industrie, die nach neuen und besseren Vorgaben umgestaltet und ausgerichtet werden muss.

Lassen Sie sich bei Ihren Überlegungen, wie Sie zu Reichtum gelangen, von niemandem einreden, Träumer seien lächerlich. Um in dieser sich kontinuierlich verändernden Welt Bedeutendes zu erreichen, müssen Sie sich den Geist der großen Pioniere der Vergangenheit aneignen, deren Träume der Gesellschaft all ihre Werte und den Grundgedanken verschafft haben, der die Lebensader unseres Landes ist – Ihre und meine Chance, unsere Talente zu entwickeln und zu vermarkten. Vergessen wir nicht, dass Kolumbus von einer unbekannten Welt träumte, sein Leben darauf setzte, dass es sie gab, und sie schließlich entdeckte! Kopernikus, der große Astronom, träumte von einer Vielzahl von Welten und zeigte, dass er recht hatte! Niemand bezeichnete ihn nach seinem Triumph als »unpragmatisch«. Stattdessen huldigte ihm die Welt an seinem Grab und bewies so ein weiteres Mal: »*Erfolg verlangt keine Entschuldigungen, Misserfolge erlauben keine Ausreden.*«

»Erfolg verlangt keine Entschuldigungen,
Misserfolge erlauben keine Ausreden.«

Wenn das, was Sie gern machen würden, das Richtige ist und Sie daran glauben, legen Sie los und tun Sie es! Setzen Sie Ihren

Traum durch und kümmern Sie sich nicht darum, was andere sagen, wenn Sie Rückschläge erleiden, denn sie wissen vielleicht nicht, dass *jeder Misserfolg den Keim eines gleichwertigen Erfolgs in sich trägt.*

Vom Verlangen zum Vermögen

Jeder Mensch, der alt genug ist, um den Sinn des Geldes zu verstehen, wünscht es sich. Das allein macht niemanden reich. Aber ein an Besessenheit grenzendes Verlangen nach Reichtum zu entwickeln, dann einen entschlossenen Plan zu ersinnen, wie man dieses Ziel erreichen kann, und ihn mit einer Beharrlichkeit zu untermauern, die kein Scheitern akzeptiert – das macht reich. Um das *Verlangen* in sein finanzielles Gegenstück umzuwandeln, sind diese sechs unumstößlichen praktischen Schritte nötig:

1. Bestimmen Sie die genaue Summe, die Sie erlangen wollen. Es reicht nicht aus, einfach zu sagen: »Ich hätte gern viel Geld.« Sie müssen einen Betrag festlegen.
2. Überlegen Sie sich genau, was Sie für das Geld, das Sie sich wünschen, geben wollen. (Man erhält nichts ohne Gegenleistung.)
3. Legen Sie einen Zeitpunkt fest, wann Sie das Geld, nach dem Sie verlangen, besitzen wollen.
4. Arbeiten Sie einen konkreten Plan aus, wie Sie Ihr Ziel erreichen wollen, und fangen Sie sofort an, diesen Plan umzusetzen.
5. Halten Sie den Betrag, den Sie anstreben, die Frist, die Sie sich dafür setzen, was Sie dafür zu geben bereit sind und den Plan, durch den Sie das Geld einnehmen wollen, in einem kurzen, klaren Text fest.
6. Lesen Sie sich diesen Text zweimal täglich laut vor, einmal direkt vor dem Schlafengehen und einmal nach dem Aufstehen. *Sehen und fühlen Sie sich beim Lesen so, als besäßen Sie das Geld bereits, glauben Sie fest daran.*

Befolgen Sie die Anweisungen in diesen sechs Schritten, vor allem die letzte.

Sie mögen klagen, dass es Ihnen nicht möglich ist, sich »im Besitz des Geldes zu sehen«, bevor Sie es tatsächlich haben. Doch hier kommt Ihnen das *brennende Verlangen* zu Hilfe. Wenn Sie sich dieses Geld so inniglich wünschen, dass das Verlangen zur Besessenheit wird, fällt es Ihnen sicher nicht schwer, sich davon zu überzeugen, dass Sie es erlangen werden. Das Ziel ist, das Geld so entschlossen zu wollen, dass Sie daran *glauben*, dass Sie es bekommen. Nur wer *geldbewusst* wird, kann Reichtum anhäufen. Geldbewusstsein heißt, dass der Geist so tief vom Verlangen nach Geld durchdrungen ist, dass man bereits vor sich sieht, wie man im Besitz des Vermögens ist.

Nur wer *geldbewusst* wird, kann Reichtum anhäufen.

Diese Methode, das Verlangen in Reichtum umzuwandeln, stammt von Andrew Carnegie, der als einfacher Arbeiter im Stahlwerk begann, es aber trotz seiner bescheidenen Anfänge schaffte, durch diese Prinzipien ein Vermögen von deutlich über 100 Millionen Dollar anzuhäufen. Auch Thomas A. Edison nahm die sechs hier beschriebenen Schritte genau unter die Lupe und bestätigte, dass sie nicht nur wesentlich dafür sind, reich zu werden, sondern auch für das Erreichen jedes anderen Ziels.

Die Schritte verlangen *keine harte Arbeit.* Sie verlangen *kein Opfer.* Man muss sich dafür nicht lächerlich machen oder leichtgläubig (naiv) sein. Sie lassen sich ohne weitreichende Bildung anwenden. Doch für ihre erfolgreiche Durchführung ist ausreichend Vorstellungskraft nötig, um zu sehen und zu verstehen, dass die Erlangung von Reichtum nicht dem Zufall, Schicksal oder Glück überlassen werden darf. Man muss erkennen, dass jeder, der es zu einem großen Vermögen brachte, zunächst einen Traum, eine

Hoffnung, einen Wunsch, ein *Verlangen* und einen *Plan* hegte. Sie werden niemals reich werden, wenn Sie nicht ein glühendes *Verlangen* nach Geld entwickeln und tatsächlich daran *glauben*, dass Sie es besitzen werden.

Ratschläge von Mary Kay Ash

Mary Kay Ash, die Gründerin des Kosmetikkonzerns Mary Kay, führte ihren Erfolg auf die Entwicklung ihres Selbstbewusstseins und ihres *Glaubens* an sich selbst und all die Mitarbeiter ihres riesigen Unternehmens zurück, das mittlerweile aus mehr als 250.000 unabhängigen Schönheitsberatern in aller Welt besteht.

Ashs Verkäuferinnenlaufbahn begann 25 Jahre zuvor, als sie zum Haushaltswarenunternehmen Stanley Home Products stieß. Sie erzählte oft, dass sie während ihres ersten Jahres dort ganz und gar nicht erfolgreich gewesen sei und überlegt habe, die Stelle aufzugeben. Doch das änderte sich, als sie das erste Stanley-Verkaufsseminar besuchte. Darüber berichtete sie:

> Ich sah, wie diese große, grazile, hübsche, erfolgreiche Frau, die in einem internen Wettbewerb als Beste abgeschnitten hatte, zur Belohnung zur Königin gekrönt wurde, und nahm mir fest vor, im folgenden Jahr selbst diese Königin zu sein, auch wenn es mir unmöglich erschien. Dennoch ging ich zum Vorsitzenden und teilte ihm mein Vorhaben mit.
>
> Mr Beveridge lachte mich nicht aus, sondern schaute mir in die Augen, nahm meine Hand und sagte: »Ich habe das Gefühl, das schaffen Sie.« Diese Worte trieben mich an, und im folgenden Jahr war ich die Königin.

Mary Kay predigte und zeigte, dass der erste Schritt auf dem Weg zum Erfolg darin besteht, fest daran zu glauben, dass man ein großartiger Mensch ist, der Erfolg verdient. In einem Artikel in der Zeitschrift *Personal Excellence* nannte sie einige Übungen, die Ihnen helfen können, sich von Ihrer eigenen Exzellenz zu überzeugen und eine Atmosphäre des Erfolgs in Ihrem Leben zu schaffen:

- **Sehen Sie sich in Ihrer Vorstellung als erfolgreichen Menschen.** Malen Sie sich die Person aus, die Sie werden wollen. Nehmen Sie sich jeden Tag etwas Zeit, die Sie allein und ungestört verbringen. Machen Sie es sich bequem und entspannen Sie sich. Schließen Sie die Augen und konzentrieren Sie sich auf Ihre Wünsche und Ziele. Sehen Sie sich selbst in dieser neuen Situation, fähig und selbstbewusst.
- **Reflektieren Sie frühere Erfolge**. Jeder Erfolg, ob groß oder klein, ist ein Beweis dafür, dass Sie in der Lage sind, weitere Erfolge zu erreichen. Feiern Sie jeden Erfolg. Das können Sie sich in Erinnerung rufen, wenn Sie den Glauben an sich selbst verlieren.
- **Setzen Sie sich feste Ziele**. Geben Sie eine klare Richtung vor, wohin es gehen soll. Passen Sie auf, wann Sie von diesen Zielen abweichen, und nehmen Sie sofort eine Kurskorrektur vor.
- **Betrachten Sie das Leben positiv**. Entwickeln Sie ein positives Selbstbild. Dieses Bild, Ihre positiven Reaktionen auf das Leben und Ihre Entscheidungen liegen ganz in Ihrer Hand.

> Sehen Sie sich als erfolgreichen Menschen vor sich, reflektieren Sie frühere Erfolge, setzen Sie sich feste Ziele und betrachten Sie das Leben positiv.

Beispiele für erfolgreich umgesetztes Verlangen

Die Fähigkeit, ein immaterielles Verlangen in greifbaren Reichtum und Erfolge umzuwandeln, ist kein Märchen. Im Verlauf der Geschichte haben unzählige Menschen in allen möglichen Bereichen bewiesen, dass es nur ein konkretes, entschlossenes, brennendes Verlangen in Verbindung mit einem Plan und Beharrlichkeit braucht, um ein Ziel zu erreichen. In Schritt 1 haben Sie bereits die Geschichte von Edwin C. Barnes gelesen, der kraft seiner *Gedanken* zu einem Partner von Thomas A. Edison wurde. Sein Erfolg begann mit einem brennenden Verlangen, mit Edison *zusammen*zuarbeiten, nicht für ihn. In den folgenden Abschnitten finden Sie nun die Geschichten von anderen Menschen, die ihr immaterielles, brennendes Verlangen in greifbaren Erfolg überführt haben.

Hernán Cortés versenkt seine Schiffe

Im Jahr 1518 segelte der spanische Konquistador Hernán Cortés von Kuba nach Mexiko, um das Reich der Azteken zu erobern. Bei der Ankunft gab er den Befehl, die Schiffe, die ihn, seine Männer und die Vorräte hergebracht hatten, zu versenken, um dadurch klar und deutlich zu machen, dass nur ein Sieg infrage kam. Der Rückweg war versperrt. Cortés und seine Leute würden siegen oder untergehen.

Obwohl er nur über etwa 500 Mann, einige Pferde und ein paar Kanonen verfügte, war Cortés fest entschlossen, zu gewinnen. Unterwegs kam er in andere Städte und traf auf die dortige Bevölkerung, Mitglieder von Stämmen, die die aztekischen Herrscher ablehnten. Cortés verbündete sich mit mehreren von ihnen, darunter auch mit dem mächtigen Tlaxcala-Stamm, der dem Spanier schließlich dabei half, die Stadt Tenochtitlan (heute Mexiko-Stadt) zu belagern, einzunehmen und damit das aztekische Reich zu erobern.

Jeder, der ein Vorhaben erfolgreich bestreiten will, muss willens sein, seine Schiffe zu versenken und sich alle Rückzugsmöglichkeiten abzuschneiden. Nur so kann man für die nötige Geisteshaltung sorgen, das *brennende Verlangen nach einem Sieg*, was für den Erfolg unerlässlich ist.

Fest zum Sieg entschlossen, entledigte sich Cortés aller Rückzugsmöglichkeiten, sodass es nur zwei mögliche Ausgänge gab: Sieg oder Niederlage. Und eine Niederlage kam für ihn nicht infrage.

Marshall Field und der große Brand von Chicago

Am Morgen nach dem großen Brand von Chicago stand eine Gruppe von Händlern auf der Straße und schaute auf die qualmenden Überreste dessen, was ihre Läden gewesen waren. Sie setzten sich zusammen, um zu überlegen, ob sie ihre Geschäfte wiederaufbauen oder Chicago verlassen wollten, um in einem vielversprechenderen Teil des Landes ihr Glück zu versuchen. Alle bis auf einen beschlossen, wegzuziehen.

Der Händler, der sich fürs Bleiben und den Neuaufbau entschied, zeigte auf die Reste seines Ladens und sagte: »Meine Herren, ich werde genau an dieser Stelle das größte Geschäft der Welt bauen, egal, wie oft es niederbrennt.« Also wurde das Gebäude gebaut. Es steht bis heute, ein hoch aufragendes Denkmal für die Macht der Geisteshaltung, die als *brennendes Verlangen* bekannt ist. Auch für Marshall Field wäre es am leichtesten gewesen, zu tun, was seine Kollegen taten. Als die Lage brenzlig wurde und die Zukunft düster aussah, zogen sie die Reißleine und gingen irgendwohin, wo ihnen die Umstände günstiger erschienen.

Wer ein *brennendes Verlangen* verspürt, für den ist kein Hindernis unüberwindbar.

Merken Sie sich diesen Unterschied zwischen Marshall Field und den anderen Händlern gut, denn er ist es, der auch Edwin C. Barnes aus Tausenden anderen jungen Männern, die für Edison gearbeitet hatten, herausstechen ließ. Diese Eigenschaft unterscheidet praktisch alle, die Erfolg haben, von den Menschen, denen er verwehrt bleibt.

Steven Spielberg schafft es durch Willenskraft ans Set

Schon als Kind träumte Steven Spielberg davon, Regisseur zu werden. Er begann bereits in jungen Jahren damit, mithilfe einer einfachen Kamera Amateurfilme zu drehen. Das verstärkte seinen Wunsch nur noch mehr.

Wie Spielberg sich Zutritt zu den Universal Studios verschaffte, ist in der Filmindustrie eine Legende. Er nahm an einer Führung durch die Studios teil, einem Angebot, das Besuchern einen Einblick ins Filmgeschäft ermöglichte. Dabei fahren die Besucher die meiste Zeit in einer kleinen Bahn auf dem Gelände herum. Spielberg stahl sich aus der Bahn und versteckte sich zwischen zwei Tonbühnen, bis die Tour beendet war. Als er abends das Gelände verließ, wechselte er bewusst ein paar Worte mit dem Pförtner.

Drei Monate lang kam er Tag für Tag in die Studios. Er lief winkend am Pförtner vorbei, und dieser grüßte zurück. Da er jeden Tag in Anzug und mit Aktentasche erschien, ging der Wachmann davon aus, dass es sich um einen Sommerpraktikanten handelte. Spielberg sprach mit Regisseuren, Drehbuchautoren und Cuttern und freundete sich mit ihnen an. Er fand sogar ein leer stehendes Büro, zog ein und schaffte es, ins Adressverzeichnis des Unternehmens aufgenommen zu werden.

Sein Plan war, Sid Sheinberg kennenzulernen, den damaligen Chef der Abteilung für Fernsehproduktionen. Spielberg zeigte ihm ein Filmprojekt aus der Uni, das Sheinberg so beeindruckte, dass er den jungen Mann unter Vertrag nahm.

> **Steven Spielberg hatte eine Idee, ein festes Ziel, das *brennende Verlangen*, dieses in die Realität umzusetzen, und die nötige Entschlossenheit, um nicht aufzugeben, bis er es erreicht hatte.**

Sein erster Spielfilm, *The Sugarland Express*, erhielt gute Kritiken und gewann beim Filmfestival in Cannes 1974 den Preis für das beste Drehbuch. Beim Publikum floppte er hingegen leider.

Der große Durchbruch erfolgte ein Jahr später, als Spielberg das Buch *Der weiße Hai* las. Das Studio hatte bereits beschlossen, den Roman zu verfilmen, und einen bekannten Regisseur dafür ausgewählt.

Spielberg wollte den Film unbedingt drehen. Trotz des finanziellen Misserfolgs von *Sugarland Express* war sein Selbstbewusstsein ungebrochen, und er überzeugte die Produzenten, den vorgesehenen Regisseur abzusetzen und ihm selbst dessen Posten zu überlassen.

Es war keine leichte Aufgabe. Die Dreharbeiten liefen von Anfang an holprig. Es gab technische Probleme und die Kosten stiegen. Doch als *Der weiße Hai* im Juni 1975 in die Kinos kam, war er ein doppelter Erfolg: Er brach alle Kassenrekorde und die Kritiker schwärmten. Der Film spielte in den USA rund 260 Millionen Dollar und im Ausland noch einmal 210 Millionen Dollar ein – insgesamt fast 470 Millionen Dollar.

In den folgenden Jahren führte Spielberg bei einer Reihe weiterer Filme Regie, die nicht nur vom Publikum, sondern auch von den Kritikern geliebt wurden, darunter *Unheimliche Begegnung der dritten Art*, *Jäger des verlorenen Schatzes*, *E.T. – Der Außerirdische*, *Die Farbe Lila* und *Lincoln*.

Spielberg verfolgt weiterhin seine Träume. Als er und zwei andere Hollywood-Größen ihre eigene Produktionsfirma gründeten, nannten sie sie DreamWorks.

Pragmatische Träumer überwinden Widrigkeiten

Heute gibt es eine Fülle an *Möglichkeiten*, wie sie die Träumer der Vergangenheit nicht kannten. *Ein brennendes Verlangen, etwas zu sein und zu tun*, dient als Startrampe. Träume entstehen nicht inmitten von Gleichgültigkeit, Faulheit und Mangel an Ehrgeiz. Die Welt verspottet den Träumer heute nicht mehr und nennt ihn auch nicht »unpragmatisch«. Seien Sie mutig, denn diese Erfahrungen stählen Ihren Geist – sie sind von unschätzbarem Wert. Denken Sie auch daran, dass alle erfolgreichen Menschen anfangs zu kämpfen haben und viele zermürbende Probleme überstehen müssen, bevor sie es »schaffen«. Der Wendepunkt im Leben derer, die Erfolg haben, tritt meist in einem Moment der Krise ein, weil in diesem Augenblick ein anderes »Selbst« zum Vorschein kommt.

- **Henry Ford**, arm und ungebildet, träumte von einem pferdelosen Gefährt, machte sich mit den Werkzeugen, die ihm zur Verfügung standen, an die Arbeit, ohne auf eine günstige Gelegenheit zu warten, und sieht seinen Traum heute weltweit verwirklicht. Er hat mehr Räder zum Drehen gebracht als irgendjemand sonst auf der Welt, weil er keine Angst davor hatte, seine Träume zu verfolgen.
- **Thomas Edison**, der als Teilzeit-Telegrafist begann, träumte von einer Lampe, die durch Elektrizität betrieben wird, und gab auch nach 10.000 vergeblichen Versuchen nicht auf, bis er seinen Traum in die Realität umgesetzt hatte. Er scheiterte unzählige Male, bis er endlich das Genie aufweckte, das in ihm schlummerte.
- **Abraham Lincoln** träumte von Freiheit für die schwarzen Sklaven, kämpfte für diesen Traum und hätte fast noch miterlebt, wie die Nord- und Südstaaten seinen Traum gemeinsam in die Realität umsetzten.
- **Die Gebrüder Wright** träumten von einer Maschine, die durch die Luft fliegen kann. Heute erlebt man überall auf der Welt, dass ihr Traum umsetzbar war.

- **Guglielmo Marconi** träumte von einem System, mit dessen Hilfe man die unsichtbaren Kräfte des Äthers nutzen kann. Den Beweis, dass dieser Traum nicht unbegründet war, bietet jedes Radio, jeder Fernseher und jedes Handy der Welt. Marconis Traum machte aus den Menschen aller Nationen der Welt Nachbarn. Er schuf ein Medium, mit dem Nachrichten, Informationen und Unterhaltungsprogramme auf der ganzen Welt ausgestrahlt wurden. Vielleicht interessiert es Sie, dass Marconis »Freunde« ihn in einer psychiatrischen Anstalt untersuchen ließen, als er verkündete, er habe ein Prinzip entdeckt, durch das sich Nachrichten durch die Luft übermitteln ließen, ohne Kabel oder andere direkte Kommunikationsmittel.
- **John Bunyan** schrieb *The Pilgrim's Progress*, ein Meisterwerk der englischen Literatur, nachdem er wegen seiner religiösen Ansichten ins Gefängnis geworfen und schwer bestraft worden war.
- **O. Henry** entdeckte das Genie, das in ihm schlummerte, erst, als ihn großes Unglück ereilt hatte und er in einer Gefängniszelle in Columbus (US-Bundesstaat Ohio) saß. In dieser Zwangslage trat sein »anderes Ich« zutage und er stellte fest, dass er gar kein armseliger Krimineller und Außenseiter war, sondern dank seiner Vorstellungskraft ein großer Autor.
- **Charles Dickens** begann sein Arbeitsleben damit, Etiketten auf Schuhcremetiegel zu kleben. Das tragische Ende seiner ersten Liebe erschütterte ihn bis in die Tiefen seiner Seele und machte ihn zu einem der bekanntesten Autoren der Weltliteratur. Durch diese Tragödie entstand erst *David Copperfield* und dann eine Reihe weiterer Werke, die das Leben all seiner Leser bereicherten.
- **Helen Keller** war schon bald nach ihrer Geburt blind, taub und stumm. Dennoch hat sie ihren Namen unauslöschlich in die Geschichte der großen Helden eingeschrieben. Ihr ganzes Leben kann als Beweis dafür gelten, dass niemand jemals ganz besiegt ist, bis er die Niederlage als Realität hinnimmt.
- **Robert Burns** war ein junger, bettelarmer Analphabet vom Land, der zu einem Trinker heranwuchs. Sein Dasein hat die

Welt zu einem besseren Ort gemacht, weil er wunderschöne Gedanken in Verse fasste – er entfernte einen Dorn und pflanzte stattdessen eine Rose.

- **Booker T. Washington** kam als Sklave zur Welt, benachteiligt durch seine Hautfarbe und seine Herkunft. Da er tolerant, aufgeschlossen und ein *Träumer* war, prägt sein Wirken die Menschheitsgeschichte.
- **Lou Ferrigno** erlitt im Alter von drei Jahren durch eine Ohrenentzündung einen schweren Hörschaden. Der magere Junge träumte davon, so muskulös wie ein Comicheld zu sein. Um sein Ziel zu erreichen, begann er mit zwölf, Gewichte zu stemmen. Mit 21 Jahren wurde er, der mittlerweile 1,95 Meter groß war, als jüngster und größter Mann zum »Mr Universe« gewählt. Später übernahm er die Rolle des Hulk in der Fernsehserie *Der unglaubliche Hulk*, spielte in über 20 Filmen mit und wurde ein international bekannter Fitnesstrainer. Heute berät er andere, wie man sich seinen Ängsten stellt und Hindernisse meistert.
- **Beethoven** war taub und **Milton** blind, doch ihre Namen werden die Zeit überdauern, weil sie träumten und diese Träume in organisierte Gedanken überführten.

> Der Wendepunkt im Leben derer, die Erfolg haben, tritt meist in einem Moment der Krise ein, weil in diesem Augenblick ein anderes »Selbst« zum Vorschein kommt.

Die Wege des Lebens sind verschlungen und ganz unterschiedlich. Noch verschlungener sind die Wege der Allumfassenden Intelligenz, die manche Menschen zwingt, alle möglichen Strafen über sich ergehen zu lassen, bis sie ihren eigenen Kopf und ihre Fähigkeit entdecken, mithilfe der Vorstellungskraft nützliche Ideen zu ersinnen. Pragmatische Träumer *geben niemals auf!*

Das Verlangen überlistet Mutter Natur

Als passenden Höhepunkt dieses Kapitels möchte ich Sie nun mit einem der ungewöhnlichsten Menschen bekannt machen, die ich kenne. Das erste Mal traf ich ihn wenige Minuten nach seiner Geburt. Er kam ganz ohne Ohren auf die Welt, und der Arzt räumte auf unsere Nachfrage hin ein, dass das Kind möglicherweise sein Leben lang taub und stumm sein würde.

Ich hingegen war anderer Meinung. Das stand mir zu, denn ich war der Vater des Kindes. Auch ich kam zu einem Entschluss und legte mich fest, jedoch nur im Stillen, ganz verschwiegen in meinem Herzen. Ich beschloss, dass mein Sohn hören und sprechen würde. Die Natur konnte mir ein Kind ohne Ohren schicken, doch sie konnte mich nicht dazu bringen, die Auswirkungen dieser Beeinträchtigung zu akzeptieren. In meinem Inneren wusste ich, mein Sohn würde hören und sprechen. Wie? Ich war mir sicher, dass es einen Weg gab und dass ich ihn finden würde. Ich dachte an die Worte des unsterblichen Emerson: »Alles läuft darauf hinaus, uns Glauben zu lehren. Wir müssen nur gehorchen. Jeder von uns kann sich führen lassen, und indem wir demütig lauschen, können wir das rechte Wort hören.«

Das rechte Wort? *Verlangen!* Mehr als alles andere trieb mich das Verlangen um, dass mein Sohn nicht taubstumm sein sollte. Von diesem Verlangen rückte ich niemals ab, nicht eine Sekunde lang. Viele Jahre zuvor hatte ich geschrieben: »Es gibt keine Beschränkungen außer denen, die wir uns selbst im Kopf setzen.« Zum ersten Mal fragte ich mich, ob diese Aussage stimmte. Vor mir auf dem Bett lag ein Neugeborenes, das von der Natur nicht mit Hörwerkzeugen ausgerüstet worden war. Selbst wenn der Junge hören und sprechen lernte, war er doch offensichtlich lebenslang entstellt. Das war sicher eine Beschränkung, die sich das Kind nicht selbst gesetzt hatte. Was konnte ich dagegen unternehmen? Irgendwie musste ich eine Möglichkeit finden, mein eigenes *brennendes Verlangen* nach Mitteln und Wegen, wie sich auch ohne

Ohren Schallwellen an sein Gehirn übermitteln ließen, auf das Kind zu übertragen.

> Mehr als alles andere trieb mich das Verlangen um, dass mein Sohn nicht taubstumm sein sollte. Von diesem Verlangen rückte ich niemals ab, nicht eine Sekunde lang.

Sobald das Kind groß genug war, um mich zu verstehen, würde ich seinen Kopf so sehr mit einem *brennenden Verlangen* danach füllen, hören zu können, dass die Natur diesen Wunsch auf ihre eigene Weise verwirklichen würde. All diese Überlegungen spielten sich nur in meinem Kopf ab, ich sprach mit niemandem darüber. Jeden Tag erneuerte ich das Versprechen, das ich mir selbst gegeben hatte: Ich würde nicht akzeptieren, dass mein Sohn taub und stumm war.

Als er älter wurde und begann, seine Umwelt wahrzunehmen, erkannten wir, dass er doch ganz schwach hören konnte. In dem Alter, in dem Kinder normalerweise anfangen zu sprechen, kam ihm kein Wort über die Lippen, aber wir erkannten an seinen Reaktionen, dass er einige Geräusche gedämpft wahrnahm. Das reichte mir als Hinweis! Ich war mir sicher: Wenn er auch nur das geringste bisschen hören konnte, ließ sich diese Fähigkeit ausbauen. Dann ereignete sich etwas, das mir Mut machte, und zwar aus einer ganz unerwarteten Richtung. Wir kauften einen Plattenspieler. Als der Junge zum ersten Mal Musik hörte, war er ganz begeistert und beanspruchte das Gerät gleich für sich. Schon bald hatte er bestimmte Lieblingsplatten, darunter *It's a Long Way to Tipperary*. Einmal spielte er dieses Lied immer und immer wieder, fast zwei Stunden lang, während er vor dem Gerät stand und mit den Zähnen in das Gehäuse biss. Die Bedeutung dieser Angewohnheit, die er eigenständig entwickelt hatte, wurde uns erst Jahre später bewusst, denn wir hatten zu dem Zeitpunkt noch nie etwas von der sogenannten Knochenleitung des Schalls gehört.

Kurz nachdem der Junge den Plattenspieler für sich entdeckt hatte, stellte ich fest, dass er mich recht gut verstand, wenn ich beim Sprechen mit den Lippen seinen Mastoidknochen oder den unteren Rand seines Schädels berührte. Diese Beobachtung gab mir die nötigen Informationen, um mein *brennendes Verlangen*, dass mein Sohn hören und sprechen können solle, in die Realität umzusetzen. Mittlerweile formte er einzelne Worte. Die Aussichten waren alles andere als ermutigend, aber für *Verlangen in Verbindung mit Glauben* existiert das Wort »unmöglich« nicht.

Als ich mir sicher war, dass er den Klang meiner Stimme vernahm, fing ich sofort an, ihm mein Verlangen zu vermitteln. Schon bald bemerkte ich, dass er Gutenachtgeschichten mochte, und erfand Erzählungen, die ihn zur Eigenständigkeit und einer ausgeprägten Vorstellungskraft ermuntern und ein leidenschaftliches Verlangen danach, hören zu können und normal zu sein, in ihm wecken sollten.

> *Für Verlangen in Verbindung mit Glauben*
> existiert das Wort »unmöglich« nicht.

Besonders eine Geschichte hob ich hervor, indem ich ihr jedes Mal, wenn ich sie erzählte, einen neuen und dramatischen Anstrich gab: Sie sollte ihm vermitteln, dass seine Behinderung keine Belastung, sondern eine wertvolle Eigenschaft sei.

Trotz der Tatsache, dass alle Untersuchungen, die ich studiert hatte, klar darauf hinwiesen, dass *jede Widrigkeit den Keim eines gleichwertigen Vorteils in sich trägt*, muss ich zugeben, dass ich nicht die geringste Ahnung hatte, wie sich diese Behinderung je als Vorteil erweisen könnte. Dennoch fuhr ich fort, diese Botschaft in Form der Gutenachtgeschichte zu vermitteln, und hoffte dabei, dass mein Sohn mit der Zeit einen Weg finden würde, seine Beeinträchtigung sinnvoll zu nutzen.

> *Jede Widrigkeit trägt den Keim eines gleichwertigen Vorteils in sich.*

Mein Verstand sagte mir klar und deutlich, dass sich das Fehlen von Ohren und des natürlichen Hörapparats nicht ausgleichen ließ. Doch mein Verlangen in Kombination mit dem Glauben stieß den Verstand beiseite und trieb mich weiter an.

Wenn ich diese Zeit im Rückblick betrachte, erkenne ich, dass die erstaunlichen Ergebnisse viel mit dem Vertrauen, das mein Sohn mir entgegenbrachte, zu tun hatten. Er stellte nichts von dem, was ich ihm sagte, infrage. Ich überzeugte ihn davon, dass er seinem älteren Bruder gegenüber klar im Vorteil sei und dass sich das in vielerlei Hinsicht auswirken würde. So würden ihm die Lehrer in der Schule, sobald ihnen auffiel, dass er keine Ohren hatte, sicher übermäßig viel Aufmerksamkeit widmen und besonders nett zu ihm sein. Und so war es auch – dafür sorgte seine Mutter, die alle Lehrer aufsuchte und mit ihnen absprach, unserem Kind die nötige zusätzliche Aufmerksamkeit zuteilwerden zu lassen. Außerdem erklärte ich dem Jungen, dass er, wenn er alt genug wäre, Zeitungen auszutragen (sein älterer Bruder war bereits Zeitungsbote), einen großen Vorteil dem Bruder gegenüber habe, weil die Leute ihm mehr Geld für seine Ware geben würden, da sie sehen könnten, dass er ein kluger, fleißiger Junge war, obwohl ihm die Ohren fehlten.

Wir stellten fest, dass die Hörfähigkeit des Kindes langsam zunahm. Außerdem lag es ihm völlig fern, sich wegen seiner Behinderung zu schämen. Als der Junge etwa sieben war, gab es die ersten Anzeichen, dass unsere Methode, auf seinen Geist einzuwirken, Früchte trug. Mehrere Monate lang bettelte er darum, Zeitungen austragen zu dürfen, doch seine Mutter erlaubte es nicht. Sie hatte Angst, dass es für das taube Kind nicht sicher war, allein auf der Straße unterwegs zu sein.

Schließlich nahm er die Sache selbst in die Hand. Eines Nachmittags, als er mit den Angestellten allein zu Hause war, stieg er durch das Küchenfenster, kletterte hinab und zog auf eigene Faust los. Er lieh sich ein Startkapital in Höhe von sechs Cent vom Schuster in der Nachbarschaft, investierte es in Zeitungen, verkaufte alle, reinvestierte die Einnahmen und so weiter, bis zum späten Abend. Nachdem er sich einen Überblick über die Ausgaben verschafft und die sechs Cent an seinen Geldgeber zurückgezahlt hatte, blieb ihm ein Gewinn von 42 Cent. Als wir an jenem Abend nach Hause kamen, lag er im Bett und schlief, das Geld fest umklammert.

Seine Mutter öffnete seine Hand, nahm die Münzen heraus und weinte. Ausgerechnet! Über den ersten Sieg unseres Sohnes zu weinen kam mir völlig unangemessen vor. Meine Reaktion war das genaue Gegenteil. Ich lachte herzlich, weil ich nun wusste, dass meine Bemühungen, dem Kind Selbstvertrauen einzupflanzen, erfolgreich gewesen waren.

Meine Bemühungen, dem Kind Selbstvertrauen einzupflanzen, waren erfolgreich gewesen.

Seine Mutter sah, wenn sie an dieses erste Geschäft unseres Sohnes dachte, einen kleinen tauben Jungen vor sich, der durch die Straßen zog und sein Leben aufs Spiel setzte, um Geld zu verdienen. Ich sah einen mutigen, ehrgeizigen, eigenständigen kleinen Unternehmer, der gerade einen Riesenschritt gemacht hatte, weil er aus eigenem Antrieb in ein Geschäft eingestiegen war und gewonnen hatte. Das gefiel mir, weil ich wusste, dass es ein Hinweis auf eine gewisse Findigkeit war, die ihn sein ganzes Leben lang begleiten würde.

Das bestätigte sich später immer wieder. Wenn sein älterer Bruder etwas wollte, legte er sich auf den Boden, trat mit den Füßen in die Luft, schrie und bekam es. Wenn der »kleine taube Junge« etwas wollte, überlegte er, wie er das nötige Geld verdienen könnte, und kaufte es sich selbst. So macht er es heute noch!

Wirklich, mein Sohn hat mich gelehrt, dass Einschränkungen in eine Trittleiter verwandelt werden können, über die man lohnende Ziele erreichen kann, wenn man sie nicht als Barrieren betrachtet und als Ausrede nutzt.

Der kleine taube Junge durchlief die Schule und das Studium, ohne die Lehrer und Dozenten zu hören, außer wenn sie direkt neben ihm standen und laut riefen. Er besuchte keine Schule für Hörgeschädigte. Wir ließen nicht zu, dass er die Zeichensprache lernte. Wir waren fest entschlossen, dass er ein normales Leben führen und mit normalen Kindern Umgang haben sollte, und zu dieser Entscheidung standen wir, obwohl sie uns viele hitzige Diskussionen mit Schulverwaltungen einbrachte.

Als unser Sohn in der Highschool war, probierte er ein elektronisches Hörgerät aus, aber es half ihm nicht. Wir glauben, dass das mit einer Entdeckung zusammenhing, die ein Arzt aus Chicago machte, als das Kind sechs Jahre alt war. Dr. J. Gordon Wilson stellte bei einer Operation an einer Seite des Kopfes unseres Kindes fest, dass ihm der komplette natürliche Hörapparat fehlte.

Während der letzten Woche im College (18 Jahre nach der Operation) ereignete sich etwas, das einen wichtigen Wendepunkt im Leben des Jungen markierte. Durch einen Zufall kam er in den Besitz eines weiteren elektronischen Hörgeräts, es wurde ihm zum Testen zugeschickt. Wegen der enttäuschenden Erfahrungen mit dem letzten Gerät reagierte unser Sohn zunächst eher zurückhaltend, doch schließlich nahm er die Apparatur, befestigte sie nachlässig an seinem Kopf, schloss die Batterie an, und zack! Wie durch Magie hatte sich sein lebenslanges *Verlangen danach, normal hören zu können, plötzlich erfüllt*! Zum ersten Mal in seinem Leben hörte er praktisch so gut wie jeder andere Mensch.

> Sein lebenslanges *Verlangen danach, normal hören zu können, hatte sich plötzlich erfüllt!*

Gottes Wege sind unergründlich.

Überglücklich über die veränderte Welt, die er durch das Hörgerät plötzlich erlebte, eilte er zum Telefon, rief seine Mutter an und konnte ihre Worte perfekt verstehen. Am nächsten Tag hörte er die Stimmen seiner Professoren zum ersten Mal klar und deutlich! Er hörte das Radio. Er hörte die Dialoge in Filmen. Endlich konnte er sich frei mit anderen Menschen unterhalten, ohne dass sie extra laut sprechen mussten. Es war wirklich eine ganz neue Welt für ihn. Wir hatten uns geweigert, den Fehler der Natur zu akzeptieren, und durch unser *stetiges Verlangen* hatten wir die Natur dazu gebracht, den Fehler durch das einzige praktische Hilfsmittel zu korrigieren, das verfügbar war.

Unser *Verlangen* hatte angefangen, sich auszuzahlen, doch der Sieg war noch nicht perfekt. Der Junge musste immer noch einen Weg finden, seine Einschränkung in einen gleichwertigen Vorteil zu verwandeln.

Noch ohne die Bedeutung dessen, was schon erreicht war, fassen zu können, aber wie berauscht von der Freude über die neu entdeckte Klangwelt, schrieb er einen Brief an den Hersteller des Hörgeräts, in dem er begeistert seine Erfahrungen schilderte. Irgendetwas in diesem Brief – vielleicht etwas, das eher zwischen den Zeilen zu lesen war – veranlasste das Unternehmen, meinen Sohn nach New York einzuladen. Dort angekommen, wurde er durch die Fabrik geführt und hatte im Gespräch mit dem Cheftechniker, dem er von seiner veränderten Welt erzählte, plötzlich eine Vorahnung, eine Idee, eine Eingebung – nennen Sie es, wie Sie wollen. Es war dieser Gedankenimpuls, der sein Handicap in ein wertvolles Gut verwandelte, das sich für ihn finanziell auszahlte und Tausende andere glücklich machte.

Durch unser *stetiges Verlangen* hatten wir die Natur dazu gebracht, den Fehler durch das einzige praktische Hilfsmittel zu korrigieren, das verfügbar war.

Der Kern dieses Gedankenimpulses war folgender: Mein Sohn hatte erkannt, dass er Millionen von tauben Menschen, die ohne Hörgerät durchs Leben gehen, helfen könnte, wenn er einen Weg fand, ihnen die Geschichte seines Übergangs in die neue Welt zu erzählen. Also traf er dort direkt die Entscheidung, den Rest seines Lebens in den Dienst von Hörbehinderten zu stellen. Einen Monat lang führte er intensive Recherchen durch. Er analysierte das komplette Vermarktungssystem des Hörgeräteherstellers und fand Wege und Mittel, mit Schwerhörigen auf der ganzen Welt in Kontakt zu treten, um ihnen von dem neuen Leben, das er gerade entdeckt hatte, zu berichten. Als das erledigt war, erstellte er auf der Basis seiner Erkenntnisse einen Zweijahresplan. Diesen Plan präsentierte er dem Unternehmen, das ihn sofort einstellte, damit er sein Vorhaben umsetzen konnte. Als er die Stelle antrat, hätte er sich nicht träumen lassen, dass es ihm bestimmt war, Tausenden von Tauben Hoffnung und praktische Erleichterung zu verschaffen. Ohne seine Hilfe wären sie dazu verurteilt gewesen, auf Dauer taubstumm zu bleiben.

Kurz nachdem er die Arbeit aufgenommen hatte, lud er mich zu einem Kurs seines Unternehmens ein, in dem Tauben und Stummen das Hören und Sprechen beigebracht wurde. Ich hatte so etwas noch nie miterlebt, deshalb war ich vor meinem Besuch etwas skeptisch, aber auch hoffnungsvoll, dass ich meine Zeit hier nicht verschwendete. Und ich bekam genau das zu sehen, was auch ich getan hatte, um in meinem Sohn das *Verlangen* danach, normal hören zu können, zu wecken und wachzuhalten! Ich erlebte, wie die Hörbeeinträchtigten mithilfe des gleichen Prinzips, das ich mehr als 20 Jahre zuvor bei meinem Sohn angewendet hatte, Hören und Sprechen lernten.

So kam es, dass mein Sohn Blair und ich durch ein paar seltsame Wendungen des Schicksals dazu bestimmt waren, unseren Beitrag zum Kampf gegen die Taubstummheit in kommenden Generationen zu leisten. Wir sind, soweit ich weiß, die einzigen lebenden Menschen, die den Beweis dafür geliefert haben, dass man Taubstummheit so korrigieren kann, dass der Betroffene ein ganz normales Leben führen kann. Es hat bei einem geklappt, also kann es auch bei anderen klappen. Ich habe keinen Zweifel daran, dass Blair sein Leben lang taubstumm gewesen wäre, wenn es seiner Mutter und mir nicht gelungen wäre, sein Denken so zu prägen, wie wir es getan haben.

Als Erwachsener wurde Blair von Dr. Irving Voorhees, einem Spezialisten für solche Fälle, genau untersucht. Der Arzt war erstaunt darüber, wie gut mein Sohn hörte und sprach, und sagte, laut seinem Befund »müsste der Junge theoretisch eigentlich komplett taub sein«. Doch er kann hören, obwohl Röntgenbilder belegen, dass es bei ihm an der Stelle, wo normalerweise die Ohren sitzen, keinerlei Öffnung im Schädel zum Gehirn gibt.

Als ich ihm das Verlangen einpflanzte, hören und sprechen zu können, löste dieser Impuls einen merkwürdigen Prozess aus, der dafür sorgte, dass die Natur zu einem Brückenbauer wurde. Sie schuf über das Meer des Schweigens hinweg eine Verbindung zwischen Blairs Gehirn und der Außenwelt, auf eine Weise, die selbst die eifrigsten Mediziner noch nicht haben deuten können. Für mich wäre es ein Sakrileg, darüber Mutmaßungen anzustellen, wie die Natur dieses Wunder bewirkt hat. Es wäre unverzeihlich, wenn ich der Welt nicht alles erzählen würde, was ich über meinen bescheidenen Anteil an dieser seltsamen Erfahrung weiß. Es ist meine Pflicht – und ein Privileg – zu sagen: Ich glaube nicht ohne Grund, dass für jemanden, der ein *Verlangen* durch beständigen *Glauben* untermauert, nichts unmöglich ist.

Für jemanden, der ein *Verlangen* durch beständigen *Glauben* untermauert, ist nichts unmöglich.

Ich habe keinen Zweifel daran, dass ein *brennendes Verlangen* sehr verschlungene Wege finden kann, sich in sein reales Gegenstück zu verwandeln. Blair hegte ein *Verlangen* danach, normal zu hören, jetzt kann er es! Er kam mit einer Behinderung zur Welt, die jemandem mit einem weniger ausgeprägten Verlangen leicht dazu hätte verdammen können, mit einem Bündel Stifte und einer Sammelbüchse durch die Straßen zu ziehen. Diese Beeinträchtigung sorgt nun dafür, dass er vielen Millionen Hörgeschädigten helfen kann und gleichzeitig für den Rest seines Lebens einen nützlichen Job mit angemessener Bezahlung hat. Die »unschuldigen Lügen«, die ich in seinem Kopf verankert habe, als er ein Kind war – dass sein Handicap sich als wertvolles Gut herausstellen würde, aus dem er Kapital schlagen könnte –, hatten sich bewahrheitet. Es gibt nichts Richtiges oder Falsches, das der *Glauben* gemeinsam mit einem *brennenden Verlangen* nicht wahr machen könnte. Diese beiden Dinge stehen jedem kostenlos zur Verfügung.

Unter all meinen Erfahrungen mit Männern und Frauen, die bestimmte Probleme plagten, gab es keinen einzigen Fall, der die Macht des *Verlangens* besser demonstriert. Autoren machen manchmal den Fehler, über etwas zu schreiben, von dem sie nur oberflächliche oder geringe Kenntnis haben. Ich hatte das Glück, die Auswirkungen der *Macht des Verlangens* im Rahmen der Behinderung meines Sohnes testen zu können. Vielleicht war es Vorsehung, dass das Experiment so verlief, wie es verlief, denn niemand ist besser darauf vorbereitet, als Beispiel dafür zu dienen, was passiert, wenn man das *Verlangen* auf die Probe stellt, als mein Sohn. Wenn sich selbst Mutter Natur dem Willen des Verlangens beugt, wie könnte sich dann ein normaler Mensch einem brennenden Verlangen in den Weg stellen? Die Macht des menschlichen Geistes ist seltsam und unberechenbar! Wir verstehen nicht, auf welche Weise er alle Umstände, alle Menschen, jeden Gegenstand in Reichweite dazu einsetzt, *Verlangen* in sein greifbares Gegenstück umzuwandeln. Vielleicht kann die Wissenschaft dieses Geheimnis aufdecken.

Die Vorgehensweise, die zu diesem erstaunlichen Ergebnis führte, ist nicht schwer zu beschreiben. Sie besteht aus drei klaren Fakten:

1. Ich verschmolz *Glauben* mit dem *Verlangen* nach einem normalen Hörvermögen und gab beides an meinen Sohn weiter.
2. Ich übermittelte ihm dieses Verlangen auf jede erdenkliche Weise, beharrlich und dauerhaft, über einen Zeitraum von mehreren Jahren.
3. Er glaubte mir!

Vor einigen Jahren erkrankte einer meiner Geschäftspartner. Es wurde im Lauf der Zeit immer schlimmer, und er musste ins Krankenhaus, um operiert zu werden. Kurz bevor man ihn in den OP schob, sah ich ihn an und fragte mich, wie jemand, der so dünn und ausgemergelt war wie er, eine große Operation überstehen sollte. Der Arzt warnte mich, dass die Chancen, meinen Freund noch einmal lebend wiederzusehen, gering bis nicht vorhanden waren. Doch das war nur die Meinung des Arztes – nicht die des Patienten. Kurz bevor man ihn wegschob, flüsterte er schwach: »Keine Sorge, Chef, ich bin in ein paar Tagen wieder auf dem Damm.«

Die diensthabende Schwester sah mich mitleidig an. Doch der Patient verkraftete die Operation gut. Nachdem alles gut überstanden war, sagte der Arzt: »Was ihn gerettet hat, war einzig sein Wille zu leben. Er hätte es nie geschafft, wenn er sich nicht geweigert hätte, den Tod als Möglichkeit zu akzeptieren.« Ich glaube an die Kraft des *Verlangens*, untermauert durch *Glauben*, weil ich gesehen habe, wie diese Kraft Menschen aus schwierigen Verhältnissen Macht und Reichtum gebracht hat. Ich habe gesehen, wie sie dem

Tod sein Opfer nahm, wie sie es Menschen ermöglichte, zurückzukommen, nachdem sie auf 100 verschiedene Weisen geschlagen gewesen waren. Ich habe gesehen, wie sie meinem eigenen Sohn ein glückliches, erfolgreiches Leben beschert hat, obwohl ihn die Natur ohne Ohren in die Welt geschickt hatte.

Wie kann man sich die Kraft des *Verlangens* erschließen und sie nutzen? Die Antwort auf diese Frage findet sich in diesem und den folgenden Kapiteln des Buches.

> Jeder Erfolg, ungeachtet seines Wesens oder seines Ziels, beginnt mit einem *brennenden Verlangen* nach etwas ganz Bestimmtem. Durch ein seltsames und mächtiges Prinzip, der »geistigen Chemie«, verbirgt sich in diesem Impuls des *starken Verlangens* das »Etwas«, das das Wort »unmöglich« nicht anerkennt und kein Scheitern hinnimmt.

Eine Frage der Einstellung

Bevor wir zum nächsten Schritt kommen, müssen Sie die Flamme der Hoffnung, des Glaubens, des Mutes und der Toleranz in sich neu entfachen. Wenn Sie diese Geisteshaltung erreicht und die beschriebenen Prinzipien verinnerlicht haben, wird alles andere zu Ihnen kommen, wenn Sie dafür *bereit* sind. Emerson drückte es so aus:

»Jedes Sprichwort, jedes Buch, jede Seitenbemerkung, die zu dir gehört, die deiner Förderung oder deinem Trost dient, wird sicherlich zu dir kommen, auf geraden Wegen oder auf Umwegen. Jeder Freund, den nicht deine fantastische Willkür, sondern dein großes und zärtliches Herz ersehnt, wird dich in seine Arme schließen.«[2]

Sich etwas zu *wünschen* oder *bereit* zu sein, es zu empfangen, ist nicht das Gleiche. Man ist erst bereit für etwas, wenn man daran glaubt, es auch erreichen zu können. Die Geisteshaltung muss eine des *Glaubens* sein, nicht nur der Hoffnung oder des Wunschtraums. Aufgeschlossenheit ist für den Glauben unerlässlich. Wer sich verschließt, sperrt Glauben, Mut und Vertrauen aus.

Fülle und Wohlstand zu verlangen kostet nicht mehr Mühe,
als Elend und Armut zu akzeptieren.

Denken Sie daran, sich ehrgeizige Ziele zu setzen. Fülle und Wohlstand zu verlangen kostet nicht mehr Mühe, als Elend und Armut zu akzeptieren. Eine große Dichterin hat diese universelle Wahrheit einst in folgenden Zeilen zum Ausdruck gebracht:

Ich verlangte vom Leben einen Penny
und mehr rückte es nicht heraus,
so sehr ich darum auch bettelte
in meinem ärmlichen Haus.

Denn das Leben ist wie ein gerechter Chef,
der zahlt, wonach man fragt.
Doch hat man den Lohn einmal festgelegt,
ist er unabänderlich Fakt.

Ich arbeitete für einen Hungerlohn,
nur um bestürzt zu erkennen:
Das Leben zahlt uns jede Summe,
wenn wir sie nur nennen.

Das Unterbewusstsein wandelt emotional besetzte und durch Glauben verstärkte Gedanken in ihr reales Gegenstück um.

Das Unterbewusstsein arbeitet Tag und Nacht.

Das Unterbewusstsein reagiert auf die Gedanken,
die es erreichen, egal, ob sie positiv oder negativ sind.

Schritt 6: Füttern Sie Ihr Unterbewusstsein mit positiven Eindrücken

Das menschliche Gehirn besteht aus drei Bereichen, drei verschiedenen Aktivitätszentren:

- **Bewusstsein:** Das Bewusstsein ist für das Filtern (dessen, was hereinkommt und hinausgeht), Denken und vernunftbasierte Schlüsse zuständig. Es ist der analytische Teil des Gehirns und hat als solcher die Macht, zu entscheiden, ob eine Information als wahr oder falsch einzuordnen ist, ob sie akzeptiert oder abgewiesen werden soll. Außerdem liefert das Bewusstsein die Willenskraft, emotionalen Trieben aus dem Unterbewusstsein entgegenzusteuern.
- **Unterbewusstsein:** Das Unterbewusstsein verzeichnet und sortiert alle Sinneseindrücke, die dann wie Schreiben aus einem Aktenschrank wieder hervorgeholt werden können. Außerdem ist das Unterbewusstsein der Ort, wo sich Gefühle entwickeln und emotionale Reaktionen entstehen, die dann mit dem rationalen Denken und der Willenskraft um die Oberhand streiten. Das Unterbewusstsein ist die Heimat unserer Verhaltensweisen und Gewohnheiten – das menschliche Gegenstück zu einem Autopiloten. Dort befindet sich der Zugang zur Allumfassenden Intelligenz.
- **Das Unbewusste:** Der unbewusste Teil des Gehirns bildet das vegetative Nervensystem, das alle nicht aktiv gelenkten Körpervorgänge und -funktionen steuert, darunter die Atmung, den Herzschlag, die Verdauung und das Immunsystem. Dieser unbewusste Teil kann im Rahmen einer tiefen Hypnose oder Meditation beeinflusst werden, wie der Einsatz von Biofeedback zur Regulation von Blutdruck, dem Herzschlag und chronischen Schmerzen zeigt.

Das Unterbewusstsein lässt sich nicht komplett steuern, doch man kann ihm freiwillig alle Pläne, Wünsche und Ziele aushändigen, die man in die Realität umsetzen will. Es reagiert als Erstes auf die vorherrschenden Wünsche, die von emotionalen Empfindungen wie Glauben durchsetzt sind.

Der Zugang zur Allumfassenden Intelligenz

Das Unterbewusstsein arbeitet Tag und Nacht. Es bedient sich der Kräfte der Allumfassenden Intelligenz, um unser Verlangen in sein reales Gegenstück zu überführen, und nutzt dabei immer die geeignetsten Mittel, um das Ziel zu erreichen.

Es bildet die Verbindung zwischen dem begrenzten Geist und der Allumfassenden Intelligenz. Nur dort spielt sich der geheime Prozess ab, durch den geistige Impulse bearbeitet und in ihr spirituelles Äquivalent umgewandelt werden. Einzig durch das Unterbewusstsein können Gebete an die Quelle übermittelt werden, die sie beantworten kann. Die kreativen Prozesse, die im Unterbewusstsein stattfinden, sind gewaltig, unberechenbar und Ehrfurcht gebietend.

Das Unterbewusstsein bildet die Verbindung zwischen dem begrenzten Geist und der Allumfassenden Intelligenz.

Beim Thema Unterbewusstsein erfüllt mich stets ein Gefühl der Demut und Unterlegenheit, was vielleicht daran liegt, dass wir nur so kläglich wenig darüber wissen. Allein die Vorstellung, dass es das Kommunikationsmedium zwischen dem denkenden Geist und der Allumfassenden Intelligenz darstellt, lähmt fast den Verstand.

Führen Sie alle 17 Schritte durch

Wenn Sie die Existenz des Unterbewusstseins anerkannt haben und verstehen, welche Möglichkeiten es als Medium für die Umwandlung Ihres Verlangens in sein greifbares oder finanzielles Gegenstück bietet, können Sie erfassen, dass es der Dreh- und Angelpunkt der 17 Schritte ist. Konkreter dürfte Ihnen nun Folgendes klar werden:

- Alles, was erschaffen wird, beginnt als Gedankenimpuls, wie in Schritt 1 erklärt. Was nicht zunächst als *Gedanke* ersonnen wurde, kann nicht erschaffen werden.
- Jeder nennenswerte Erfolg beginnt, wie in Schritt 5 geschildert, mit einem *brennenden Verlangen* nach dem, was man sich wünscht. Außerdem werden Sie verstehen, warum solche Wünsche *deutlich formuliert und schriftlich festgehalten werden müssen.*
- Durch Autosuggestion kann man positive Eindrücke im Unterbewusstsein verankern und sie mit *Glauben* untermauern, wie in Schritt 6 bis Schritt 8 erklärt.
- Mithilfe der Vorstellungskraft (Schritte 9 bis 11) lassen sich Gedankenimpulse zu Plänen zusammenführen. Die Vorstellungskraft kann, wenn sie richtig gesteuert wird, zum Ermitteln von Plänen und Zielen eingesetzt werden, die letzten Endes dazu führen, dass man das Objekt des Verlangens erhält oder ein Ziel erreicht. Pläne oder Ziele, die ins Unterbewusstsein übermittelt werden sollen, mit Glauben zu durchsetzen, gelingt nur durch die Vorstellungskraft.
- Alle Anweisungen aus dem Unterbewusstsein müssen beharrlich ausgeführt werden, wie in Schritt 17 erklärt.

Für den gezielten Einsatz des Unterbewussten sind das Zusammenspiel und die Anwendung aller 17 Schritte nötig.

Lassen Sie sich nicht davon entmutigen, wenn es beim ersten Versuch nicht gleich klappt. Seien Sie geduldig. Bleiben Sie beharrlich. Sie haben noch nicht den richtigen Zeitpunkt erreicht, um den Glauben zu meistern.

Hüten Sie sich vor negativen Gedanken

Denken Sie daran, Ihr Unterbewusstsein reagiert auf alle verfügbaren Überzeugungen und Informationen, ob Sie es nun bewusst beeinflussen wollen oder nicht. Es ruht niemals! Wenn Sie es verpassen, Ihrem Unterbewusstsein ein Verlangen einzupflanzen, wird es sich von den Gedanken nähren, die stattdessen greifbar sind. Es wird kontinuierlich mit Gedankenimpulsen – sowohl negativen als auch positiven – aus den vier Quellen gefüttert, die in Schritt 11 über die Umwandlung der Sexualkraft genannt werden: die Allumfassende Intelligenz, Ihr eigenes Unterbewusstsein, die bewussten Gedanken anderer und die unterbewussten Gedanken anderer.

Sie leben inmitten einer Unmenge von Gedankenimpulsen, die ohne Ihr Wissen in Ihr Unterbewusstsein strömen. Einige dieser Impulse sind negativ, andere positiv. Ihre Aufgabe ist es nun, den negativen den Einlass zu verweigern und gleichzeitig kontrolliert durch positive Impulse des Verlangens auf Ihr Unterbewusstsein einzuwirken.

Wenn Sie das schaffen, sind Sie im Besitz des Schlüssels, der die Tür zu Ihrem Unterbewusstsein aufschließt. Sie haben die Tür dann sogar so gut im Griff, dass kein unerwünschter Gedanke hindurchkommt.

Sie leben inmitten einer Unmenge von Gedankenimpulsen, die ohne Ihr Wissen in Ihr Unterbewusstsein strömen.

Gedanken sind Dinge

Ella Wheeler Wilcox, eine berühmte Lyrikerin und Journalistin, die Ende des 19. und Anfang des 20. Jahrhunderts lebte, brachte ihr Verständnis der Macht des Unterbewusstseins in diesen Zeilen zum Ausdruck:

> Was ein Gedanke auslöst, lässt sich nicht sagen,
> ob Liebe oder Hass.
> Denn Gedanken sind Dinge, und ihre luftigen Schwingen
> arbeiten brieftaubenrasch.
> Sie befolgen das Gesetz des Universums –
> alles erschafft mehr vom Gleichen.
> Sie eilen dahin, um zu uns zu bringen,
> was unser Geist sendet als Zeichen.

Wilcox verstand, dass die eigenen Gedanken sich tief ins Unterbewusstsein eingraben, wo sie als Magnet, Muster oder Vorlage dienen und so das Unterbewusstsein prägen, während es sie in ihr reales Gegenstück umwandelt. Gedanken sind wirklich Dinge, weil jedes materielle Objekt zu Anfang aus Gedankenenergie besteht.

Gedankenimpulse mit Emotionen verschmelzen

Das Unterbewusstsein ist empfänglicher für den Einfluss von Gedankenimpulsen, wenn sie mit Gefühlen oder Emotionen besetzt sind, als wenn sie einfach nur dem vernunftgesteuerten Teil des Geistes entspringen. Es gibt sogar Hinweise darauf, dass *nur* emotionalisierte Gedanken aktiv auf das Unterbewusstsein einwirken können. Die meisten Menschen werden von Emotionen und Gefühlen geleitet. Wenn es stimmt, dass das Unterbewusstsein schneller und stärker auf emotional geprägte Gedankenimpulse reagiert, ist es unerlässlich, sich mit den bedeutenden Emotionen vertraut zu machen.

Emotionen (oder Gefühlsimpulse) sind mit der Hefe in einem Laib Brot vergleichbar, weil sie das *Triebmittel* sind, das den Gedankenimpuls vom passiven in den aktiven Zustand versetzt. Deshalb lösen emotional besetzte Gedankenimpulse schneller eine Reaktion aus als solche, die der »kalten Vernunft« entstammen.

Sie bereiten sich darauf vor, das »innere Publikum« Ihres Unterbewusstseins zu beeinflussen und zu steuern, um ihm dann das *Verlangen* nach Reichtum zu übermitteln, das in sein finanzielles Gegenstück umgewandelt werden soll. Daher ist es unerlässlich, dass Sie verstehen, wie man auf dieses »innere Publikum« zugeht. Sie müssen seine Sprache sprechen, oder es wird nicht auf Sie hören. Am besten versteht es die Sprache der Gefühle und Emotionen. Deshalb sollen hier nun die sieben wichtigsten positiven und die sieben wichtigsten negativen Emotionen beschrieben werden, damit Sie sich der positiven bedienen und die negativen meiden können, wenn Sie Ihrem Unterbewusstsein Anweisungen erteilen.

> *Der Geist kann nicht gleichzeitig von positiven und negativen Emotionen bestimmt werden.* Es dominiert stets eines von beidem. Ihre Verantwortung ist, dafür zu sorgen, dass es die positiven Emotionen sind. Hier kommt Ihnen das Gesetz der *Gewohnheit* zu Hilfe. *Gewöhnen Sie sich an,* positive Emotionen einzusetzen! Irgendwann werden diese Ihren Geist so vollständig beherrschen, dass die negativen *es nicht einmal über die Schwelle schaffen.*

Nur wenn Sie diese Anweisungen buchstäblich und dauerhaft befolgen, können Sie die Kontrolle über Ihr Unterbewusstsein erlangen. Ein einziger negativer Gedanke in Ihrem Bewusstsein reicht aus, um sich jede Chance auf konstruktive Unterstützung seitens des Unterbewusstseins zu verbauen.

Die sieben wichtigsten positiven Emotionen

Folgende positive Emotionen müssen mithilfe der Autosuggestion (siehe Schritt 7) in die Gedankenimpulse eingewoben werden, die an das Unterbewusstsein weitergereicht werden sollen:

Verlangen
Glauben
Liebe
Sex
Begeisterung
Romantik
Hoffnung

Es gibt noch weitere positive Emotionen, doch dies sind die sieben mächtigsten, die auch am häufigsten für kreative Zwecke genutzt werden. Wenn Sie diese sieben Emotionen meistern (und das geht nur durch *Gebrauch*), werden Ihnen die anderen positiven Emotionen bei Bedarf zur Verfügung stehen.

Die sieben wichtigsten negativen Emotionen (die es zu vermeiden gilt)

Die negativen Emotionen befallen die Gedankenimpulse ganz von selbst, um sich so Eingang ins Unterbewusstsein zu verschaffen.

Angst
Eifersucht
Hass

Rache
Gier
Aberglaube
Zorn

> Denken Sie in diesem Zusammenhang daran, dass Sie ein Buch lesen, das Ihnen dabei helfen soll, ein »Geldbewusstsein« zu erlangen, indem Sie Ihren Geist mit positiven Emotionen füllen. *Man wird nicht geldbewusst, indem man den Geist für negative Emotionen öffnet.*

Gebete des Glaubens

Wenn Sie ein aufmerksamer Mensch sind, ist Ihnen sicher schon aufgefallen, dass die meisten Leute erst dann anfangen zu beten, wenn alles andere nicht geholfen hat. Oder sie leiern rituell bedeutungslose Worte hinunter. Da die meisten Leute das Gebet eben als letztes Mittel betrachten, ist ihr Geist in diesem Fall von *Angst und Zweifeln* erfüllt, was somit die Emotionen sind, auf die das Unterbewusstsein reagiert und die es an die Allumfassende Intelligenz weiterreicht, die ebenfalls darauf reagiert.

Wenn Sie um etwas bitten, dabei aber Angst haben, dass Sie es nicht bekommen werden oder dass die Allumfassende Intelligenz Ihr Gebet nicht erhört, ist das Gebet *vergebens*.

Gebete führen manchmal dazu, dass das Erbetene in Erfüllung geht. Wenn Sie das je erlebt haben, rufen Sie sich das Ereignis in Erinnerung und überlegen Sie, wie Ihre *Geisteshaltung* im Augenblick des Gebets war. Dann werden Sie erkennen, dass das, was hier beschrieben wird, mehr ist als nur eine Theorie.

Irgendwann werden unsere Schulen und Bildungsinstitute die »Wissenschaft des Gebets« lehren, und nichts anderes wird das Beten dann sein. Wenn es so weit ist (wenn die Menschheit bereit dafür ist und danach verlangt), wird sich niemand dem Weltgeist in einem Zustand der Angst nähern, aus dem guten Grund, dass es eine solche Emotion nicht mehr geben wird. Unwissenheit, Aberglaube und Falschlehren werden verschwunden sein, und wir werden unseren wahren Status als Kinder der Allumfassenden Intelligenz eingenommen haben. Einige Glückliche haben das bereits heute erreicht.

Wenn Sie diese Prophezeiung für weit hergeholt halten, werfen Sie einen Blick auf die Geschichte der Menschheit. Vor weniger als 200 Jahren glaubte man noch, dass Blitze ein Zeichen für den Zorn Gottes seien, und man fürchtete sie deswegen. Heute machen wir uns Elektrizität dank der Kraft des *Glaubens* zunutze und treiben damit die Motoren der Industrie an. Bis vor relativ kurzer Zeit glaubte man, dass der Raum zwischen den Planeten nichts als eine große Leere sei, ein Bereich des toten Nichts. Heute wissen wir, ebenfalls dank der Kraft des *Glaubens*, dass dieser Raum ganz und gar nicht tot oder leer ist, sondern dass er sehr lebendig ist, dass dort die stärksten Schwingungen überhaupt stattfinden, abgesehen vielleicht von den Schwingungen der *Gedanken*. Außerdem wissen wir, dass diese lebende, pulsierende, vibrierende Energie, die jedes Atom der Materie durchdringt und jede Ecke des Weltraums füllt, auch die Gehirne aller Menschen miteinander verbindet.

Warum sollten wir glauben, dass diese Energie nicht auch jedes menschliche Gehirn mit der Allumfassenden Intelligenz verbindet?

Es gibt keine klaren Grenzen zwischen dem begrenzten Geist des Menschen und der Allumfassenden Intelligenz. Die Kommunikation zwischen beidem kostet nichts – man braucht nur Geduld, Beharrlichkeit, Verständnis und ein *aufrichtiges Verlangen* danach, zu kommunizieren. Außerdem muss die Kontaktaufnahme von jedem von uns persönlich ausgehen. Bezahlte Gebete sind wertlos. Die Allumfassende Intelligenz funktioniert nicht über Dritte. Entweder wendet man sich direkt an sie oder es kommt keine Kommunikation zustande.

Sie können sich Gebetbücher kaufen und deren Inhalt bis zum Tag des Jüngsten Gerichts herunterleiern, vergebens. Gedanken, die Sie an die Allumfassende Intelligenz übermitteln wollen, müssen eine Transformation durchlaufen, die nur durch Ihr Unterbewusstsein stattfinden kann.

Die Kommunikation mit der Allumfassenden Intelligenz ähnelt in ihrer Methode der kabellosen Übertragung von Schallwellen. Wenn Sie mit der Funktionsweise von Radios, Fernsehern und Handys vertraut sind, wissen Sie, dass Audio- und Videosignale nur durch den Äther verbreitet werden können, wenn man sie »herauftransformiert«, das heißt, sie auf eine Frequenz bringt, die das menschliche Auge und Ohr nicht wahrnehmen können. Der Sender greift die Audio- und Videosignale auf und »verschlüsselt« beziehungsweise modifiziert sie, indem er die Frequenz millionenfach erhöht. Nur so können die Wellen durch den Äther übermittelt werden. Nachdem diese Transformation stattgefunden hat, »nimmt« der Äther diese Energie »auf« und transportiert sie zum Empfänger, der sie wieder auf die ursprüngliche Frequenz »heruntertransformiert«, damit die Signale gesehen und gehört werden können.

Das Unterbewusstsein ist die Vermittlungsinstanz, die unsere Gebete in die Sprache der Allumfassenden Intelligenz übersetzt, die Botschaft übermittelt und die Antwort zurückbringt, in Form eines festen Plans oder einer Idee, wie der Gegenstand des Gebets erreicht werden kann. Wer dieses Prinzip verstanden hat, weiß, warum das schlichte Ablesen von Worten aus dem Gebetbuch niemals einen Austausch zwischen dem menschlichen Geist und der Allumfassenden Intelligenz herstellen kann und wird.

Bevor Ihr Gebet die Allumfassende Intelligenz erreicht (dies ist nur eine Theorie des Autors), wird es wahrscheinlich von der ursprünglichen Gedankenfrequenz auf die spirituelle Frequenz gebracht. Das lässt sich nur durch Glauben erreichen. *Glauben* und *Angst* vertragen sich nicht. Es ist wie bei Licht und Dunkelheit – wo das eine ist, kann es das andere nicht geben.

Die Autosuggestion ist das einzige Mittel, um Gedanken und Meinungen ins Unterbewusstsein zu übertragen.

Dem Geist sind keine Grenzen gesetzt außer denen, die wir als solche anerkennen und akzeptieren.

Sowohl Armut als auch Reichtum sind das Resultat von Gedanken, die im Unterbewusstsein verankert werden.

Schritt 7: Steuern Sie Ihre Gedanken per Autosuggestion

Die *Autosuggestion* ist die bewusste Wiederholung von emotionsgeladenen Affirmationen oder Anweisungen, um diese als Fakten im Unterbewusstsein zu verankern. Da der Glaube die mächtigste aller Emotionen ist, lässt sich das am besten erreichen, indem man Affirmationen oder Anweisungen wiederholt, von denen man fest überzeugt ist.

Kein Gedanke, ob negativ oder positiv, *kann ohne die Hilfe der Autosuggestion ins Unterbewusstsein vordringen,* mit Ausnahme der Gedanken, die man aus dem Äther aufgreift.

Das Bewusstsein dient als Außenposten, das den Zugang zum Unterbewusstsein bewacht. Alle Sinneswahrnehmungen durch einen der fünf Sinne werden erst einmal vom *Bewusstsein* angehalten und dann entweder ans Unterbewusstsein weitergeleitet oder abgewiesen. Wir haben von Natur aus *die absolute Kontrolle* darüber, welche Informationen unser Unterbewusstsein durch unsere fünf Sinne erreichen. Nur üben wir diese Macht nur selten aus, was erklärt, warum so viele Menschen ihr Leben in Armut verbringen.

Das Unterbewusstsein ist ein fruchtbarer Garten, in dem das Unkraut wild wuchert, wenn wir dort keine erstrebenswerteren Pflanzen aussäen. Die *Autosuggestion* ermöglicht Ihnen, dort kreative Gedanken einzupflanzen oder aber durch Versäumnis zuzulassen, dass dort destruktive Gedanken keimen.

Viele Philosophen behaupten, dass der Mensch sein Schicksal auf Erden selbst in der Hand habe, doch die meisten gehen nicht darauf ein, was uns diese Macht verleiht. Der Grund, warum wir über unser Schicksal und insbesondere über unseren finanziellen Status bestimmen, wird in diesem Kapitel eingehend erläutert.

> Menschen können die Kontrolle über sich und ihre Umwelt erlangen, weil sie die Macht haben, *ihr Unterbewusstsein zu beeinflussen* und darüber eine Kooperation mit der Allumfassenden Intelligenz zu erwirken.

Verankern Sie Gedanken in Ihrem Unterbewusstsein

Um Gedanken in Ihrem Unterbewusstsein zu verankern, greifen Sie auf die sechs Schritte zurück, die in Schritt 5 (»Entwickeln Sie ein brennendes Verlangen«) beschrieben wurden. Um ein zufriedenstellendes Ergebnis zu erreichen, müssen Sie bei *allen* Schritten *von Glauben erfüllt sein* (mehr dazu siehe Schritt 8).

1. **Bestimmen Sie die genaue Summe, die Sie erlangen wollen.** Nennen Sie eine konkrete Zahl. Konzentrieren Sie sich mit geschlossenen Augen auf diese Summe, bis sie das Geld tatsächlich *vor sich sehen.* Ihre Fähigkeit, das Prinzip der Autosuggestion anzuwenden, hängt in großem Maße davon ab, wie gut Sie Ihre *volle Aufmerksamkeit* auf ein bestimmtes *Verlangen richten* können, bis daraus eine *brennende Besessenheit* wird.
2. **Überlegen Sie sich genau, was Sie für das Geld, das Sie sich wünschen, geben wollen.** Welches Produkt oder welche Dienstleistung wollen Sie anbieten? Wenn Sie sich (mit geschlossenen Augen) das Geld vorstellen, das Sie haben wollen, sehen Sie dabei auch vor sich, wie Sie die Dienstleistung erbringen oder die Waren verkaufen, die Sie für das Geld anbieten wollen. Das ist wichtig!
3. **Legen Sie einen Zeitpunkt fest, wann Sie das Geld, nach dem Sie verlangen, besitzen wollen.** Streichen Sie sich die-

sen Tag im Kalender an und bringen Sie an Stellen, auf die Ihr Blick täglich fällt, Erinnerungen an das Datum an. Kleben Sie beispielsweise einen Notizzettel an die Kühlschranktür oder an den Rand Ihres Computermonitors.

4. **Arbeiten Sie einen ganz konkreten Plan aus, wie Sie Ihr Ziel erreichen wollen, und fangen Sie sofort damit an, diesen Plan umzusetzen.** Für weitere Hinweise zur Planung siehe Schritt 14.
5. **Halten Sie den Betrag, den Sie anstreben, die Frist, die Sie sich setzen, was Sie dafür zu geben bereit sind und den Plan, durch den Sie das Geld einnehmen wollen, in einem kurzen, klaren Text fest.** Wenn Sie beispielsweise bis zum 1. Januar in fünf Jahren 1.000.000 Dollar verdient haben wollen, indem Sie als Verkäufer Ihre persönlichen Dienste anbieten, könnte Ihr Text so aussehen:
   »Am 1. Januar des Jahres 20… werde ich 1.000.000 Dollar besitzen, die bis dahin in Form einer Reihe von Zahlungen auf mein Konto eingehen werden.
   Für dieses Geld werde ich so gute Dienste leisten, wie es mir möglich ist, und als Verkäufer von [fügen Sie hier die Dienstleistung oder Ware ein, die Sie anbieten wollen] so viel und so gut ich kann dafür arbeiten.
   Ich glaube daran, dass ich das Geld zu diesem Zeitpunkt besitzen werde. Mein Glaube ist so stark, dass ich das Geld jetzt vor mir sehe. Ich kann es anfassen. Es wartet nur darauf, zu mir zu gelangen, als Bezahlung für die Dienste, die ich im Gegenzug dafür anbieten will. Ich warte nun auf einen Plan, wie ich dieses Geld erlangen kann, und werde ihn befolgen, wenn ich ihn empfangen habe.«
6. **Suchen Sie einen ruhigen Ort auf (am besten Ihr Bett), wo Sie nicht gestört oder unterbrochen werden, schließen Sie die Augen und sprechen Sie Ihren Text laut vor sich hin.** *Sehen und fühlen Sie sich beim Lesen so, als besäßen Sie das Geld bereits, glauben Sie fest daran.* Machen Sie das zweimal täglich, einmal

vor dem Schlafengehen und einmal nach dem Aufstehen. (Bis Sie den Text auswendig können, dürfen Sie ihn ruhig ablesen.)

Befolgen Sie diese Anweisungen, als seien Sie ein kleines Kind. Lassen Sie auch etwas vom *Glauben* eines Kindes in Ihre Bemühungen einfließen.

> **Mit der Autosuggestion spielen Sie Ihrem Unterbewusstsein einen absolut legitimen »Streich«, indem Sie ihm durch Ihre feste Überzeugung den Glauben vermitteln, dass Sie den Betrag, den Sie vor sich sehen, haben müssen, dass dieses Geld nur auf Sie wartet, dass das Unterbewusstsein Ihnen einen praktischen Plan eingeben muss, um dieses Geld zu erlangen, das im Grunde schon Ihres ist. Überlassen Sie diese Gedanken Ihrer Vorstellungskraft und schauen Sie, was diese unternimmt, um einen praktischen Plan zur Erlangung des Geldes zu ersinnen.**

Wenn Sie diese Anweisungen befolgen, übermitteln Sie den Gegenstand Ihres von absolutem *Glauben* durchdrungenen *Verlangens* direkt an Ihr *Unterbewusstsein*. Durch die Wiederholung des Vorganges erschaffen Sie bewusst Denkgewohnheiten, die sich günstig auf Ihre Bemühungen auswirken werden.

Von Glauben durchdrungenes Verlangen

Einfache, emotionslose Worte haben keinen Einfluss auf das Unterbewusstsein. Sie werden keine spürbaren Ergebnisse erzielen, bis Sie lernen, Ihr Unterbewusstsein mit Gedanken oder laut ausgesprochenen Worten zu erreichen, die von *Glauben* durchdrungen sind, der aufrichtigen Überzeugung, dass Sie den Gegenstand Ihres *Verlangens* erhalten *werden*.

Lassen Sie sich nicht davon entmutigen, wenn Sie Ihre Emotionen beim ersten Versuch noch nicht kontrollieren und steuern können. Denken Sie daran: Es gibt *keine Leistung ohne Gegenleistung*. Die Fähigkeit, Ihr Unterbewusstsein anzusprechen und zu beeinflussen, hat ihren Preis. Um den kommen Sie nicht herum, auch wenn Sie es gern möchten. Der Preis, den Sie dafür bezahlen müssen, das Unterbewusstsein zu beeinflussen, ist die unaufhörliche Beharrlichkeit beim Anwenden der beschriebenen Prinzipien. Für weniger ist die gewünschte Fähigkeit nicht zu haben. Sie allein müssen entscheiden, ob die Belohnung, die Sie anstreben (»Geldbewusstsein«), die Mühen, die das kostet, wert ist.

Denken Sie daran: Das einfache Ablesen von Worten ist *wirkungslos*, wenn Ihre Worte nicht von Emotionen durchdrungen sind. Wenn Sie den berühmten Satz von Émile Coué – »Es geht mir mit jedem Tag in jeder Hinsicht besser und besser « – emotionslos und ohne Überzeugung eine Million Mal am Tag wiederholen, wird das nicht zu den gewünschten Ergebnissen führen. Ihr Unterbewusstsein reagiert *nur* auf Gedanken, die von Emotionen geprägt sind. Das Vernachlässigen der Emotionen ist einer der Hauptgründe dafür, dass die meisten Menschen mit Autosuggestion nicht die gewünschten Ergebnisse erzielen.

Weisheit und Klugheit allein ziehen kein Geld an und können es auch nicht festhalten, außer in ganz wenigen Fällen, wo der Zufall dafür sorgt, dass jemand auf diese Weise reich wird. Die hier beschriebene Methode hingegen hat nichts mit Zufall zu tun. Sie begünstigt auch niemanden. Sie wirkt bei jedem gleich effektiv. Wo es nicht klappt, liegt das nicht an der Methode, sondern am Individuum. Sollten Sie scheitern, versuchen Sie es noch einmal und noch einmal, bis Sie Erfolg haben.

Denken Sie dran: Das Unterbewusstsein nimmt alle Anweisungen entgegen, die ihm voller *Glauben* übermittelt werden, und befolgt sie, auch wenn sie oft ein ums andere Mal wiederholt werden müssen, bis sie wirklich angekommen sind.

Pläne ersinnen/empfangen

Im vierten der sechs Schritte heißt es, Sie sollen »einen konkreten Plan ausarbeiten, wie Sie Ihr Ziel erreichen wollen, und sofort anfangen, diesen Plan umzusetzen«. *Warten Sie nicht ab*, bis Sie einen endgültigen Plan haben, wie Sie Ihre Dienste oder Waren im Gegenzug für das Geld, das Sie sich wünschen, anbieten können. Fangen Sie direkt an, sich im Besitz dieses Geldes zu sehen, und *fordern* und *erwarten* Sie währenddessen von Ihrem Unterbewusstsein, dass es Ihnen den nötigen Plan eingibt. Halten Sie aktiv danach Ausschau und setzen Sie ihn, sobald er Ihnen erscheint, *sofort* um. Wahrscheinlich wird er über den sechsten Sinn in Ihrem Geist »aufblitzen«, in Form einer »Inspiration«. Diese Inspiration können Sie als direkte Botschaft der Allumfassenden Intelligenz verstehen. Gehen Sie respektvoll mit ihr um und handeln Sie, sobald sie eintritt. Wer das unterlässt, verwirkt sich jede Chance auf Erfolg.

Vertrauen Sie nicht auf Ihren Verstand (Ihren Denkapparat), wenn Sie einen Plan ersinnen, wie Sie durch die Umsetzung Ihres Verlangens reich werden können. Der Verstand ist fehlbar. Außerdem besteht die Gefahr, dass Ihr Verstand eher faul ist, und wenn Sie sich ganz auf ihn verlassen, könnte er Sie enttäuschen.

Seien Sie beharrlich

Diese Anweisungen mögen Ihnen auf den ersten Blick abstrakt vorkommen. Lassen Sie sich davon nicht stören oder entmutigen. Befolgen Sie die Anweisungen, egal, wie realitätsfern oder unnütz sie Ihnen anfangs erscheinen. Wenn Sie das tun, sowohl auf der Handlungs- als auch auf der spirituellen Ebene, wird sich Ihnen schon bald ein ganz neues Universum der Macht eröffnen. Es ist typisch für den Menschen, auf neue Ideen stets skeptisch zu reagieren. Doch wenn Sie den beschriebenen Anweisungen folgen, wird Ihre Skepsis schon bald einer festen Überzeugung weichen, die sich kurz darauf zu *absolutem Glauben* verdichtet. Dann sind Sie an dem Punkt angekommen, an dem Sie wirklich sagen können: »Ich bin der Meister meines Schicksals, ich bin der Kapitän meiner Seele!«

> Sie lesen gerade das Kapitel, das den Schlussstein im Bogen dieser Philosophie bildet. Die Anweisungen in diesem Kapitel müssen verstanden und *beharrlich ausgeführt* werden, wenn Sie Ihr Verlangen erfolgreich in Geld überführen wollen.

Kommen Sie, nachdem Sie das gesamte Buch gelesen haben, auf dieses Kapitel zurück und befolgen Sie diese Anweisungen, im Handeln und im Geist:

> Lesen Sie sich das gesamte Kapitel jeden Abend laut vor, bis Sie fest davon überzeugt sind, dass das Prinzip der Autosuggestion funktioniert, dass es alles erreicht, was es verspricht. Unterstreichen Sie beim Lesen jeden Satz, der Ihnen besonders zusagt.

Befolgen Sie diese Anweisung ganz genau – das eröffnet Ihnen den Weg zu einem vollständigen Verständnis und zur meisterhaften Beherrschung der Prinzipien des Erfolgs.

Zu glauben heißt, die Erfüllung des Verlangens
vor sich zu sehen und fest davon überzeugt zu sein,
dass es so kommen wird.

Um ein Verlangen nach Reichtum in Geld zu überführen,
müssen Sie zunächst Ihr Unterbewusstsein davon *überzeugen*,
dass Sie dieses Geld erhalten werden.

Die Autosuggestion bringt das Unterbewusstsein dazu,
alles zu glauben, von dem Sie wollen, dass es es glaubt.
Nur durch sie kann Glauben erzeugt werden.

Schritt 8: Glauben Sie daran

Zu glauben heißt, die Erfüllung des Verlangens vor sich zu sehen und fest davon überzeugt zu sein, dass es so kommen wird. Der Glaube ist das ewige Elixier, das uns Lebenskraft spendet und dem Gedankenimpuls Nachdruck verleiht! Wenn der *Glaube* mit der *Gedankenschwingung* in Einklang gebracht wird, greift das Unterbewusstsein diese Schwingung sofort auf, wandelt sie in ihr spirituelles Äquivalent um und übermittelt sie an die Allumfassende Intelligenz, wie im Fall des Gebets.

Die Emotionen *Glaube*, *Liebe* und *Sex* sind die mächtigsten der großen positiven Emotionen. Wenn diese drei Emotionen zusammenkommen, wirken sie so stark auf die Schwingung eines Gedankens ein, dass er umgehend ins Unterbewusstsein wandert, wo er dann in eine spirituelle Frequenz überführt wird. Diese spirituelle Frequenz ist die einzige Form, auf die die Allumfassende Intelligenz reagiert.

Liebe und Glauben sind psychische Erscheinungen, die mit der spirituellen Seite des Menschen im Zusammenhang stehen. Sex ist etwas Biologisches, doch das sexuelle Verlangen kann vom Gedanken an körperliche Ausdrucksformen in eine andere Art Gedanken überführt werden, wie in Schritt 11 erklärt wird. Die Vermischung dieser drei Emotionen sorgt für eine direkte Verbindung zwischen dem begrenzten, denkenden Geist eines Menschen und der Allumfassenden Intelligenz.

Um durch Nachdenken reich zu werden, müssen Sie an sich selbst und an das Allumfassende glauben:

- Der Glaube ist der Ausgangspunkt für das Anhäufen von Reichtümern aller Art.
- Der Glaube ist die Grundlage aller Wunder und Mysterien, die sich nicht wissenschaftlich erklären lassen.
- Der Glaube ist das einzige bekannte Gegenmittel gegen Misserfolg.

- Glaube vermischt mit Gebeten ermöglicht die direkte Kommunikation mit der Allumfassenden Intelligenz.
- Der Glaube wandelt die normale Frequenz der Gedanken, die dem begrenzten Geist eines Menschen entspringen, in ihr spirituelles Äquivalent um.
- Der Glaube ist das einzige Medium, durch das die kosmische Kraft der Allumfassenden Intelligenz erschlossen und genutzt werden kann.

> Zu glauben heißt, die Erfüllung des Verlangens vor sich zu sehen und fest davon überzeugt zu sein, dass es so kommen wird. Der Glaube ist das ewige Elixier, das uns Lebenskraft spendet und dem Gedankenimpuls Nachdruck verleiht!

Erzeugen Sie Glauben durch Autosuggestion

Glauben ist eine Geistesverfassung, die durch *Autosuggestion* erzeugt werden kann, durch Affirmationen oder wiederholte Anweisungen an das Unterbewusstsein, wie im letzten Kapitel erklärt wurde. Die Autosuggestion bringt das Unterbewusstsein durch »Tricks« dazu, daran zu *glauben*, dass Ihr Verlangen sich erfüllen wird. Um etwa den immateriellen Impuls des *Verlangens* nach Reichtum in sein materielles Gegenstück, *Geld*, zu überführen, überzeugen Sie Ihr Unterbewusstsein davon, dass Sie dieses Geld erhalten *werden*. Im Gegenzug liefert Ihnen das Unterbewusstsein den Glauben, gefolgt von konkreten Plänen, wie Sie Ihr Ziel erreichen können.

1. Stellen Sie sich das Objekt Ihres Verlangens bildlich vor. Jede Idee, jeder Plan und jedes Ziel können durch die Wiederholung des Gedankens im Geist verankert werden.
2. Schreiben Sie auf, was Sie sich ersehnen – *Ihr großes Ziel* –, und lernen Sie den Text auswendig.

3. Lesen Sie sich diesen Text über Ihr *großes Ziel* laut vor, Tag für Tag, bis die Schallwellen in Ihr Unterbewusstsein vorgedrungen sind.
4. Verhalten Sie sich ganz so, als sei Ihr Verlangen schon erfüllt worden.

Perfektion verlangt Übung. Man erreicht sie nicht, indem man einfach nur Anweisungen liest.

> Die Wiederholung von Affirmationen, die Sie in Ihrem Unterbewusstsein verankern wollen, ist der einzige bekannte Weg, um Glauben zu erzeugen.

Fördern Sie positive und verhindern Sie negative Emotionen

Der Geist passt sich den Einflüssen an, die ihn beherrschen. Wenn Sie das verstanden haben, wissen Sie, warum es so wichtig ist, positive Emotionen zu fördern und negative zu vertreiben.

Ein Geist, der von positiven Emotionen dominiert wird, ist ein fruchtbares Umfeld für die Geistesverfassung, die als *Glauben* bekannt ist. Ein solcher Geist kann dem Unterbewusstsein nach Belieben Anweisungen erteilen, die dieses dann aufnimmt und umgehend befolgt.

> **Vorsicht:** Das Unterbewusstsein überführt einen negativen oder zerstörerischen Gedankenimpuls genauso schnell in sein reales Gegenstück wie einen positiven oder konstruktiven. Daher rührt das seltsame Phänomen, das so viele Menschen erleben und das als »Unglück« oder »Pech« bekannt ist.

Millionen Menschen *glauben*, sie seien aufgrund einer eigenartigen Kraft, über die sie ihrer Ansicht nach keine Macht haben, zu Armut und Misserfolg »verdammt«. Diese Leute sind selbst die Schöpfer ihres »Unglücks«, da diese negative Überzeugung vom Unterbewusstsein aufgegriffen und in ihr reales Gegenstück umgewandelt wird.

Das Gesetz der Autosuggestion, durch das jeder Mensch schwindelerregende Erfolge erringen kann, die andere in Staunen versetzen, ist im folgenden Gedicht gut beschrieben:

Wer sich für geschlagen hält, ist es auch,
wer sich nicht traut, zieht sich meistens zurück.
Wer gern gewänne, aber nicht daran glaubt,
hat fast niemals das nötige Glück.

Wer meint, zu verlieren, verliert auch.
Denn so ist es draußen in der Welt:
Erfolg beginnt mit dem Willen –
die Einstellung ist, was zählt.

Wer sich für unterlegen hält, ist es auch.
Nur große Gedanken lassen uns hochfliegen.
Ist man sich seiner selbst sicher genug,
führt das schließlich auch zu Siegen.

In den Kämpfen des Lebens triumphiert nicht immer
der stärkere oder schnellere Mann.
Doch letzten Endes geht der Preis an den,
der glaubt, dass er gewinnen kann.

Meistern Sie die Formel des Selbstvertrauens

Entschließen Sie sich, alle ungünstigen Einflüsse loszuwerden, und richten Sie Ihr Leben entsprechend aus. Wenn Sie Ihr geistiges Inventar durchgehen, werden Sie entdecken, dass *Ihre größte Schwäche der Mangel an Selbstvertrauen* ist. Mithilfe der Autosuggestion kann dieses Hindernis überwunden und Schüchternheit in Mut verwandelt werden. Das lässt sich durch eine einfache Zusammenstellung von positiven Affirmationen erreichen, die aufgeschrieben, auswendig gelernt und wiederholt werden müssen, bis sie zu einem Teil der Arbeitsmittel Ihres Unterbewusstseins geworden sind. Hier ist ein Beispiel für eine solche *Formel des Selbstvertrauens*:

1. Ich weiß, dass ich in der Lage bin, mein großes Ziel im Leben zu erreichen, daher fordere ich von mir selbst, beharrlich und stetig darauf hinzuarbeiten, und verspreche hier und jetzt, diesen Anspruch zu erfüllen.
2. Ich weiß, dass die beherrschenden Gedanken in meinem Kopf irgendwann entsprechende Taten auslösen und schrittweise zu ihrem realen Gegenstück führen werden. Daher werde ich mich jeden Tag 30 Minuten lang darauf konzentrieren, was für ein Mensch ich gern werden will, und so vor meinem inneren Auge ein klares Bild dieser Person erschaffen.
3. Ich weiß, dass ich durch das Prinzip der Autosuggestion irgendwann für jedes Verlangen, das ich beharrlich im Kopf verfolge, einen geeigneten Weg finden werde, es in die Realität umzusetzen. Deshalb werde ich jeden Tag zehn Minuten damit verbringen, von mir selbst die Entwicklung des nötigen Selbstvertrauens einzufordern.
4. Ich habe eine klare Beschreibung meines größten Ziels im Leben in einem Text festgehalten und werde nicht aufgeben, bis ich genügend Selbstvertrauen entwickelt habe, es zu erreichen.
5. Mir ist absolut klar, dass kein Reichtum und keine Position von Dauer sein können, wenn sie nicht auf Ehrlichkeit und Gerechtigkeit fußen. Daher beteilige ich mich nicht an Geschäften, die nicht

für alle Seiten von Vorteil sind. Ich werde erfolgreich sein, indem ich die Kräfte, die ich nutzen will, anziehe und andere Menschen zur Kooperation bewege. Ich werde sie dazu bringen, mich zu unterstützen, indem ich mich bereit zeige, sie zu unterstützen. Ich werde Hass, Neid, Eifersucht, Egoismus und Zynismus meiden, indem ich eine Zuneigung zur gesamten Menschheit entwickle, weil ich weiß, dass eine negative Einstellung anderen gegenüber mir niemals Erfolg bringen wird. Ich will andere dazu bewegen, an mich zu glauben, weil ich an sie und an mich selbst glaube.

6. Ich werde meine Unterschrift unter diese Formel setzen, sie auswendig lernen und sie jeden Tag einmal laut wiederholen, im festen Glauben, dass ich dadurch meine Gedanken und Taten schrittweise so beeinflussen kann, dass ich ein eigenständiger und erfolgreicher Mensch werde.

Ihre größte Schwäche ist der Mangel an Selbstvertrauen.

Irgendwo in Ihrem Inneren (vielleicht in Ihren Gehirnzellen) schlummert der Keim des Erfolgs, der Sie, wenn er geweckt und aktiviert wird, in luftige Höhen transportieren kann, von denen Sie nie geträumt hätten.

So wie ein meisterhafter Musiker den Saiten einer Geige die schönsten Klänge entlocken kann, so können Sie das Genie wecken, das in Ihrem Kopf schlummert, und es dazu bringen, Sie zu jedem gewünschten Erfolg zu führen.

Bringen Sie Ihren Glauben zum Klingen

Mit Emotionen durchsetzte Gedanken haben eine »magnetische« Kraft, die ähnliche oder verwandte Gedanken aus den Schwingungen des Äthers anzieht. Ein durch Emotionen derart »magnetisierter« Gedanke lässt sich mit einem Samen vergleichen, der, wenn er in fruchtbare Erde gesetzt wird, auskeimt, wächst und sich vervielfacht, bis das, was anfangs ein einzelner kleiner Samen war, unzählige Samen der *gleichen Art* hervorgebracht hat!

Mit Emotionen durchsetzte Gedanken haben eine »magnetische« Kraft, die ähnliche oder verwandte Gedanken aus den Schwingungen des Äthers anzieht.

Der Äther ist ein riesiger, ewig vibrierender Kosmos. Er umfasst sowohl destruktive als auch konstruktive Schwingungen. Er transportiert Schwingungen der Angst, der Armut, der Krankheit, des Misserfolg und des Elends, aber auch solche des Wohlstands, der Gesundheit, des Erfolgs und des Glücks, genauso wie er durch das Medium des Radios den Klang Hunderter Musikstücke und Hunderter menschlicher Stimmen transportiert, die alle ihre Einzigartigkeit behalten und wiedererkennbar sind.

Aus diesem großen Lagerhaus des Äthers zieht der menschliche Geist konstant Frequenzen an, die mit denen übereinstimmen, die in ihm selbst vorherrschen. Alle Gedanken, Ideen, Pläne und Ziele, die wir im Kopf haben, ziehen eine Reihe von Verwandten aus dem Äther an, gewinnen dadurch an Kraft und wachsen, bis daraus ein dominierender, *motivierender Herrscher* über das Individuum entstanden ist, in dessen Kopf er wohnt.

Wir sind, wer wir sind, aufgrund der Gedankenschwingungen, die wir über die Impulse, die uns tagtäglich umgeben, wahrnehmen und aufgreifen.

Die Macht der Liebe

Es ist weithin bekannt, dass die Emotion Liebe eng mit der Geistesverfassung Glauben verwandt ist, und das liegt daran, dass Liebe ganz nah daran herankommt, Gedankenimpulse in ihr spirituelles Äquivalent zu überführen. Die sorgfältige Analyse des Lebens und der Leistungen von Hunderten herausragend erfolgreicher Männer zeigte, dass hinter fast jedem von ihnen eine Frau steht, die ihn liebt. Die Emotion der Liebe erschafft im Herzen und im Kopf des Menschen ein günstiges Magnetfeld, das die höheren und besseren der Schwingungen anzieht, die im Äther unterwegs sind.

> **_Liebe_ ist eng mit der Geistesverfassung _Glauben_ verwandt und kommt ganz nah daran heran, Gedankenimpulse in ihr spirituelles Äquivalent zu überführen.**

Abraham Lincoln scheiterte mit allem, was er versuchte, noch als er schon jenseits der 40 war. Er war ein Niemand aus Nirgendwo, bis ihm etwas Tolles widerfuhr und das schlafende Genie in seinem Herzen und seinem Kopf weckte – und ihn zu einem der ganz Großen aufsteigen ließ. Diese Erfahrung war von den Emotionen Kummer und *Liebe* durchsetzt – sie »widerfuhr« ihm in Gestalt von Ann Rutledge, der einzigen Frau, die er je wirklich liebte.

Geschichten über die Kraft der Liebe

Die Geschichte enthält zahllose Beispiele von Menschen, die immaterielle Gedanken durch die Kraft der Liebe in greifbare Erfolge umsetzten. Hier sind nur ein paar davon.

Mahatma Gandhi erschüttert das Fundament des britischen Empire

Schauen Sie sich die Kraft des *Glaubens* an, wie sie von dem Mann demonstriert wurde, der der Menschheit allgemein als Mahatma Gandhi bekannt ist. (Auf Sanskrit bedeutet »Mahatma« »große Seele«.) Dieser Mann lieferte der Welt eines der erstaunlichsten Beispiele dafür, welche Möglichkeiten der *Glaube* eröffnet. Gandhi hatte mehr Macht als jeder lebende Mensch seiner Zeit, obwohl er nicht über deren übliche Werkzeuge wie Reichtum, Waffen oder Soldaten verfügte. Er hatte kein Geld, kein Zuhause. Er besaß nicht einmal einen Anzug. Aber *er hatte Macht*, genügend Macht, um die Unabhängigkeit Indiens vom britischen Empire zu erreichen.

Woher kam diese Macht? *Gandhi erschuf sie aus seinem Verständnis des Prinzips Glauben und seiner Fähigkeit heraus, diesen Glauben in den* Köpfe*n von 200 Millionen Menschen zu verankern.*

Unter dem Einfluss des *Glaubens* schaffte Gandhi, was die stärkste Militärmacht der Erde durch Soldaten und Ausrüstung niemals erreichen kann und wird. Er brachte den Geist von 200 Millionen Menschen dazu, *zu einer Einheit zu verschmelzen und im Einklang zu wirken.* Welche andere Kraft außer dem *Glauben* könnte das schaffen?

> Gandhi *erschuf Macht aus seinem Verständnis des Prinzips Glauben und seiner Fähigkeit heraus, diesen Glauben in den Köpfen von 200 Millionen Menschen zu verankern.*

Martin Luther King Jr. führt die Bürgerrechtsbewegung an

Mitte des 20. Jahrhunderts bewegte Martin Luther King durch seinen tiefen Glauben an Gott, die Menschenrechte und die Würde jedes Menschen Vertreter aller Rassen, Religionen und Überzeugungen dazu, sich seinem Kampf für die Bürgerrechte anzuschließen. Sein Traum, dass Menschen nicht nach ihrer Hautfarbe, sondern nach dem Wesen ihrer Persönlichkeit beurteilt werden, hat sich nicht ganz erfüllt, doch sein Glaube und seine Fähigkeit, diesen Glauben auf andere zu übertragen, führte zu bedeutenden Fortschritten im Bereich der Bürgerrechte und dient als Antrieb, weiter auf dieses Ziel hinzuarbeiten.

Charles M. Schwab erwirkt durch pure Willenskraft die Gründung der United States Steel Corporation

Da Glaube und Kooperation bei der Führung von Unternehmen und Firmen unerlässlich sind, ist es sowohl interessant als auch gewinnbringend, ein Ereignis zu analysieren, das ein exzellentes Beispiel für die Methode darstellt, mithilfe derer Unternehmer zu Reichtum gelangen – sie geben, bevor sie etwas nehmen.

Das Ereignis, das hier als Beispiel ausgesucht wurde, fand schon im Jahr 1900 statt, als die United States Steel Corporation gegründet wurde. Behalten Sie beim Lesen der Geschichte diese grundlegenden Fakten im Kopf, damit Sie verstehen, wie aus *Ideen* große Vermögen erzeugt werden können:

1. Charles M. Schwab hatte eine *Idee*, die seiner *Vorstellungskraft* entsprungen war. Die United States Steel Corporation existierte in seinem Kopf, bevor es sie wirklich gab.
2. Er untermauerte seine *Idee* mit *Glauben.*
3. Er arbeitete einen *Plan* aus, wie seine *Idee* praktisch und finanziell zu verwirklichen war.
4. Er setzte seinen Plan mit der berühmten Rede im University Club in die Realität um.
5. Er befolgte den *Plan fest entschlossen* und *beharrlich*, bis er sein Ziel vollständig erreicht hatte.
6. Er bereitete dem Erfolg durch ein *brennendes Verlangen* nach Erfolg den Weg.

Wenn Sie daran zweifeln sollten, dass man durch Nachdenken reich werden kann, wird diese Geschichte Ihre Zweifel zerstreuen, denn in der Entstehungsgeschichte der United States Steel Corporation lässt sich die Anwendung der allermeisten der 17 Schritte verfolgen, die in diesem Buch beschrieben werden.

> Die Worte, nach denen man in Zukunft die Augen offen halten sollte, sind »*Glück und Zufriedenheit des Menschen*«. Mit einer solchen Geisteshaltung wird die Produktion effektiver ablaufen, als es je der Fall sein kann, wenn Menschen ihrer Arbeit ohne Glauben und persönliches Interesse nachgehen.

John Lowell verfasste für das *New York World-Telegram* einen erstaunlichen Artikel über die Macht einer *Idee* und hat uns gestattet, ihn hier abzudrucken.

Eine milliardenschwere Rede nach dem Abendessen

Als sich am Abend des 12. Dezember 1900 etwa 80 Vertreter des Finanzadels im Bankettsaal des University Clubs auf der Fifth Avenue versammelten, um einem jungen Mann aus dem Westen die Ehre zu erweisen, war keinem halben Dutzend unter ihnen klar, dass sie eines der bedeutendsten Ereignisse der amerikanischen Industriegeschichte miterleben würden.

J. Edward Simmons und Charles Stewart Smith, die sich Charles M. Schwab gegenüber zu Dankbarkeit verpflichtet sahen, weil er sie kurz zuvor bei einem Besuch in Pittsburgh so gastfreundlich empfangen hatte, hatten das Essen organisiert, um die Ostküsten-Banker mit dem 38-jährigen Stahlunternehmer bekannt zu machen. Aber sie hatten nicht erwartet, dass er das Treffen für einen großen Auftritt nutzen würde. Sie hatten ihn sogar davor gewarnt, dass die steifen Herren aus New York nicht viel für Redenschwinger übrig hatten und er sich besser auf 15 bis 20 Minuten höflicher Floskeln beschränken sollte, wenn er die Stilimans, die Harrimans und die Vanderbilts nicht langweilen wollte.

Selbst John Pierpont Morgan, der zur Rechten von Schwab saß, wie es seiner Position angemessen war, hatte vor, dem Bankett nur kurz beizuwohnen. Das Interesse der Presse und der Öffentlichkeit an diesem Ereignis war so gering, dass am nächsten Tag keine Zeile darüber zu lesen war.

Und so speisten sich die zwei Gastgeber und ihre ehrwürdigen Gäste durch die üblichen sieben oder acht Gänge. Es wurden nur wenige zurückhaltende Worte gewechselt. Kaum einer der Banker und Börsenmakler hatte Schwab, dessen Geschäfte am Ufer des Monongahela florierten, vorher schon einmal getroffen, und niemand kannte ihn gut. Doch bevor der Abend vorbei war, sollte dieser Mann sie alle – und damit auch Morgan, den Meister des Geldes – so mitgerissen haben, dass daraus ein milliardenschweres Projekt, die United States Steel Corporation, entstand.

Es ist historisch betrachtet vielleicht unglücklich, dass es keine Aufzeichnungen dieser Rede Charlie Schwabs gibt. Einige Passagen daraus wiederholte er später bei einem ähnlichen Treffen mit Bankern aus Chicago. Und als der Staat noch später versuchte, den Stahl-Trust per Klage auflösen zu lassen, präsentierte Schwab im Zeugenstand seine eigene Version der Worte, die Morgan zu einem wahren Rausch von Finanzgeschäften bewegt hatten.

Es handelte sich aber mit einiger Wahrscheinlichkeit um eine eher schlichte Rede, grammatikalisch unsauber (denn die Feinheiten der Sprache interessierten Schwab nie) und voller Sinnsprüche und Wortwitz. Doch abgesehen davon wirkte sie wie elektrisierend auf die Versammelten, die etwa fünf Milliarden Dollar Kapital repräsentierten. Als die Rede vorbei war und die Anwesenden noch ganz unter ihrem Bann standen, obwohl Schwab gerade 90 Minuten lang geredet hatte, führte Morgan ihn in eine Fensternische, wo die beiden mit baumelnden Beinen auf hohen, unbequemen Stühlen saßen und sich eine weitere Stunde unterhielten.

Der Zauber, der von Schwabs Wesen ausging, hatte seine volle Wirkung getan, aber noch wichtiger und eindrücklicher war das detailliert ausgearbeitete, klar umrissene Programm, das Schwab für die US Steel entworfen hatte. Schon viele andere hatten versucht, bei Morgan Interesse an einem Stahl-Trust nach dem üblichen Muster zu wecken, wie es sie für Kekse, Kabel und Reifen, Zucker, Gummi, Whisky, Öl oder Kaugummi gab. Ein Initiator war John W. Gates, der Spieler, gewesen, doch Morgan traute ihm nicht. Auch die Brüder Moore, Bill und Jim, Börsenhändler aus Chicago und Gründer eines Streichholz-Trusts und einer Cracker-Gesellschaft, hatten es versucht und waren gescheitert. Elbert H. Gary, der scheinheilige Provinzanwalt, wollte ebenfalls einen solchen Trust bilden, doch er war ein zu kleiner Fisch, um beeindrucken zu können. Bevor Schwabs Redekunst J. P. Morgan in die Höhen trug, von denen aus er die soliden Erträge des gewagtesten Finanzvorhabens aller Zeiten sehen konnte, galt das Projekt als Fiebertraum von Verrückten, die auf leicht verdientes Geld aus waren.

Die finanzielle Anziehungskraft, die bereits seit einer Generation dafür sorgte, dass sich Tausende von kleinen und zum Teil ineffizient geführten Unternehmen zu großen, die Konkurrenz vernichtenden Einheiten zusammenschlossen, hatte in der Stahlwelt vor allem den fröhlichen Unternehmenspiraten John W. Gates angelockt. Gates hatte bereits eine Reihe von kleinen Firmen zur American Steel and Wire Company zusammengeführt und gemeinsam mit Morgan die Federal Steel Company gegründet. National Tube und American Bridge waren zwei weitere Unternehmen von Morgan, und die Moore-Brüder hatten das Streichholz- und das Keksgeschäft aufgegeben, um die »American«-Gruppe – bestehend aus American Tin Plate, American Steel Hoop und American Sheet Steel – und die National Steel Company zu bilden.

Doch im Vergleich zum gigantischen Trust von Andrew Carnegie, der aus 53 Partnern bestand und von ihnen gemeinsam betrieben wurde, waren diese Verbünde nichts. Sie konnten sich nach Herzenslust zusammenschließen, ohne Carnegies Machtposition auch nur im Geringsten anzukratzen, und Morgan wusste das.

Der exzentrische alte Schotte wusste es ebenfalls. Er hatte von den traumhaften Höhen von Schloss Skibo aus erst belustigt und später verärgert beobachtet, wie Morgans kleinere Unternehmen versuchten, ihm bei seinen Geschäften in die Quere zu kommen. Als die Bemühungen zu kühn gerieten, wurde Carnegie wütend und sann auf Vergeltung. Er beschloss, sich für jede Stahlhütte, die seine Konkurrenz hielt, ebenfalls eine anzueignen. Bisher hatte er keinerlei Interesse an Rohren, Reifen oder Blechen gehabt. Er war damit zufrieden gewesen, Firmen Rohstahl zu verkaufen, den diese dann in die gewünschte Form bringen konnten. Nun, mit Schwab als Geschäftsführer und willigem Helfer, wollte er seine Feinde in den Bankrott treiben.

Und so kam es, dass Morgan in der Rede von Charles M. Schwab die Lösung für seine Probleme sah. Ein Trust ohne Carnegie – dem Giganten der Stahlbranche – war den Namen nicht wert, es wäre ein Rosinenkuchen ohne Rosinen, wie ein Journalist schrieb. In Schwabs Rede am Abend des 12. Dezember 1900 klang an, wenn auch nur unterschwellig, dass der riesige Carnegie-Konzern unter das Dach von Morgan gebracht werden könnte. Schwab sprach von der Zukunft des Stahls in der Welt, von einer Reorganisation zugunsten der Produktivität, von Spezialisierung, davon, erfolglose Hütten zu schließen und die Bemühungen auf die gut laufenden zu konzentrieren, von Einsparungen bei den Erzlieferungen, bei den Betriebskosten und in der Verwaltung, von der Eroberung ausländischer Märkte.

Mehr noch, er erzählte den Freibeutern unter den Anwesenden, worin die Fehler ihrer üblichen Piraterie bestanden. Ihr Ziel, folgerte er, war es gewesen, Monopole zu schaffen, die Preise anzuheben und sich gewaltige Dividenden auszuzahlen, nur weil sie es konnten. Dieses System verurteilte Schwab aufs Deutlichste. Die Kurzsichtigkeit eines solchen Vorgehens, erklärte er seinen Zuhörern, bestehe darin, dass es den Markt in einer Phase, wo alles nach Expansion schrie, beschränkte. Wenn man den Stahl billiger machte, so sein Argument, entstände ein stetig wachsender Markt, da so neue Verwendungsmöglichkeiten für Stahl entständen und dieser eine bedeutende Rolle im Welthandel einnehmen würde. Obwohl Schwab es nicht wusste, war er im Grunde ein Apostel der modernen Massenproduktion.

Und so endete das Abendessen im University Club. Morgan fuhr nach Hause, um über Schwabs rosige Vorhersagen nachzudenken.

Schwab kehrte nach Pittsburgh zurück, um weiter das Stahlgeschäft für Andrew Carnegie zu führen, während Gary und die anderen sich wieder ihren Börsentickern zuwandten, in freudiger Erwartung der weiteren Entwicklung.

Die ließ nicht lange auf sich warten. Morgan brauchte etwa eine Woche, um das Festmahl der Vernunft, das Schwab ihm serviert hatte, zu verdauen. Als er sich davon überzeugt hatte, dass es keine finanziellen Verdauungsstörungen nach sich zog, schickte er nach Schwab – und erhielt vom jungen Mann eine eher zurückhaltende Reaktion. Andrew Carnegie, deutete Schwab an, wäre möglicherweise wenig erfreut, wenn er herausfände, dass der Geschäftsführer, dem er vertraute, mit dem Kaiser der Wall Street geflirtet habe, von der Carnegie sich immer hatte fernhalten wollen. Da schlug der Vermittler John W. Gates vor, dass J. P. Morgan und Schwab »zufällig« zur gleichen Zeit im Hotel Bellevue in Philadelphia absteigen könnten. Doch als Schwab dort eintraf, hatte Morgan krank in New York bleiben müssen, und so fuhr Schwab auf das Drängen des älteren Mannes hin dann doch dorthin und klopfte an die Tür der Bibliothek des Bankiers.

Manche Wirtschaftshistoriker vertreten die These, dass das gesamte Drama von Anfang bis Ende von Andrew Carnegie geplant war – dass das Abendessen für Schwab, die berühmte Rede und der sonntägliche Austausch zwischen Schwab und dem König des Geldes vom listigen Schotten arrangiert waren. Doch das Gegenteil war der Fall. Als Schwab nach New York gerufen wurde, um die Vereinbarung spruchreif zu machen, wusste er nicht einmal, ob der »kleine Boss«, wie Carnegie genannt wurde, ein Verkaufsangebot auch nur anhören würde, vor allem, wenn es von einer Gruppe Männer ausging, die Carnegie für wenig vertrauenswürdig hielt. Doch Schwab hatte bei der Besprechung sechs Bögen mit Zahlen in seiner gestochen scharfen Handschrift dabei – von ihm selbst erstellte Schätzungen des Wertes und der potenziellen Ertragskraft jedes Stahlunternehmens, das er für einen hellen Stern am neuen Metall-Firmament hielt.

Vier Männer gingen diese Zahlen die ganze Nacht lang durch. Der Wortführer war natürlich Morgan, der nicht von seinem festen Glauben an das heilige Recht des Geldes abrückte. An seiner Seite stand sein aristokratischer Partner, Robert Bacon, ein Gelehrter und Gentleman. Der Dritte war John W. Gates, den Morgan wegen dessen Hang zum Glückspiel verachtete und als Werkzeug benutzte. Der Vierte war Schwab, der mehr über die Herstellung und den Verkauf von Stahl wusste als jeder andere zu der Zeit lebende Mensch. Im Verlauf dieses Treffens wurden die Zahlen des Pittsburghers nie infrage gestellt. Wenn Schwab sagte, ein Unternehmen sei einen bestimmten Betrag wert, dann war das so, Punkt. Außerdem beharrte er darauf, nur die Unternehmen in den Zusammenschluss aufzunehmen, die er aufgelistet hatte. Er hatte einen Trust entworfen, in dem es keine Doppelungen gab, nicht einmal, wenn sich so die Gier einiger Freunde befriedigen ließ, die ihre Unternehmen gern auf den breiten Schultern von Morgan abladen wollten. Zu diesem Zweck ließ Schwab bewusst eine Reihe größerer Konzerne außen vor, auf die die Gierhälse von der Wall Street bereits ein hungriges Auge geworfen hatten.

Als der Morgen graute, stand Morgan auf und streckte sich. Es war nur noch eine Frage offen: »Meinen Sie, Sie können Andrew Carnegie zum Verkauf überreden?«, fragte er.

»Ich kann es versuchen«, erwiderte Schwab.

»Wenn Sie das schaffen, bin ich dabei«, sagte Morgan.

So weit, so gut. Doch würde Carnegie verkaufen? Wie hoch wäre sein Preis? (Schwab rechnete mit etwa 320.000.000 Dollar.) Wie würde er bezahlt werden wollen? In Stamm- oder in Vorzugsaktien? In Anleihen? In bar? Niemand konnte eine Drittel Milliarde Dollar in bar aufbringen.

Im Januar fand auf dem frostüberzogenen Grün des St.-Andrews-Golfplatzes in Westchester eine Golfpartie statt. Carnegie hatte sich mehrere Pullover gegen die Kälte angezogen, und Schwab redete wie üblich wie ein Wasserfall, um ihn bei Laune zu halten. Doch die Geschäfte wurden mit keinem Wort erwähnt, bis die beiden im gemütlich warmen Cottage der Carnegies saßen, das sich ganz in der Nähe befand. Dort breitete Schwab mit der gleichen Überzeugungskraft, die im University Club 80 Millionäre in den Bann geschlagen hatte, die glitzernden Verheißungen des Ruhestands vor Carnegie aus und erwähnte ungezählte Millionen, mit denen der alte Mann seinen gesellschaftlichen Launen nachgehen könne. Carnegie kapitulierte, schrieb eine Zahl auf ein Stück Papier, reichte es Schwab und sagte: »In Ordnung, für diesen Betrag verkaufen wir.«

Auf dem Zettel stand »400 Millionen Dollar«, und man erreichte diese Summe, indem man zu den 320 Millionen, die Schwab als Grundbetrag genannt hatte, noch 80 Millionen für die Steigerung des Kapitalwerts im Verlauf der vergangenen zwei Jahre addierte.

Später sagte der Schotte an Deck eines Transatlantikschiffes reuevoll zu Morgan: »Ich wünschte, ich hätte 100 Millionen mehr verlangt.«

»Hätten Sie das verlangt, hätten Sie es bekommen«, erklärte Morgan ihm fröhlich.

Der 38-jährige Schwab erhielt einen reichen Lohn für seine Bemühungen. Er wurde zum Vorsitzenden der neuen United States Steel Corporation ernannt und behielt diesen Posten bis 1930.

Diese dramatische Geschichte aus dem »Big Business« steht in diesem Buch, weil sie ein perfektes Beispiel für die Methode ist, anhand derer *ein Verlangen in sein reales Gegenstück umgewandelt werden kann!* Ich gehe davon aus, dass manche Leser diese Behauptung infrage stellen. Einige sagen zweifellos: »Man kann nichts *aus dem Nichts* erschaffen!« Die Antwort findet sich in der Geschichte der United States Steel Corporation. Diese gigantische Organisation entstand im Kopf eines einzigen Mannes. Auch der Plan, welche Stahlhütten zusammengeführt werden sollten, um für finanzielle Stabilität zu sorgen, stammte von diesem Mann. Sein *Glaube*, sein *Verlangen*, seine *Vorstellungskraft* und seine *Beharrlichkeit* waren die wahren Zutaten, aus denen US Steel erschaffen wurde. Die Stahlhütten und die technische Ausrüstung, die erworben wurden, nachdem der Zusammenschluss rechtlich unter Dach und Fach war, trugen ihren Teil zum Erfolg bei, doch eine sorgfältige Analyse würde zeigen, dass der Schätzwert der Unternehmen, die von der Corporation erworben wurden, nur durch die Tatsache, dass sie nun unter einem Dach vereint waren, um etwa *600 Millionen Dollar* stieg.

> **Die United States Steel Corporation entstand im Kopf eines einzigen Mannes.**

Anders ausgedrückt: Die *Idee* von Charles M. Schwab war in Kombination mit dem *Glauben*, mit dem er sie an J. P. Morgan und die anderen vermittelte, auf dem Markt etwa 600 Millionen Dollar wert. Nicht wenig für eine einzige *Idee*! Was aus manchen Leuten wurde, die einen Teil des Millionengewinns aus dieser Transaktion erhielten, soll uns hier nicht weiter beschäftigen. Das Wichtigste an dieser erstaunlichen Leistung ist, dass sie einen unumstößlichen Beweis dafür liefert, dass die Philosophie, die hier im Buch beschrieben ist, funktioniert, denn sie machte den Kern der gesamten Transaktion aus. Für ihre Praxistauglichkeit spricht auch, dass die United States Steel Corporation florierte und zu einer der reichsten und mächtigsten Corporations der USA wurde, die Tausenden Angestellten Arbeit gab, neue Verwendungsmöglichkeiten für Stahl erschloss, neue Märkte eroberte und so bewies, dass der Gewinn in Höhe von 600 Millionen Dollar, den Schwabs Idee erzeugte, verdient war.

Reichtum beginnt mit einem *Gedanken*! Dem Betrag, um den es geht, kann nur der Mensch Grenzen setzen, in dessen Kopf der *Gedanke* seinen Ausgang nimmt. *Glaube* löst diese Beschränkungen auf! Denken Sie daran, wenn Sie bereit sind, mit dem Leben über die Summe zu verhandeln, die Sie als Preis für den von Ihnen verfolgten Weg festsetzen. Denken Sie auch daran, dass der Mann, der die United States Steel Corporation erschaffen hat, zu dem Zeitpunkt praktisch unbekannt war. Er war nichts als Andrew Carnegies »rechte Hand«, bis er diese eine berühmte *Idee* hatte. Danach gelangte er schnell zu Macht, Ruhm und Reichtum.

Reichtum beginnt mit einem *Gedanken*!
Dem Betrag, um den es geht, kann nur der Mensch Grenzen setzen, in dessen Kopf der *Gedanke* seinen Ausgang nimmt.
Glaube löst diese Beschränkungen auf!

Die Vorstellungskraft ist die Werkstatt,
in der alle Pläne geschmiedet werden.

Beschränkungen ergeben sich nur aus der Entwicklung
und dem Gebrauch unserer Vorstellungskraft.

Ideen lassen sich durch die Macht eines festen Ziels
in Verbindung mit einem definitiven Plan in Geld umwandeln.

Reichtum von großem Ausmaß ist nie
das Ergebnis *harter Arbeit!*

Schritt 9: Setzen Sie Ihre Vorstellungskraft ein

Die *Vorstellungskraft* ist die Werkstatt, in der alle Pläne geschmiedet werden. In diesem Bereich des Gehirns erhält der Impuls beziehungsweise das *Verlangen* eine feste Form und wird in die *Tat* umgesetzt.

Wie schon erwähnt, kann man alles erreichen, was man sich auch vorstellen kann. Unsere heutige Zeit ist für die Entwicklung der Vorstellungskraft die günstigste aller Zeiten der Zivilisationsgeschichte, weil es eine Zeit der schnellen Veränderung ist. Überall finden sich Anreize, die auf die Vorstellungskraft einwirken. Mit ihrer Hilfe hat die Menschheit in den vergangenen 100 Jahren einen größeren Teil der Kräfte der Natur für sich entdeckt und erschlossen als in der gesamten Menschheitsgeschichte zuvor. Wir haben den Luftraum so erfolgreich erobert, dass die Vögel nicht mehr mit uns mithalten können. Wir haben uns den Äther zunutze gemacht, er dient uns jetzt als Medium der direkten Kommunikation mit allen Winkeln der Welt. Wir haben die Sonne aus einer Entfernung von mehr als 150 Millionen Kilometern untersucht und gewogen und haben – mithilfe der *Vorstellungskraft* – ermittelt, aus welchen Elementen sie besteht. Wir haben entdeckt, dass unser Gehirn sowohl Sender als auch Empfänger von Gedankenschwingungen ist, und lernen gerade, wie man diese Erkenntnis nutzt. Wir haben die Geschwindigkeit der Fortbewegung so sehr gesteigert, dass wir jetzt mit bis zu 1.000 Kilometern pro Stunde unterwegs sind. Wir können in New York frühstücken und zum Mittagessen in San Francisco sein.

Beschränkungen ergeben sich nur aus der Entwicklung und dem Gebrauch unserer Vorstellungskraft. Was den Gebrauch anbelangt, haben wir den Gipfel der Entwicklung noch nicht erreicht. Wir haben nur entdeckt, dass wir überhaupt über eine solche verfügen, und nutzen sie bisher erst in Ansätzen.

> **Beschränkungen ergeben sich nur aus der Entwicklung und dem Gebrauch unserer Vorstellungskraft.**

Behalten Sie beim Lesen dieser Prinzipien im Kopf, dass der gesamte Vorgang, wie man ein *Verlangen* in Geld umwandelt, sich nicht in einem Satz zusammenfassen lässt. Das Ziel kann nur erreicht werden, indem man *alle Prinzipien meistert, verinnerlicht* und *anwendet.*

Zwei Formen der Vorstellungskraft

Die Vorstellungskraft funktioniert auf zwei verschiedene Weisen:

- *Synthetische Vorstellungskraft:* Diese Fähigkeit erlaubt es uns, alte Konzepte, Ideen oder Pläne neu zu kombinieren. Sie erschafft nichts Neues, sondern verarbeitet nur das, was in Form von Erfahrungen, vermitteltem Wissen und Beobachtungen in sie eingespeist wird. Dies ist die Fähigkeit, die Erfinder einsetzen, mit Ausnahme des »Genies«, das sich die kreative Vorstellungskraft zunutze macht, wenn es ein Problem nicht mithilfe der synthetischen Vorstellungskraft lösen kann.
- *Kreative Vorstellungskraft:* Durch die kreative Vorstellungskraft kann der endliche Geist des Menschen eine direkte Verbindung zur Allumfassenden Intelligenz herstellen. Durch sie empfangen wir »Eingebungen« und »Erleuchtung«. Hier entstehen alle wesentlichen oder neuen Ideen. Die kreative Vorstellungskraft ermöglicht uns, die Gedankenschwingungen anderer aufzugreifen, über sie kommunizieren wir mit dem Unterbewusstsein anderer. Sie arbeitet ganz automatisch und funktioniert *nur*, wenn die Schwingungen des Bewusstseins auf eine hohe Frequenz gebracht werden, beispielsweise wenn es durch die Emotion eines starken Verlangens stimuliert wird.

Sowohl die synthetische als auch die kreative Vorstellungskraft sind aktiver und reagieren stärker auf die Schwingungen aus den genannten Quellen, je mehr sie in Gebrauch sind, so wie sich auch jede andere Fähigkeit und jeder andere Körperteil durch Gebrauch trainieren lassen. Vielleicht ist Ihre Vorstellungskraft durch mangelnden Gebrauch geschwächt, doch sie lässt sich wieder stärken und schärfen, indem man sie aktiv einsetzt. Alle Erfolge von Wirtschafts-, Industrie- und Finanzgrößen, alle bedeutenden Werke von Künstlern, Musikern, Lyrikern und Schriftstellern gehen darauf zurück, dass sie ihre Vorstellungskraft einsetzten.

Richten Sie Ihre Aufmerksamkeit nun zunächst auf die Entwicklung der synthetischen Vorstellungskraft, da Sie diese bei der Umwandlung von Verlangen in Geld häufiger gebrauchen werden. Dennoch können sich in diesem Prozess Umstände und Situationen ergeben, in denen auch die kreative Vorstellungskraft gefordert ist.

Den immateriellen Impuls, das *Verlangen*, in eine greifbare Realität, in *Geld*, umzuwandeln, verlangt nach einem (oder mehr als einem) Plan. Dieser Plan kann nur mithilfe der *Vorstellungskraft* geformt werden, und zwar hauptsächlich mit der *synthetischen Vorstellungskraft*. Lesen Sie das gesamte Buch durch, kommen Sie dann auf dieses Kapitel zurück und setzen Sie Ihre Vorstellungskraft sofort darauf an, einen Plan oder Pläne zu schmieden, wie sich Ihr *Verlangen* in Geld umwandeln lässt.

Das Verlangen ist nur ein Gedanke, ein Impuls.
Es ist vage und flüchtig, abstrakt und wertlos, bis es in sein reales Gegenstück umgewandelt worden ist. Die Vorstellungskraft bringt den Plan hervor, wie sich das erreichen lässt. Sie baut eine Brücke zwischen dem Verlangen und dem Gegenstand des Verlangens.

Wie Sie Ihre Vorstellungskraft schulen

Es gibt eine Vielzahl von Möglichkeiten, wie man die Kreativität fördern und die Vorstellungskraft trainieren kann. Hier sind ein paar, die Sie ausprobieren können:

- **Lesen Sie viel.** Je mehr Sie die synthetische Vorstellungskraft mit Informationen füttern, desto mehr Arbeitsmaterial steht ihr zur Verfügung, um daraus neue Ideen und Pläne zusammenzustellen. Verschiedene Texte über verschiedene Themen zu lesen erweitert die Reichweite Ihrer synthetischen Vorstellungskraft.
- **Seien Sie neugierig, stellen Sie Fragen.** Neugier ist ein Symptom einer durstigen Vorstellungskraft. Außerdem ist sie die bevorzugte Methode des Menschen, nicht einfach hinzunehmen, dass man etwas wahrnimmt, aber nicht vollständig versteht. Die Suche nach Antworten führt oft zu tieferen Einsichten und kreativen Lösungen.
- **Erweitern Sie Ihre Interessen.** Ein anderer Weg, die synthetische Vorstellungskraft zu füttern, ist die Erweiterung der Interessensgebiete. Das Spezialwissen, das Sie sich durch ein Hobby oder den Wunsch, etwas zu verstehen, aneignen, kann Ihre Vorstellungskraft so prägen, dass sich daraus eine Ware oder eine Dienstleistung ableiten lässt, die Ihre Karriere voranbringt. Außerdem haben schon viele Leute ihre Interessen oder Hobbys zu einem lukrativen Geschäft ausgebaut.
- **Reisen.** Auf Reisen kommen Sie mit anderen Menschen, Sprachen, Ansichten und Herangehensweisen an Probleme in Kontakt.
- **Gespräche mit anderen Kreativen.** Sich mit anderen Mitgliedern Ihrer *Master-Mind-Gruppe* auszutauschen ist eine Möglichkeit, auf die kollektive Vorstellungskraft zuzugreifen, sowohl die synthetische als auch die kreative. Mehr über die *Master-Mind-Gruppe* lesen Sie in Schritt 13.
- **Machen Sie sich Notizen.** Halten Sie jede Beobachtung fest, die Sie in Staunen oder Ehrfurcht versetzt. Der Schreibprozess

sorgt nicht nur dafür, dass sich die Beobachtungen stärker einprägen, sondern löst oft auch kreative Prozesse aus.

- **Ziehen Sie sich in die Natur zurück.** Verbringen Sie Zeit draußen, in der Sie campen gehen oder lange Spaziergänge durch die Natur machen, um sich dem Weltbewusstsein zu öffnen. Mindestens eine Studie, die im Jahr 2012 von Psychologen an der University of Utah und an der University of Kansas durchgeführt wurde, ergab, dass Wanderer, die mindestens vier Tage in der freien Natur verbracht hatten, bei einem Kreativitätstest um 50 Prozent bessere Ergebnisse erzielten.
- **Praktizieren Sie Achtsamkeit.** Kreativität findet im Neokortex statt, aber nur, wenn das Gehirn nicht zu sehr mit anderen Dingen wie emotionaler Unausgeglichenheit oder existenziellen Sorgen beschäftigt und überfordert ist. Achtsamkeitsübungen und andere Meditationstechniken beruhigen bestimmte Bereiche des Gehirns, sodass der Neokortex seine Arbeit machen kann. Mehrere Unternehmen, darunter die Walt Disney Company, General Mills und Google, bieten ihren Angestellten Meditationsprogramme an, um so die Kreativität zu fördern.

> Wenn Sie einen Plan haben, bringen Sie ihn sofort zu Papier. Sobald das geschehen ist, haben Sie dem immateriellen *Verlangen* eine konkrete Form gegeben. Wer sein Verlangen und den Plan, es in die Realität umzusetzen, schriftlich festhält, hat damit den ersten einer Reihe von Schritten unternommen, die es ermöglichen, den Gedanken in sein reales Gegenstück umzuwandeln.

Wie man die Vorstellungskraft praktisch nutzt

Ähnlich wie Wissen muss auch die Vorstellungskraft angewendet werden, um etwas von Wert zu erschaffen. Wenn man durch Nachdenken reich werden will, kann die Vorstellungskraft zu folgenden Zwecken eingesetzt werden:

- **Um Pläne zu ersinnen.** Die Vorstellungskraft ist für das Ersinnen von Plänen zuständig, durch die sich ein immaterielles Verlangen in Realität umsetzen lässt.
- **Um Hindernisse zu überwinden.** Wenn man auf Hindernisse stößt, liefert die Vorstellungskraft oft Wege, diese zu beheben oder zu umgehen.
- **Um Probleme zu lösen.** Viele der einträglichsten Erfindungen sind nichts als fantasievolle Lösungen für bestimmte Probleme.
- **Um nicht oder unzureichend gestillte Bedürfnisse zu erfüllen.** Nicht oder unzureichend gestillte Bedürfnisse sind Goldminen für die Vorstellungskraft.
- **Um Chancen zu erkennen.** Der Amazon-Gründer Jeff Bezos sah seine große Chance, als ihm klar wurde, dass man Onlinebestellungen mit einem Lieferdienst verbinden und den Menschen so ermöglichen konnte, von zu Hause aus einzukaufen.

Wenn man seine Vorstellungskraft richtig trainiert, sind keine besonderen Anstrengungen nötig, damit sie Pläne oder kreative Lösungen hervorbringt. Nicht einmal der Verstand wird gebraucht. Man benötigt nur einen *Gedanken*, wie er in Schritt 1 definiert ist: »eine entschiedene Idee in Verbindung mit einem festen Ziel, Beharrlichkeit, einem brennenden Verlangen und Glauben«. Dann liefert die Vorstellungskraft den Plan oder die Lösung.

Harte Arbeit ist nicht vonnöten

Wenn Sie zu denjenigen gehören, die glauben, dass allein harte Arbeit und Aufrichtigkeit reich machen, vergessen Sie das! Es stimmt nicht. Reichtum von großem Ausmaß ist *nie* das Ergebnis *harter Arbeit!* Reichtum stellt sich (wenn überhaupt) nur ein, wenn man basierend auf der Anwendung bestimmter Prinzipien konkrete Forderungen stellt, nicht durch Glück oder Zufall.

Ganz allgemein formuliert ist eine Idee ein Gedankenimpuls, der an die Vorstellungskraft appelliert und dadurch zu Taten führt. Jeder exzellente Verkäufer weiß, dass sich Ideen besser verkaufen lassen als Waren. Durchschnittliche Verkäufer wissen das nicht – deshalb sind sie durchschnittlich.

Ideen haben keinen festen Preis.
Der Schöpfer von Ideen bestimmt den Preis selbst,
und wenn er klug ist, erhält er ihn auch.

Vertrauen Sie nicht auf günstige Umstände oder Glück

Millionen Menschen gehen durchs Leben und warten auf die passenden Umstände. Die mögen sich vielleicht irgendwann ergeben, doch am sichersten ist es, sich nicht vom Glück abhängig zu machen. Es war ein günstiger Umstand, der mir die größte Chance meines Lebens beschert hat, doch diese Chance verlangte mir 25 Jahre zielstrebige Bemühungen ab, bevor sie sich auszahlte.

Der »günstige Umstand« war, dass ich das Glück hatte, Andrew Carnegie zu treffen und von ihm zur Zusammenarbeit eingeladen zu werden. Bei der Gelegenheit brachte mich Carnegie auf die Idee, die Prinzipien des Erfolgs zu strukturieren und zu einer

Philosophie zusammenzustellen. Von den Erkenntnissen, die sich aus 25 Jahren Recherche ergaben, haben Tausende Menschen profitiert, und die Anwendung dieser Philosophie hat mehreren Menschen ein Vermögen eingebracht. Dabei war der Anfang ganz leicht. Jeder hätte auf die *Idee* kommen können.

Der günstige Umstand trat in Gestalt von Carnegie ein, doch was ist mit meiner *Entschlossenheit,* meiner *Zielstrebigkeit,* dem *Verlangen, mein Ziel zu erreichen,* und den *beharrlichen Bemühungen* über *25 Jahre hinweg*? Mein *Verlangen* war kein schlichter Wunsch, es überstand Enttäuschungen, Entmutigungen, Rückschläge, Kritik und die ständige Erinnerung daran, dass mein Projekt »Zeitverschwendung« sei. Es handelte sich um ein *brennendes Verlangen,* eine *Besessenheit*!

Als Carnegie mich auf die Idee brachte, hegte und pflegte ich sie, damit sie am Leben blieb. So entwickelte sie sich zu einem eigenständigen Riesen, der nun wiederum mich hegte, pflegte und antrieb. So sind Ideen. Erst erweckt man sie zum Leben, führt und leitet sie, und dann entwickeln sie eine ganz eigene Dynamik und setzen sich über alle Einwände hinweg.

Ideen sind immaterielle Kräfte, aber ihre Macht ist stärker als die des Gehirns, das sie hervorgebracht hat. Sie können weiterleben, wenn dieses Gehirn schon wieder zu Staub zerfallen ist. Nehmen Sie zum Beispiel das Christentum. Es begann mit einer einfachen Idee im Kopf Christi. Die Kernbotschaft lautete: »Was du nicht willst, das man dir tut, das füg auch keinem anderen zu.« Christus kehrte dorthin zurück, woher er gekommen war, doch seine *Idee* lebt weiter. Eines Tages könnte sie ihre volle Kraft entfalten, und dann hätte sich das innigste Verlangen Christi erfüllt. Die Idee hat erst gut 2.000 Jahre Zeit gehabt, sich zu entwickeln. Geben Sie ihr noch ein bisschen!

Geschichten, die die Vorstellungskraft am Werk zeigen

Ideen sind *Produkte der Vorstellungskraft* und der Ausgangspunkt jedes Vermögens. Lassen Sie uns ein paar bekannte Ideen betrachten, die zu gewaltigem Reichtum geführt haben. Vielleicht entzünden diese Geschichten den Funken, der Ihrer Vorstellungskraft eine Innovation entlockt, durch die Sie reich werden können.

Der verzauberte Kessel

Vor vielen Jahren fuhr einmal ein alter Landarzt in die Stadt, band sein Pferd an, schlich leise durch die Hintertür in eine Apotheke und fing an, mit dem Verkäufer zu feilschen. Dieses Ereignis sollte später viele Leute reich machen. Es sollte dem Süden der USA zu einem Erfolg verhelfen, wie es ihn dort schon lange nicht mehr gegeben hatte.

Der alte Arzt und der Apothekenmitarbeiter unterhielten sich eine Stunde lang leise hinter dem Tresen. Dann verließ der Arzt das Gebäude. Er ging zu seiner Kutsche, holte einen großen, altmodischen Kessel und eine gewaltige Holzkelle (um im Kessel zu rühren) heraus und platzierte beides im Hinterzimmer der Apotheke.

Der Verkäufer inspizierte den Kessel, griff in die Tasche, zog eine Rolle Scheine hervor und reichte sie dem Arzt. Es waren genau 500 Dollar – die gesamten Ersparnisse des Mannes.

Der Arzt gab ihm einen Zettel, auf dem eine geheime Formel stand. Die Worte auf diesem Stück Papier waren ein Vermögen wert! *Aber nicht für den Arzt.* Die magischen Worte waren nötig, um den Kesselinhalt zum Kochen zu bringen, doch weder der Arzt noch der junge Apothekenmitarbeiter ahnten, welche Reichtümer aus ihm hervorquellen sollten.

Der alte Arzt war froh, das Zeug für 500 Dollar losgeworden zu sein. Mit dem Geld konnte er seine Schulden abbezahlen, es verschaffte ihm Freiheit. Der Angestellte hingegen ging ein großes Risiko ein, als er seine gesamten Ersparnisse für ein Stück Papier und einen alten Kessel hergab. Er hätte sich nie erträumt, dass diese Investition dem Kessel so viel Gold entlocken würde, dass selbst Aladins Wunderlampe dagegen verblasste.

Was der Apothekenangestellte wirklich kaufte, war eine *Idee*!

Der alte Kessel, die Holzkelle und die geheime Formel auf dem Zettel waren nebensächlich. Die seltsame Wirkung des Kessels trat erst ein, als der neue Besitzer eine Zutat zum Geheimrezept hinzufügte, von der der Arzt nichts wusste.

Lesen Sie diese Geschichte aufmerksam durch und testen Sie Ihre Vorstellungskraft! Schauen Sie, ob Sie herausfinden können, was der junge Mann dem Rezept hinzufügte, sodass das Gold aus dem Kessel zu strömen begann. Denken Sie dabei daran, dass dies hier keine Geschichte aus *1001 Nacht* ist. Es handelt sich um einen Tatsachenbericht, der jede Fiktion übertrifft und der mit einer *Idee* begann.

Lassen Sie uns einen Blick auf die enormen Summen werfen, die diese Idee erzeugt hat. Sie brachte und bringt Männern und Frauen auf der ganzen Welt, die Millionen von Menschen mit dem Inhalt des Kessels beliefern, bis in die Gegenwart ein Vermögen ein.

Der alte Kessel zählt heute zu den größten Zuckerverbrauchern auf der Welt und verschafft so Tausenden Männern und Frauen, die Zuckerrohr anpflanzen, verarbeiten und das Produkt verkaufen, dauerhafte Arbeitsplätze.

Er erzeugt jährlich einen Bedarf an Millionen von Plastikflaschen und Aluminiumdosen, was zahllose Stellen für Arbeiter in der Verpackungsindustrie schafft. Der alte Kessel beschäftigt eine Armee von Büroangestellten, Textern und Werbefachleuten. Er hat reihenweise Künstler berühmt und reich gemacht, die das Produkt in wunderbaren Bildern angepriesen haben. Er hat eine kleine Stadt in den Südstaaten in das Wirtschaftszentrum der Region verwandelt, was heute jedem Unternehmen und praktisch jedem

Bewohner der Stadt direkt oder indirekt zugutekommt. Der Einfluss dieser Idee ist in jedem zivilisierten Land der Welt spürbar, die dauerhafte Goldflut, die von ihr ausgeht, erfasst jeden, der mit ihr in Berührung kommt.

Das Gold aus dem Kessel ist für den Bau und den Betrieb eines der bekanntesten Colleges der Südstaaten verantwortlich, wo Tausende junge Leute lernen, wie man erfolgreich wird.

Der alte Kessel hat noch weitere fabelhafte Dinge bewirkt.

Während der Wirtschaftskrise in den 1930er-Jahren, als Fabriken, Banken und Geschäfte kollabierten und verschwanden, war der Besitzer des verzauberten Kessels nicht aufzuhalten, er gab einer Armee von Männern und Frauen auf der ganzen Welt *feste Arbeitsplätze* und zahlte denen, die vor langer Zeit *an die Idee geglaubt hatten*, eine Extraportion Gold aus.

Wenn das Produkt des alten Kupferkessels reden könnte, würde es spannende Liebesgeschichten in jeder Sprache erzählen: von romantischer Liebe, Liebe zum Geschäft, der Liebe von Mitarbeitern und Mitarbeiterinnen, die sich jeden Tag wieder einen Kick holen.

Der Autor selbst weiß zumindest von einer dieser Liebesgeschichten, da er ein Teil von ihr ist, und sie begann nicht weit entfernt von der Apotheke, in der der Mitarbeiter den alten Kessel erstand. Hier lernte der Autor seine Frau kennen, und sie erzählte ihm von dem verzauberten Kessel. Sie tranken das Produkt aus dem Kessel, als er sie fragte, ob sie ihr Leben gemeinsam verbringen wollten, »in guten und in schlechten Zeiten«.

Nun, da Sie wissen, dass es sich beim Inhalt des verzauberten Kessels um ein weltberühmtes Getränk handelt, ist es nur passend, wenn der Autor an dieser Stelle zugibt, dass ihn nicht nur die Heimatstadt dieses Getränks mit einer Frau versorgt hat, sondern dass auch das Getränk selbst seine Gedanken immer wieder in Schwung versetzt, ohne ihn zu berauschen, und ihm dadurch die nötige Erfrischung bringt, die ein Autor hin und wieder braucht, um beste Arbeit zu liefern.

Wer immer Sie sind, wo immer Sie leben, was für einen Beruf Sie auch haben mögen, denken Sie in Zukunft, wenn Sie den Schriftzug »Coca-Cola« sehen, immer daran, dass dieses gewaltige Reich des Geldes und des Einflusses aus einer einzigen *Idee* entstand, und dass die geheimnisvolle Zutat, die der Apotheker Asa Candler der Formel hinzufügte … die *Vorstellungskraft* war!

Denken Sie darüber einmal kurz nach.

Führen Sie sich auch vor Augen, dass es die 17 hier im Buch beschriebenen Schritte zum Reichtum waren, die dafür gesorgt haben, dass Coca-Cola in jeder Stadt, jedem Dorf und an jeder Straßenkreuzung der Welt verkauft wird und dass *jede Idee*, die Sie möglicherweise haben, ein ebenso gewaltiger Erfolg werden könnte wie der globale Durstlöscher, wenn sie genauso solide und verdienstvoll ist.

Wirklich, Gedanken sind Dinge, und ihr Wirkungsbereich ist die gesamte Welt.

Was ich mit einer Million Dollar täte

Die folgende Geschichte zeigt, wie zutreffend das alte Sprichwort »Wo ein Wille ist, ist auch ein Weg« ist. Erzählt hat sie mir der angesehene Pädagoge und Priester Frank W. Gunsaulus, dessen geistliche Laufbahn inmitten der Schlachthöfe im Süden von Chicago begann.

Schon als Student fielen Gunsaulus viele Probleme im Bildungssystem auf, die er seiner Ansicht nach beheben könne, wenn er Rektor einer Universität wäre. Sein innigster Wunsch war es, ein Lehrinstitut zu leiten, in dem junge Männer und Frauen praktisch ausgebildet würden.

Er beschloss, ein neues College zu gründen, in dem er seine Ideen umsetzen konnte, ohne dass ihm die traditionellen Ausbildungsmethoden im Weg standen. Doch um das Projekt angehen zu können, brauchte er *eine Million Dollar.* Woher sollte er eine derartige Summe nehmen? Das war die Frage, die den ehrgeizigen jungen Priester die meiste Zeit beschäftigte.

Aber er fand einfach keine Lösung.

Jeden Abend ging er mit diesem Gedanken ins Bett. Er stand morgens damit auf. Er nahm ihn überall mit hin. Er drehte und wendete das Problem im Kopf hin und her, bis es zu einer alles verzehrenden Besessenheit geworden war. Eine Million Dollar ist viel Geld. Das war ihm klar, aber er wusste auch, dass es stets nur unser eigener Geist ist, der uns Grenzen setzt.

Da Gunsaulus nicht nur Priester, sondern auch Philosoph war, erkannte er – wie alle erfolgreichen Menschen –, dass er sich zuerst ein *festes Ziel* setzen musste. Außerdem verstand er, dass es sein Streben mit Leben und Kraft füllte, wenn er ein *brennendes Verlangen* danach verspürte, seinen Wunsch in die Realität umzusetzen.

All das war ihm klar, doch er wusste immer noch nicht, wie er an eine Million Dollar kommen sollte. An dieser Stelle wäre es ganz natürlich gewesen, aufzugeben und zu sagen: »Die Idee ist zwar gut, aber ich kann damit nichts anfangen, weil ich die nötige Million niemals aufbringen kann.« Genau das hätte ein Großteil der Menschen getan, doch nicht so Dr. Gunsaulus. Was er sagte und tat, ist so wichtig, dass ich ihn hier nun selbst zu Wort kommen lasse:

> Eines Samstagnachmittags saß ich in meinem Zimmer und überlegte, wie ich die Mittel zur Durchführung meines Plans beschaffen könnte. Darüber sann ich nun schon fast zwei Jahre nach, doch mehr hatte ich noch nicht erreicht.
>
> Es war an der Zeit, zu *handeln*!
>
> Also beschloss ich an Ort und Stelle, dass ich die nötige Million innerhalb von einer Woche aufbringen würde. Wie? Darüber machte ich mir keine Gedanken. Viel wichtiger war die Entscheidung, das Geld in einem bestimmten Zeitraum zu beschaffen, und ich muss Ihnen sagen, dass ich in dem Augenblick, in dem ich den festen Entschluss gefasst hatte, eine seltsame Gewissheit verspürte, wie ich sie noch nie erlebt hatte. Eine Stimme in meinem Inneren sagte: »Warum hast du

das nicht schon längst beschlossen? Das Geld hat die ganze Zeit auf dich gewartet!« Und dann ging alles ganz schnell. Ich rief die Zeitungen an und verkündete, dass ich am folgenden Morgen eine Predigt mit dem Titel »Was ich mit einer Million Dollar täte« halten würde.

Ich fing sofort an, diese Predigt zu schreiben, doch ich muss offen zugeben, dass es nicht sonderlich schwierig war, da ich sie im Grunde seit fast zwei Jahren vorbereitete. Der Geist, der sie erfüllte, war ein Teil von mir!

Es war noch weit vor Mitternacht, als die Predigt fertig war. Ich ging ins Bett und schlief voller Selbstvertrauen ein, denn ich *sah mich bereits im Besitz der Million Dollar.*

Am nächsten Morgen stand ich früh auf, ging ins Bad, las die Predigt und kniete mich dann nieder, um zu beten, dass jemand sie hören würde, der mir das gewünschte Geld geben konnte.

Während ich betete, verspürte ich erneut die Sicherheit, dass das Geld bald mein sein würde. Vor lauter Freude ging ich ohne den Predigttext aus dem Haus und bemerkte es erst, als ich schon auf der Kanzel stand und gerade loslegen wollte.

Es war zu spät, um meine Notizen noch zu holen, und was für ein Segen das war! Stattdessen lieferte mir mein Unterbewusstsein das nötige Material. Als ich zur Predigt anhob, schloss ich die Augen und legte das Herz und die Seele meiner Träume in die Worte. Ich sprach nicht nur zur Gemeinde, sondern meinem Gefühl nach auch zu Gott. Ich erklärte, was ich mit einer Million Dollar machen würde, wenn ich diesen Betrag zur Verfügung hätte. Ich beschrieb meinen Plan, ein großes Bildungsinstitut aufzubauen, wo junge Menschen praktische Fähigkeiten erlernen und gleichzeitig ihren Geist weiterentwickeln könnten.

Als ich fertig war und mich setzte, erhob sich ein Mann langsam von seinem Platz in der drittletzten Reihe und kam nach vorn zur Kanzel. Ich fragte mich, was er vorhatte. Er betrat die Kanzel, streckte mir die Hand entgegen und sagte: »Reverend, Ihre Predigt hat mir gefallen. Ich glaube, mit einer Million Dollar könnten Sie alles, was Sie beschrieben haben, tatsächlich erreichen. Um Ihnen zu beweisen, dass ich an

Sie und Ihre Predigt glaube, gebe ich Ihnen das Geld, wenn Sie morgen früh in mein Büro kommen. Ich heiße Philip D. Armour.«

Also ging der junge Gunsaulus in Armours Büro und erhielt die Million Dollar. Mit diesem Geld gründete er das Armour Institute of Technology. Es war mehr Geld, als die meisten Priester in ihrem ganzen Leben sehen, und dennoch entstand der Gedankenimpuls dahinter innerhalb eines Bruchteils einer Minute im Kopf des jungen Geistlichen. Die benötigte Million folgte als Ergebnis auf eine Idee, die der Vorstellungskraft entsprungen war. Hinter der Idee steckte ein *Verlangen*, das fast zwei Jahre lang in Gunsaulus' Kopf herangereift war.

Beachten Sie diese wichtige Tatsache:
Nachdem Gunsaulus die Entscheidung getroffen hatte, das Geld aufzubringen, und sich einen festen Plan dafür überlegt hatte, dauerte es nur 36 Stunden, bis er das Geld hatte.

Gunsaulus' unbestimmte Überlegung, er bräuchte eine Million Dollar, und seine vage Hoffnung, sie zu erlangen, waren nichts Neues oder Besonderes. Ähnlich war es schon anderen vor ihm – und vielen seitdem – ergangen. Was seinen Fall einzigartig und anders machte, war die Art der Entscheidung, die er an jenem denkwürdigen Samstag traf, als er jegliche Unbestimmtheit beiseiteschob und fest entschlossen verkündete: »Ich *werde* dieses Geld innerhalb einer Woche bekommen!«

Gott scheint sich auf die Seite der Menschen zu stellen,
die genau wissen, was sie wollen, wenn sie fest entschlossen sind,
genau das zu bekommen.

Und die Methode, durch die Gunsaulus seine Million beschaffte, existiert weiterhin! Sie steht auch Ihnen zur Verfügung. Das universelle Gesetz funktioniert heute genauso wie damals, als der junge Priester es so erfolgreich einsetzte. Dieses Buch beschreibt, einen nach dem anderen, alle 17 Schritte dieser tollen Methode und zeigt, wie man sie anwendet.

Beachten Sie, dass Asa Candler und Dr. Frank Gunsaulus eines gemeinsam hatten. Beide kannten die erstaunliche Wahrheit, dass *sich Ideen durch die Macht eines festen Ziels in Verbindung mit einem definitiven Plan in Geld umwandeln lassen.*

Herb Kelleher, Ideenverkäufer

Die Geschichte praktisch jeden großen Vermögens beginnt mit dem Tag, an dem sich ein Ideenschöpfer und ein Ideenverkäufer treffen und sich zur harmonischen Zusammenarbeit entschließen. Herb Kelleher, einer der Gründer der Fluggesellschaft Southwest Airlines, ist ein gutes Beispiel für einen solchen »Ideenverkäufer«. Er war Anwalt im texanischen San Antonio, als Rollin King, ein Ideenschöpfer, ihn um seine Unterstützung bei der Gründung einer neuen Fluggesellschaft bat.

Rollin King war Anlageberater. Nebenbei betrieb er einen unrentablen Luftcharterservice zwischen kleineren Städten in Texas. Zu der Zeit flogen hauptsächlich Geschäftsleute und vergnügungswillige Reiche. King war regelmäßig frustriert, wenn er von einer texanischen Stadt in eine andere fliegen wollte. Es gelang ihm nie, einen Platz in den Flugzeugen zu ergattern, die diese Route flogen – und außerdem waren die Preise extrem hoch.

King erkannte, dass es einen Bedarf an einer Fluggesellschaft gab, die nur die drei größten Städte im Bundesstaat miteinander verband, und da sein kleines Unternehmen das nicht stemmen konnte, wollte er ein neues gründen. Also erstellte er eine Machbarkeitsstudie und einen Businessplan. Er brachte 100.000 Dollar auf und ging zu Herb Kelleher, seinem Anwalt, damit dieser sich um die nötigen Papiere zur Gründung von Air Southwest Co. (später Southwest Airlines Co.) kümmerte.

Obwohl Kelleher anfangs skeptisch war, half er King, zusätzliches Kapital und politische Unterstützung zu beschaffen. Am 20. Februar 1968 bewilligte die texanische Flugaufsichtsbehörde den Antrag von Southwest, zwischen den drei Städten zu fliegen. Doch am 21. Februar blockierten drei konkurrierende Fluggesellschaften – Braniff, Trans Texas und Continental – diese Genehmigung durch eine einstweilige Verfügung.

Kelleher, dessen Begeisterung für das Projekt durch diese Hürden erst so richtig geweckt war, legte sich juristisch nun richtig ins Zeug. Die Konkurrenz argumentierte, dass es in Texas keinen Bedarf für eine neue Fluglinie gebe. Es war ein dreieinhalb Jahre dauernder Rechtsstreit nötig, der drei verschiedene Gerichte beschäftigte, bis Southwest das Gegenteil beweisen konnte und die nötigen Genehmigungen erhielt, um den Flugbetrieb aufzunehmen.

Obwohl es zu Beginn gut lief, reichte das nicht aus. Das Unternehmen machte in jenem Jahr 3,7 Millionen Dollar Verlust, und so ging es auch in den folgenden anderthalb Jahren weiter. Southwest bemühte sich, die Kosten gering zu halten und Kunden anzulocken, ohne die ursprünglichen Ziele aus den Augen zu verlieren.

Zu der Zeit hatte das Projekt Kelleher bereits so gepackt, dass er seine Kanzlei aufgab, um Southwest zu führen. Sein Ziel war es, das Unternehmen zur beliebtesten Fluggesellschaft in der Region zu machen.

Zu seinen Innovationen gehörte die Einführung unterschiedlicher Preise für Haupt- und Nebenzeiten. Eine andere war die Begrenzung der Verweildauer auf zehn Minuten. Nach der Landung fuhren die Flugzeuge zum Gate, wo die Passagiere ausstiegen, eine kurze technische Überprüfung stattfand und neue Passagiere einstiegen, bevor das Flugzeug zehn Minuten später wieder losrollte. Bei anderen Fluggesellschaften dauerte das 45 Minuten. Die kurze

Verweildauer ermöglichte es der Fluggesellschaft mit ihren drei Maschinen, den Flugplan sehr eng zu stecken und die Pünktlichkeit zu verbessern.

Das begrenzte Budget erlaubte keine Anzeigen in den üblichen Medien, also beschlossen Kelleher und sein Team, auf Werbung per Mundpropaganda zu setzen. In diesem Rahmen wollte man ein ungewöhnliches, unorthodoxes Image kreieren.

Der Kundenservice wurde zur obersten Priorität erklärt. Das Bordpersonal bekam die Anweisung, sich der Passagiere »herzlich und liebevoll« anzunehmen. Als Unternehmensslogan wählte man: »Now there's somebody else up there who loves you.« – »Jetzt gibt es auch dort oben jemanden, der Sie liebt.«

Zusätzlich schaffte Kelleher die nervigen, zeitaufwendigen Methoden ab, derer sich andere Fluggesellschaften bei der Ausgabe von Bordkarten bedienten. Bei Southwest gab es keine festen Sitzplätze mehr, stattdessen erhielten die Passagiere nummerierte Bordkarten, die am Gate ausgegeben wurden.

Durch die Fokussierung auf die Zufriedenheit der Passagiere gelang es Kelleher und seinem Team, sich einen treuen Kundenstamm und einen guten Ruf zu erarbeiten.

So begann der Aufstieg von Southwest. 1978 zählte die Fluggesellschaft zu den profitabelsten des Landes. Zu Beginn des neuen Jahrtausends, als viele Airlines schwere Einbußen verkraften mussten und manche Insolvenz anmeldeten oder sich sogar auflösten, schaffte Southwest es nicht nur, zu überleben, sondern sogar zum Branchenführer im Bereich Wirtschaftlichkeit aufzusteigen.

Herb Kelleher gibt Menschen, die nach Erfolg streben, folgende Ratschläge:

- Halten Sie an Ihren *Ideen* fest. Trotz der Bemühungen der deutlich größeren Konkurrenzgesellschaften, Southwest den Zugang zum Markt zu versperren, sorgte eine positive Einstellung dafür, dass das Unternehmen die drei Jahre Rechtsstreit, in denen kein Geld hereinkam, überstand.
- Überlegen Sie, was die Kunden wollen, und geben Sie es ihnen.

- Überwinden Sie Hindernisse, die Ihnen in den Weg gelegt werden, indem Sie positive Schritte unternehmen, um sie einzureißen – und finden Sie, noch während der Kampf läuft, Wege, sie zu umgehen.
- Bleiben Sie neuen Chancen gegenüber offen und gehen Sie auf sie zu, wenn sie sich bieten.

Weitere Beispiele für das Wirken der Vorstellungskraft

Hier sind noch ein paar Beispiele dafür, was die Vorstellungskraft erreichen kann:

- Ein Verleger brachte in Erfahrung, dass viele Leute Bücher wegen des Titels, nicht wegen des Inhalts erstehen. Als er den Titel eines Buches änderte, das schlecht lief, verkaufte er plötzlich mehr als eine Million Exemplare. Dabei hatte er einfach das Cover mit dem unverkäuflichen Titel darauf abgerissen und es durch ein neues mit einem ansprechenderen Titel ersetzt. Das war, so einfach es auch erscheinen mag, eine *Idee*, ein Produkt der *Vorstellungskraft.*
- Die Filmbranche hat eine ganze Schar von Millionären hervorgebracht. Die meisten davon waren selbst keine Ideenschöpfer, aber ihre Vorstellungskraft ermöglichte ihnen, gute Ideen zu erkennen, wenn sie sie sahen.
- Andrew Carnegie wusste kaum etwas über Stahlherstellung – so sagte er selbst –, aber er hatte eine Idee und einen Plan und wusste, wie er das nötige Spezialwissen einholen konnte. Er umgab sich mit Fachleuten, die alles konnten, wozu er selbst nicht in der Lage war, Menschen, die Ideen hatten, und Menschen, die diese Ideen umsetzten, und verhalf sich selbst und anderen dadurch zu sagenhaftem Reichtum.

Der sechste Sinn ist der Eingang
zum Tempel der Weisheit.

Es sind die *vorherrschenden Gedanken und Wünsche* eines jeden Menschen, die ihn zu dem machen, was er ist.

Schritt 10: Entfalten Sie Ihren sechsten Sinn

Der *sechste Sinn* ist eine Funktion der Vorstellungskraft, die Fähigkeit des Unterbewusstseins, durch die sich die Allumfassende Intelligenz ganz freiwillig mitteilt, ohne dass es irgendwelcher Mühen oder Forderungen durch das Individuum bedarf. Obwohl sich der sechste Sinn jeder Beschreibung entzieht und in Gänze nur verstanden werden kann, wenn man ihn durch Meditation und Entwicklung des Geistes selbst erlebt, kann das, was er bewirkt, Ihnen einen ersten Eindruck von ihm vermitteln:

- Durch den sechsten Sinn spüren Sie, wann eine unmittelbare Gefahr droht, sodass Sie ihr ausweichen können, und wann sich eine Gelegenheit auftut, sodass Sie sie ergreifen können.
- Der sechste Sinn ist wahrscheinlich das Medium, über das der begrenzte Geist des Individuums und die Allumfassende Intelligenz in Kontakt stehen, und daher eine Mischung des Geistigen und des Spirituellen. Der sechste Sinn scheint die Verbindungsstelle zwischen dem Menschen und dem Weltgeist zu sein.
- Wenn Sie Ihren sechsten Sinn trainieren, steht Ihnen in Notsituationen und wenn Sie darum bitten ein »Schutzengel« zur Seite, der Ihnen zu jeder Zeit Zutritt zum Tempel der Weisheit verschafft.

Auch wenn Sie das Prinzip, das in diesem Kapitel beschrieben wird, nicht vollständig verstehen, können Sie trotzdem davon profitieren, das Buch gelesen zu haben, vor allem, wenn es Ihnen hauptsächlich um Reichtum oder andere materielle Dinge geht. Dieses Kapitel über den sechsten Sinn wurde aufgenommen, weil das Buch den Anspruch hat, eine umfängliche Philosophie zu präsentieren, die den Leser zielsicher dahin führt, alles zu erreichen, was er vom Leben fordert. Der Ausgangspunkt aller Erfolge ist das

Verlangen. Der Endpunkt ist die Art *Wissen,* die zum Verständnis führt – zum Verständnis des Selbst, zum Verständnis anderer, zum Verständnis der Naturgesetze, zur Erkenntnis und zum Verständnis des *Glücks.*

Diese Art von Verständnis lässt sich in vollem Umfang nur erreichen, wenn man mit dem Prinzip des sechsten Sinnes vertraut ist und es anzuwenden weiß. Deshalb musste es als Teil der Philosophie ins Buch aufgenommen werden, für diejenigen, deren Verlangen über Geld hinausgeht.

Die vorherigen Kapitel haben Sie nun Schritt für Schritt hierhergeführt, zu diesem Prinzip. Wenn Sie bis hierher alle Prinzipien gemeistert haben, sind Sie jetzt bereit, ohne Skepsis das zu akzeptieren, was nun folgt. Haben Sie die anderen Prinzipien noch nicht gemeistert, müssen Sie das erst schaffen, bevor Sie für sich entscheiden können, ob Sie die Behauptungen, die in diesem Kapitel aufgestellt werden, für Fakt oder Fiktion halten.

Kein Wunderwerk

Der Autor dieses Buches glaubt nicht an Wunder, weil er genug über die Natur weiß, um zu verstehen, dass sie niemals von ihren bewährten Gesetzen abweicht. Einige dieser Gesetze sind so unbegreiflich, dass man den Eindruck hat, sie bewirkten Wunder. Der sechste Sinn ist das Werkzeug, das es Menschen ermöglicht, mithilfe der Allumfassenden Intelligenz solche »Wunder« zu vollbringen – Ereignisse, die den Naturgesetzen zu widersprechen scheinen, nur weil wir nicht verstehen, wie der sechste Sinn funktioniert.

So viel weiß der Verfasser:

- Es gibt eine Kraft oder einen Ersten Verursacher oder eine Intelligenz, die jedes Teilchen der Materie durchdringt und jede Einheit wahrnehmbarer Energie umhüllt.
- Diese Allumfassende Intelligenz lässt Eichen aus Eicheln wachsen, Wasser gemäß der Schwerkraft nach unten fließen sowie

Tag auf Nacht und Sommer auf Winter folgen, da alles seinen Platz hat und in einer festen Beziehung zueinander steht.

- Die Allumfassende Intelligenz kann durch die Prinzipien der hier beschriebenen Philosophie dazu bewegt werden, bei der Umwandlung eines *Verlangens* in sein konkretes, materielles Gegenstück zu helfen.

Das alles weiß der Verfasser, weil er es ausprobiert und selbst *erlebt* hat.

> Die Allumfassende Intelligenz kann durch die Prinzipien der hier beschriebenen Philosophie dazu bewegt werden, bei der Umwandlung eines *Verlangens* in sein konkretes, materielles Gegenstück zu helfen.

Die Unsichtbaren Berater

Als ich einst eine Phase der Heldenverehrung durchlief, ertappte ich mich dabei, wie ich versuchte, die von mir am meisten verehrten Menschen nachzuahmen. Außerdem entdeckte ich, dass der feste Glaube, mit dem ich diese Imitation meiner Idole anging, mir dabei zu einigem Erfolg verhalf.

So ganz habe ich die Bewunderung für die Helden nie abgelegt, auch wenn ich schon weit über das Alter hinaus bin, in dem so etwas üblich ist. Die Erfahrung hat mich gelehrt, dass es wahrer eigener Größe am nächsten kommt, sich in große Persönlichkeiten hineinzuversetzen und ihnen in Gefühlen und Taten möglichst nahezukommen.

Schon lange bevor ich auch nur eine Zeile eines Buches geschrieben oder eine öffentliche Rede gehalten hatte, zählte es zu meinen Gewohnheiten, meine Persönlichkeit zu formen, indem ich neun Menschen imitierte, deren Leben und Leistungen mich besonders beeindruckten: Ralph Waldo Emerson, Thomas Paine, Thomas Alva Edison, Charles Darwin, Abraham Lincoln, Luther Burbank, Napoleon Bonaparte, Henry Ford und Andrew Carnegie. Über lange Zeit hinweg hielt ich jeden Abend eine imaginäre Ratsversammlung mit dieser Gruppe ab, die ich meine »Unsichtbaren Berater« nannte.

Das lief so ab: Kurz bevor ich mich schlafen legte, schloss ich die Augen und sah mich vor meinem inneren Auge mit den Männern an einem Konferenztisch sitzen. Hier hatte ich nicht nur die Gelegenheit, mit denen zusammenzutreffen, die ich so bewunderte, sondern fungierte sogar als Vorsitzender der Gruppe.

Mit dieser allabendlichen Fantasievorstellung verfolgte ich einen ganz bestimmten Zweck. Ich wollte meinen Charakter so verändern, dass sich in ihm Elemente der Persönlichkeiten meiner imaginären Berater wiederfanden. Da ich schon früh im Leben erkannt hatte, dass ich das Handicap überwinden musste, in einer ungebildeten und abergläubischen Umgebung zur Welt gekommen zu sein, erlegte ich mir bewusst die Aufgabe auf, mir durch die hier beschriebene Methode zu einer freiwilligen Wiedergeburt zu verhelfen.

Charakterbildung mithilfe der Unsichtbaren Berater

Als eifriger Psychologiestudent wusste ich natürlich, dass es die *vorherrschenden Gedanken und Wünsche* eines jeden Menschen waren, die ihn zu dem machten, was er war. Ich wusste, dass jedes tief verwurzelte Verlangen den Menschen dazu antreibt, sich so zu entwickeln, dass dieses Verlangen in Realität umgesetzt werden kann. Ich wusste, dass die Autosuggestion bei der Ausformung des Charakters einen wichtigen Faktor darstellt, ja dass sie im Grunde sogar die einzige Kraft ist, durch die sich die Persönlichkeit bildet.

Es sind die vorherrschenden Gedanken und Wünsche eines jeden Menschen, die ihn zu dem machen, was er ist.

Durch dieses Wissen über die Wirkungsweise des Geistes war ich gut dafür gerüstet, meinen Charakter neu zu formen. In den imaginären Ratsversammlungen bat ich die Mitglieder um das Wissen, das ich mir von ihnen erwünschte, indem ich jedes von ihnen laut ansprach:

Mr Emerson, ich wünsche mir Ihr geniales Verständnis der Natur, das Ihr Leben so herausragend gemacht hat. Ich bitte Sie, auch mein Unterbewusstsein mit denjenigen Eigenschaften zu prägen, die Ihnen ermöglichten, die Naturgesetze zu verstehen und sich ihnen anzupassen, und mir dabei zu helfen, Zugang zu den entsprechenden Wissensquellen zu erlangen und sie zu nutzen.

Mr Burbank, ich fordere Sie auf, mir das Wissen zu übertragen, das es Ihnen ermöglichte, die Naturgesetze so aufeinander abzustimmen, dass Kaktusse ihre Stacheln abwarfen und als Nahrungsmittel dienten. Verschaffen Sie mir Zugang zu dem Wissen, durch das Sie zwei Grashalme wachsen lassen konnten, wo zuvor nur einer wuchs, und das Ihnen dabei half, den Blüten prächtigere und harmonischere Farben zu verschaffen, denn Sie allein haben neue Schönheit hervorgebracht.

Mr Napoleon, von Ihnen möchte ich per Nachahmung die wunderbare Fähigkeit übernehmen, Menschen zu beflügeln und sie zu größeren und entschlosseneren Taten anzuspornen. Außerdem erhoffe ich mir Ihren beständigen *Glauben*, der es Ihnen ermöglichte, Niederlagen in Siege zu verwandeln und immense Hindernisse zu überwinden. Herrscher des Schicksals, König des Glücks, Mann des Schicksals, ich grüße Euch!

Mr Paine, von Ihnen wünsche ich mir das freie Denken und den Mut und die Klarsicht, mit der Sie auf so einzigartige Weise Ihre Überzeugungen kundgetan haben!

Mr Darwin, von Ihnen wünsche ich mir die wunderbare Geduld und die Fähigkeit, ohne jedes Vorurteil Ursache und Wirkung zu untersuchen, wie Sie es so beispielhaft im Bereich der Naturwissenschaften vorgelebt haben.

Mr Lincoln, von Ihnen hätte ich gern den scharfen Sinn für Gerechtigkeit, den unermüdlichen Langmut, den Humor, den Menschenverstand und die Toleranz, die für Sie so charakteristisch sind.

Mr Carnegie, ich stehe bereits jetzt in Ihrer Schuld, weil Sie mir meine Lebensaufgabe vermittelt haben, die mir große Zufriedenheit und inneren Frieden verschafft. Ich wünsche mir Ihr umfassendes Verständnis der Prinzipien der organisierten Bemühungen, das Sie beim Aufbau Ihres riesigen Konzerns so effektiv eingesetzt haben.

Mr Ford, Sie zählen zu den Menschen, die mich am bereitwilligsten mit wichtigem Material für meine Arbeit versorgt haben. Ich hätte gern Ihre Beharrlichkeit, die Entschlossenheit, Gelassenheit und das Selbstbewusstsein, die es Ihnen ermöglicht haben, die Armut hinter sich zu lassen und Arbeitskraft zu organisieren, zu bündeln und zu vereinfachen, damit ich anderen dazu verhelfen kann, in Ihre Fußstapfen zu treten.

Mr Edison, Sie habe ich direkt neben mir platziert, zu meiner Rechten, weil Sie bei der Recherche zu den Ursachen von Erfolg und Misserfolg mit mir zusammengearbeitet haben. Von Ihnen erwünsche ich mir den bewundernswerten *Glauben*, mit dessen Hilfe Sie so viele Geheimnisse der Natur enthüllt haben, und die Fähigkeit, sich unermüdlich abzurackern, dank derer Sie schon so oft eine Niederlage in einen Sieg verwandelt haben.

Wie genau ich die Mitglieder des Unsichtbaren Kabinetts ansprach, war unterschiedlich, je nachdem, welche Charakterzüge mir in jenem Augenblick am wichtigsten waren. Ich studierte alle Berichte über das Leben dieser Personen mit akribischer Sorgfalt. Nachdem ich diese abendliche Prozedur ein paar Monate lang durchgeführt hatte, stellte ich erstaunt fest, dass mir die imaginären Figuren mittlerweile sehr real vorkamen.

Jeder der neun Männer entwickelte individuelle Züge, die mich überraschten. Lincoln beispielsweise gewöhnte sich an, immer zu spät zu kommen und feierlich durch den Raum zu schreiten. Er ging sehr langsam, mit hinter dem Rücken verschränkten Händen, und blieb hin und wieder stehen, um mir kurz die Hand auf die Schulter zu legen. Sein Gesichtsausdruck war stets ernst. Ich sah ihn kaum einmal lächeln. Die Sorgen der geteilten Nation lasteten schwer auf ihm.

Das galt nicht für die anderen. Burbank und Paine lieferten sich oft launige Dialoge, welche die anderen Ratsmitglieder manchmal zu schockieren schienen. Eines Abends schlug Paine vor, dass ich einen Vortrag über »The Age of Reason« vorbereiten und ihn von der Kanzel der Kirche, die ich früher besuchte, halten solle. Das brachte viele am Tisch zum Lachen. Aber nicht Napoleon! Er zog die Mundwinkel hinab und stöhnte so laut auf, dass sich alle zu ihm umdrehten und ihn erstaunt ansahen. Für ihn war die Kirche nur eine Spielfigur des Staates, die nicht reformiert, sondern als zweckdienlicher Anreiz zu Massenaktivität genutzt werden sollte.

Einmal kam Burbank zu spät. Als er eintraf, sprühte er vor Begeisterung und erklärte seine Verspätung mit einem Experiment, das er gerade durchführte und das ihm ermöglichen sollte, auf jedem beliebigen Baum Äpfel wachsen zu lassen. Paine schalt ihn und erinnerte ihn daran, dass ein Apfel auch der ursprüngliche Auslöser der Probleme zwischen Mann und Frau gewesen war. Darwin schmunzelte herzlich, als er vorschlug, Paine solle die Augen nach kleinen Schlangen offen halten, wenn er zur Apfelernte in den Wald ging, da diese die Angewohnheit hätten, zu großen

Schlangen heranzuwachsen. Emerson bemerkte: »Keine Schlangen, keine Äpfel«, und Napoleon fügte hinzu: »Keine Äpfel, kein Staat!«

Lincoln stand nach den Treffen stets als Letzter auf. An einem Abend lehnte er sich mit verschränkten Armen über das Ende des Tisches und verharrte viele Minuten lang in dieser Position. Ich unternahm keinen Versuch, ihn zu stören. Schließlich hob er langsam den Kopf, stand auf und ging zur Tür, drehte sich dort um, kehrte zurück, legte mir die Hand auf die Schulter und sagte: »Mein Junge, du wirst viel Mut brauchen, wenn du unerschütterlich deine Lebensaufgabe weiterführen willst. Wenn sich die Hindernisse einmal zu hoch auftürmen, denke daran, dass schlichte Menschen über einen gesunden Menschenverstand verfügen. Widrigkeiten fördern seine Entwicklung.«

Eines Abends erschien Edison vor allen anderen. Er kam zu mir, setzte sich auf den Platz links von mir, der sonst Emerson vorbehalten war, und sagte:

Es ist dir vorherbestimmt, mitzuerleben, wie das Geheimnis des Lebens entdeckt wird. Wenn die Zeit reif ist, wirst du sehen, dass das Leben aus großen Schwärmen von Energie oder Wesen besteht, von denen jedes einzelne so intelligent ist, wie die Menschen es selbst zu sein glauben. Diese Einheiten des Lebens bilden Gruppen, wie Bienenvölker, und bleiben zusammen, bis sie sich durch einen Mangel an Harmonie auflösen.

Innerhalb dieser Einheiten gibt es Meinungsunterschiede, wie auch bei Menschen, und es kommt oft zu Auseinandersetzungen. Diese Versammlungen, die du hier abhältst, sind sehr hilfreich für dich. Durch sie werden dir die gleichen Lebenseinheiten zu Hilfe eilen, die auch schon den Mitgliedern deines Kabinetts zu deren Lebzeiten gedient haben. Diese Einheiten sind ewig. *Sie sterben nie!* Deine Gedanken und dein *Verlangen* wirken wie ein Magnet auf Lebenseinheiten im großen Meer des Lebens. Und es werden nur die freundlich gesinnten Einheiten angezogen – diejenigen, die zum Wesen deines *Verlangens* passen.

Inzwischen waren auch die anderen Mitglieder der Ratsversammlung eingetroffen. Edison stand auf und ging langsam zu seinem eigenen Platz hinüber. Der Erfinder selbst war zu dem Zeitpunkt noch am Leben, und das Ereignis beeindruckte mich so nachhaltig, dass ich ihn besuchte und ihm davon erzählte. Er lächelte breit und sagte: »Ihr Traum war wahrhaftiger, als Sie ahnen.« Weiter sagte er nichts.

Die Versammlungen kamen mir nun so real vor, dass ich mich vor ihren Auswirkungen fürchtete und sie mehrere Monate lang aussetzte. Die Erfahrung war so unheimlich, dass ich Angst hatte, ich könnte aus den Augen verlieren, dass es sich nur um Fantasiegespinste handelte, wenn ich weitermachte.

Sechs Monate später wachte ich mitten in der Nacht auf, oder dachte es zumindest, und sah Lincoln neben meinem Bett stehen. Er sagte: »Die Welt braucht deine Dienste bald. Es wird eine chaotische Zeit kommen, in der Männer und Frauen den Glauben verlieren und sich von Panik leiten lassen. Setze deine Arbeit fort und bringe die Philosophie zum Abschluss. Das ist dein Auftrag. Wenn du ihn vernachlässigst, aus was für Gründen auch immer, wirst du in den Urzustand zurückversetzt und musst alle Kreise durchlaufen, die du in Tausenden Jahren schon hinter dich gebracht hast.«

Am folgenden Morgen konnte ich nicht sagen, ob ich geträumt hatte oder tatsächlich wach gewesen war, und ich habe es auch nie herausfinden können, doch ich weiß, dass der Traum, wenn es denn einer war, mir so lebhaft in Erinnerung blieb, dass ich am folgenden Abend die Treffen wieder aufnahm.

Bei unserem nächsten Treffen traten alle Mitglieder des Rates gemeinsam ins Zimmer und stellten sich hinter ihre angestammten Plätze am Tisch, während Lincoln das Glas erhob und sagte: »Gentlemen, trinken wir auf einen Freund, der in unsere Mitte zurückgekehrt ist.«

Danach begann ich, meinem Kabinett weitere Mitglieder hinzuzufügen, bis es aus mehr als 50 Personen bestand, darunter Christus, der heilige Paulus, Galileo, Kopernikus, Aristoteles,

Platon, Sokrates, Homer, Voltaire, Bruno, Spinoza, Drummond, Kant, Schopenhauer, Newton, Konfuzius, Elbert Hubbard, Brann, Ingersoll, Wilson und William James.

Dies ist das erste Mal, dass ich es wage, das zu erzählen. Bisher habe ich diese Angelegenheit für mich behalten, weil ich durch meine eigene Einstellung in Bezug auf solche Dinge wusste, dass man mich missverstehen würde, wenn ich mein ungewöhnliches Erlebnis beschriebe. Was mir den nötigen Mut verschafft hat, meine Erfahrung jetzt zu Papier zu bringen, ist, dass ich mir heute weniger Gedanken darüber mache, was andere sagen, als in vergangenen Jahren. Zu den segensreichen Entwicklungen des Alters gehört es, dass man sich eher traut, Wahrheiten auszusprechen, unabhängig davon, was diejenigen, die sie nicht verstehen, sagen oder denken könnten.

Wissen und Anleitung durch den sechsten Sinn

Damit ich nicht missverstanden werde, möchte ich hier noch einmal betonen, dass ich meine Ratsversammlungen immer noch für ein pures Produkt meiner Fantasie halte. Doch auch wenn die Kabinettsmitglieder rein fiktiv sind und die Treffen nur in meinem Kopf stattfinden, haben sie mich doch zu einigen glorreichen Abenteuern geführt, mich wahre Größe ganz neu wertschätzen lassen, mich zur Kreativität angetrieben und mich dazu ermuntert, ehrlich meine Meinung zu sagen.

Während der Treffen mit meinen Unsichtbaren Beratern bin ich ganz offen für neue Ideen, Gedanken und Informationen, die über den sechsten Sinn zu mir gelangen. Ich kann wahrheitsgemäß sagen, dass ich alle Eingebungen, Fakten und Kenntnisse, die ich durch Inspiration erhalten habe, nur den Beratern zu verdanken habe.

Irgendwo in der Zellstruktur des Gehirns befindet sich ein Organ, das Gedankenschwingungen wahrnimmt, die meist als »Vorahnungen« bezeichnet werden. Bisher hat man noch nicht ermitteln können, wo dieses Organ des sechsten Sinnes sitzt, doch das ist nicht weiter wichtig. Entscheidend ist, dass der Mensch aus Quellen, die nichts mit den Sinneseindrücken zu tun haben, zutreffendes Wissen erlangt. Das passiert im Allgemeinen, wenn der Geist außergewöhnlich stark angeregt ist. Jede Ausnahmesituation, die uns in Aufruhr bringt und den Herzschlag beschleunigt, kann den sechsten Sinn aktivieren (und tut es meist auch). Jeder, der beim Autofahren schon einmal fast einen Unfall gehabt hätte, weiß, dass einem in solchen Situationen oft der sechste Sinn zu Hilfe kommt und dafür sorgt, dass man den Zusammenstoß in allerletzter Sekunde verhindert.

Ich habe schon viele gefährliche Situationen erlebt, manche davon sogar lebensbedrohlich, in denen ich durch den Einfluss meiner Unsichtbaren Berater auf wundersame Weise das Schlimmste vermeiden konnte.

> **Jede Ausnahmesituation, die uns in Aufruhr bringt, kann den sechsten Sinn aktivieren.**

Meine ursprüngliche Absicht hinter den Ratsversammlungen mit imaginären Wesen war nur gewesen, meinem Unterbewusstsein durch das Prinzip der Autosuggestion bestimmte Wesenszüge einzuprägen, die ich für erstrebenswert hielt. In den letzten Jahren haben mich meine Experimente aber in eine ganz andere Richtung geführt. Heute trage ich meinen imaginären Beratern jedes schwierige Problem vor, das meine Klienten und ich lösen müssen. Das Ergebnis ist oft erstaunlich, obwohl ich mich nicht nur auf dieser Form der Beratung verlasse.

Große Persönlichkeiten und der sechste Sinn

Fast alle großen Persönlichkeiten, darunter Napoleon Bonaparte, Jeanne d'Arc, Christus, Buddha, Konfuzius und Mohammed, verstanden den sechsten Sinn und machten wahrscheinlich regelmäßig Gebrauch von ihm. Ein nicht unbeträchtlicher Teil ihrer Größe ging auf dieses Wissen zurück.

Bei Henry Ford besteht kein Zweifel, dass er das Prinzip verstanden hatte und es praktisch einsetzte. Sein riesiges Unternehmen und seine Finanzgeschäfte verlangten das von ihm. Thomas A. Edison verstand und nutzte den sechsten Sinn in Verbindung mit der Entwicklung von Erfindungen, insbesondere wenn es um grundlegende Patente in Bereichen ging, in denen er über keine Erfahrung und wenig Wissen verfügte, etwa bei der »Sprechmaschine« oder der »Bewegte-Bilder-Maschine«.

Der sechste Sinn lässt sich nicht beliebig ein- und ausschalten. Die Fähigkeit, diese bedeutende Kraft zu nutzen, entwickelt sich langsam durch die Anwendung der anderen Prinzipien, die in diesem Buch dargelegt sind. Menschen unter 40 gelingt es nur selten, brauchbares Wissen über den sechsten Sinn zu erlangen. Oft ist dieses Wissen erst verfügbar, wenn man die 50 schon weit überschritten hat, weil die spirituellen Kräfte, mit denen der sechste Sinn so eng verwandt ist, nur durch jahrelange Meditation, Selbstanalyse und ernsthaftes Nachdenken heranreifen und nutzbar werden.

Beim Lesen des Kapitels haben Sie sicherlich eine starke mentale Stimulation verspürt. Bestens! Kommen Sie in einem Monat noch einmal auf dieses Kapitel zurück, lesen Sie es erneut und beobachten Sie, dass die Stimulation dieses Mal noch stärker ausfallen wird. Wiederholen Sie diesen Vorgang von Zeit zu Zeit, ohne darauf zu achten, wie viel oder wie wenig Sie dabei lernen, dann werden Sie irgendwann im Besitz einer Kraft sein, die es Ihnen ermöglicht, Mutlosigkeit abzuschütteln, Ängste zu überwinden, nichts weiter aufzuschieben und frei auf Ihre Vorstellungskraft zuzugreifen.

Dann sind Sie mit jenem unbekannten »Etwas« in Berührung gekommen, das auch jeden wahrhaft großen Denker, Unternehmer, Künstler, Musiker, Schriftsteller und Politiker leitet. Wenn es so weit ist, wird es Ihnen genauso leichtfallen, ein *Verlangen* in sein materielles oder finanzielles Gegenstück umzuwandeln, wie sich einfach hinzulegen und beim geringsten Anzeichen eines Widerstands aufzugeben.

Die *Umwandlung der Sexualkraft* ist
das Umschalten des Geistes von Gedanken an sexuelle
Körperlichkeit auf Gedanken anderer Art.

Die Umwandlung der Sexualkraft befeuert
die kreative Vorstellungskraft.

Die Umwandlung der Sexualkraft erhebt
uns in den Stand eines Genies.

Schritt 11: Knacken Sie das Geheimnis der Umwandlung der Sexualkraft

Einfach ausgedrückt geht es in diesem Schritt um die Überführung von einer Form der Energie in eine andere. Die *Umwandlung der Sexualkraft* ist das Umschalten des Geistes von Gedanken an sexuelle Körperlichkeit auf Gedanken anderer Art.

Sexuelles Verlangen erzeugt eine Geistesverfassung, die normalerweise mit dem Körperlichen in Verbindung gebracht wird, sich aber auch auf dreierlei Weise konstruktiv auswirken kann:

- auf das Fortbestehen der Menschheit,
- auf die Pflege der Gesundheit (als therapeutische Maßnahme gibt es nichts Vergleichbares),
- auf den Übergang von Mittelmaß zu Genialität mithilfe der Umwandlung der Sexualkraft.

Das sexuelle Verlangen ist das mächtigste aller menschlichen Verlangen. Wer davon angetrieben wird, verfügt über eine geschärfte Vorstellungskraft, Mut, Willenskraft, Beharrlichkeit und Kreativität in ansonsten unerreichtem Ausmaß. Das Verlangen nach sexuellem Kontakt ist so mächtig und drängend, dass Menschen ihr Leben und ihren Ruf riskieren, um ihm nachzugeben. Doch auch wenn es in andere Bahnen gelenkt wird, behält diese motivierende Kraft all ihre Begleiterscheinungen – geschärfte Vorstellungskraft, Mut etc. Diese können als mächtige kreative Kräfte für die Literatur, Kunst oder in jedem anderen Bereich eingesetzt werden, darunter selbstverständlich auch das Erlangen von Reichtum.

Die Umwandlung der sexuellen Energie verlangt Willenskraft, das ist sicher, doch die Belohnung ist die Mühe wert. Das Verlangen, sich sexuell auszuleben, ist angeboren und natürlich. Es kann und sollte nicht unterdrückt oder verdrängt werden. Stattdessen sollte man ihm mittels Ausdrucksformen, die Körper, Geist und

Seele bereichern, ein Ventil bieten. Unterlässt man das, sucht es sich seinen Weg über rein körperliche Kanäle.

> Ein Fluss kann aufgestaut und sein Wasser für gewisse Zeit festgehalten werden, doch irgendwann sucht es sich seinen Weg. Das Gleiche gilt auch für die sexuelle Energie. Sie kann eine Zeit lang unterdrückt und kontrolliert werden, doch es liegt in ihrem Wesen, sich ständig Ausdrucksformen zu suchen. Wird sie nicht in Kreativität irgendeiner Art umgewandelt, wird sie ein weniger würdiges Ventil finden.

Sexuelles Verlangen ist eine unwiderstehliche Kraft, die nicht etwa durch einen bewegungslosen Körper aufgehalten werden kann. Wer von dieser Emotion angetrieben wird, verfügt über eine extreme Tatkraft. *Die Umwandlung der Sexualkraft kann uns in den Stand eines Genies erheben.* Ein *Genie* ist ein Mensch, der entdeckt hat, wie man die Frequenz der Gedankenschwingungen so weit erhöht, dass man frei auf Wissensquellen zugreifen kann, die bei normaler Frequenz unerreichbar sind – Wissen, das im eigenen Unterbewusstsein, im Unterbewusstsein anderer und in der *Allumfassenden Intelligenz* angesiedelt ist.

> Die Welt und das Schicksal der Zivilisation werden von menschlichen Emotionen bestimmt. Es ist weniger der Verstand, der uns zum Handeln bewegt, als vielmehr die Gefühle. Das gilt ganz besonders für kreative Tätigkeiten. Die mächtigste aller menschlichen Emotionen ist das sexuelle Verlangen.

Die zehn Stimulanzien des Geistes

Der menschliche Geist reagiert auf Reize. Als *Geistesstimulanzien* gelten alle Einflüsse, die die Frequenz der Gedankenschwingungen – auch als Begeisterung, kreative Vorstellungskraft, intensives Verlangen etc. bekannt – zeitweilig oder dauerhaft steigern. Auf diese Weise kann man mit der Allumfassenden Intelligenz kommunizieren oder beliebig im Lagerhaus des Unterbewusstseins (sei es das eigene oder das einer anderen Person) ein- und ausgehen und so den Stand des *Genies* erreichen. Am stärksten reagiert der Geist auf diese Stimulanzien:

1. Sexuelles Verlangen,
2. Liebe,
3. Ein brennendes Verlangen nach Ruhm, Macht, finanziellem Profit, *Geld*,
4. Musik,
5. Freundschaften mit Vertretern des gleichen oder des anderen Geschlechts,
6. ein *Master-Mind-Bündnis* basierend auf der Harmonie zwischen zwei oder mehr Menschen, die sich zusammentun, um so einen spirituellen oder konkreten Fortschritt zu erreichen,
7. gemeinsames Leiden, wie es etwa Menschen erleben, die verfolgt werden,
8. Autosuggestion,
9. Angst,
10. künstliche Stimulanzien wie Drogen oder Alkohol.

Bitte beachten Sie, dass diese Liste nicht vollständig ist, die genannten Stimulanzien sind nur die zehn, auf die der Geist am stärksten reagiert. Und keines von ihnen, und auch nicht alle in Kombination, kann mit der Antriebskraft des sexuellen Verlangens mithalten. (Beachten Sie außerdem, dass die ersten acht Stimulanzien auf der Liste konstruktiv sind, während die letzten beiden zerstörerisch sind oder es zumindest sein können.)

Sexuelles Verlangen ist das bei Weitem stärkste und mächtigste Stimulans des Geistes, es kann mehr ausrichten als alle anderen zusammen.

Die Umwandlung der Sexualkraft

Um zum Genie aufzusteigen, muss man sexuelle Energie *erzeugen*, *kontrollieren* und *einsetzen*, daher erfolgt die Umwandlung der Sexualkraft in einem zyklischen, dreistufigen Prozess:

1. **Erzeugung:** Sorgen Sie dafür, dass Sex, Liebe und Romantik zu den vorherrschenden Gedanken in Ihrem Geist werden, und entledigen Sie sich aller destruktiven Emotionen (wie Angst und Eifersucht). Weitere Vorteile der Kombination von Sex mit Liebe und Romantik finden Sie im später folgenden Abschnitt »Sex, Liebe und Romantik verbinden«.
   Der Geist ist ein Gewohnheitstier. Er gedeiht durch die vorherrschenden Gedanken, mit denen er gefüttert wird. Mithilfe der Willenskraft können Sie bestimmte Emotionen fördern oder vertreiben. Wenn eine negative Emotion in Ihren Geist dringt, können Sie sie in eine positive, konstruktive umwandeln, einfach indem Sie den Gedanken verändern.
2. **Kontrolle:** Widerstehen Sie der Versuchung, sich den körperlichen Formen der Sexualität zu sehr hinzugeben. Ermöglichen Sie den Emotionen Sex, Liebe und Romantik, sich zu verstärken, während Sie sie kontinuierlich nähren.
3. **Gebrauch:** Beruhigen Sie Ihren rationalen Verstand, indem Sie alle Ablenkungen vermeiden, und konzentrieren Sie sich ganz auf das Vermögen, das Sie erlangen wollen, auf das Ziel, das Sie letztendlich erreichen werden, die Chance, hinter der Sie her sind, das Problem, das Sie lösen müssen, oder das kreative Vorhaben, das Sie beschäftigt. Vielleicht wollen Sie einen ruhigen,

dunklen oder schwach beleuchteten Raum aufsuchen und sich dort hinsetzen oder hinlegen, oder Sie schließen die Augen, damit Ihr Unterbewusstsein das Steuer übernehmen kann, während Ihre Gedankenfrequenz steigt.

> *Man kann kein Genie werden, ohne freiwillig entsprechende Anstrengungen zu unternehmen.* Es mag Menschen geben, die es nur durch die Antriebskraft der sexuellen Energie finanziell oder geschäftlich weit bringen, doch die Geschichte wimmelt von Beispielen dafür, dass diese Menschen oft über bestimmte Charaktereigenschaften verfügen, die es ihnen unmöglich machen, diese Erfolge aufrechtzuerhalten oder zu genießen.

Zugang zum sechsten Sinn

Die Umwandlung der Sexualkraft aktiviert den sechsten Sinn, das kreative Vorstellungsvermögen, wie in Schritt 10 eingehend beschrieben. Die kreative Vorstellungskraft ist eine Fähigkeit, die ein Großteil der Menschen das gesamte Leben über ungenutzt lässt, und wenn sie zum Einsatz kommt, geschieht es meist unbeabsichtigt. Nur eine relativ geringe Anzahl von Menschen wendet die kreative Vorstellungskraft *absichtlich und mit Bedacht* an. Diese Menschen, die die Fähigkeit bewusst und im vollen Verständnis ihrer Funktionen einsetzen, sind *Genies*.

Die kreative Vorstellungskraft ist die direkte Verbindung zwischen dem begrenzten Geist der Menschen und der Allumfassenden Intelligenz. Alle sogenannten Erleuchtungen im Bereich der Religion und alle Entdeckungen wesentlicher oder neuer Prinzipien auf dem Feld der Erfindungen erfolgen durch die kreative Vorstellungskraft. Ideen und Konzepte, die uns plötzlich in den Sinn kommen – in Form dessen, was im Allgemeinen als »Eingebung« bezeichnet wird –, stammen aus einer oder mehreren der folgenden Quellen:

- der Allumfassenden Intelligenz,
- dem eigenen Unterbewusstsein, wo alle Sinneseindrücke und Gedankenimpulse abgespeichert sind, die je über die fünf Sinne ins Gehirn gelangt sind,
- dem Geist eines anderen Menschen, der den Gedanken oder ein Bild der Idee oder des Konzepts gerade durch eine bewusste Überlegung freigesetzt hat, oder
- dem Lagerhaus des Unterbewusstseins dieses anderen Menschen.

Es gibt keine anderen *bekannten* Quellen, aus denen »inspirierte« Ideen oder »Eingebungen« empfangen werden können.

Aufstieg auf eine höhere Gedankenebene

Die kreative Vorstellungskraft funktioniert am besten, wenn die Schwingungen des Geistes (durch Anregung) eine Frequenz erreichen, die deutlich höher liegt als die der normalen, gewöhnlichen Gedanken.

Wenn die sexuelle Antriebskraft erschlossen und umgewandelt wird, ist sie in der Lage, uns in eine höhere Gedankensphäre zu versetzen, wo wir uns über jeden Kummer und Ärger, die uns auf einer niedrigen Ebene behindern, hinwegsetzen können. Die Kraft erhebt das Individuum weit über den Horizont der gewöhnlichen Gedanken hinaus und gestattet ihm eine Distanz, Weitsicht und Gedankenqualität, die auf einer niedrigen Ebene unerreichbar sind, etwa wenn man damit beschäftigt ist, Geschäfts- und Alltagsprobleme zu lösen.

Auf dieser erhöhten Gedankenebene nimmt man eine vergleichbare Position ein wie in einem Flugzeug, das so hoch in der Luft unterwegs ist, dass man über den Horizont, der auf dem Boden das Sichtfeld begrenzt, hinausschauen kann. Außerdem wird das Individuum auf dieser Gedankenebene nicht von den Einflüssen behindert oder gebunden, die sein Sichtfeld beschränken oder verringern, während es damit kämpft, die drei Grundbedürfnisse nach Nahrung, Kleidung und Unterkunft zu erfüllen. Es befindet sich nun in einer Gedankenwelt, aus der alle *gewöhnlichen*, alltäglichen Gedanken so wirkungsvoll verschwunden sind wie Berge, Täler und andere Hindernisse aus unserer Sichtlinie, wenn wir in einem Flugzeug aufsteigen.

Wenn man sich auf dieser erhabenen *Gedankenebene* befindet, kann der kreative Teil des Geistes ungestört wirken. Der sechste Sinn hat freie Bahn, er empfängt nun Ideen, die unter anderen Umständen nie beim Individuum ankommen würden.

Der sechste Sinn ist die Fähigkeit, die das Genie vom gewöhnlichen Menschen unterscheidet.

Die Kreativität wird gegenüber äußeren Schwingungen umso empfindsamer und empfänglicher, je mehr sie genutzt wird, je mehr das Individuum auf sie vertraut und Gedankenimpulse von ihr fordert. Diese Fähigkeit kann nur durch Gebrauch ausgebildet und weiterentwickelt werden.

Leider haben das nur die Genies entdeckt. Alle anderen verspüren die sexuelle Energie, ohne eines ihrer größten Potenziale zu bemerken – das erklärt die große Menge von »anderen« im Vergleich zur geringen Zahl der Genies.

Verstand gegen kreative Vorstellungskraft

Der Verstand ist oft fehlbar, weil er hauptsächlich von den gesammelten Erfahrungen des Individuums geleitet wird. Doch nicht alles Wissen, das wir durch »Erfahrungen« anhäufen, ist auch zutreffend. Ideen, die durch den kreativen Teil des Geistes empfangen werden, sind viel vertrauenswürdiger, weil sie aus Quellen stammen, die zuverlässiger sind als die, die dem Verstand zur Verfügung stehen.

Der Hauptunterschied zwischen einem Genie und dem typischen »kauzigen« Erfinder besteht wohl darin, dass Genies ihre kreative Vorstellungskraft einsetzen, während der »Kauz« nichts von ihr weiß. Der wissenschaftliche Erfinder (das Genie) macht sich sowohl die synthetische als auch die kreative Vorstellungskraft zunutze.

So beginnen diese wissenschaftlichen Erfinder eine Erfindung beispielsweise damit, bereits bekannte Ideen und aus Erfahrungen abgeleitete Prinzipien mithilfe der synthetischen Vorstellungskraft (dem Verstand) zu strukturieren und miteinander zu kombinieren. Wenn sie feststellen, dass dieses Wissen für die Erfindung nicht ausreicht, greifen sie auf die Wissensquellen zu, die ihnen über die Kreativität zur Verfügung stehen. Wie genau das abläuft, unterscheidet sich von Person zu Person, doch grundsätzlich geschieht dabei Folgendes:

1. *Das Genie stimuliert seinen Geist, sodass die Schwingungen eine Frequenz erreichen, die über dem Normalen liegt.* Dazu greift es auf eines oder mehrere der zehn Stimulanzien oder ein bevorzugtes eigenes anregendes Mittel zurück.
2. *Das Genie konzentriert sich* auf die bekannten Fakten (den bereits fertigen Teil) der Erfindung und beschwört vor seinem inneren Auge ein perfektes Bild der unbekannten Fakten (des unfertigen Teils) herauf. Diese Vorstellung hält es fest, bis sie ins Unterbewusstsein übergegangen ist. Dann entspannt es sich, indem es den Geist von allen Gedanken entleert und auf eine Antwort wartet.

Manchmal erscheint die Lösung sofort und ist klar zu erkennen. In anderen Fällen bleibt ein Ergebnis aus – das hängt ganz vom Entwicklungsstadium des sechsten Sinnes, der Fähigkeit zur Kreativität, ab.

Thomas A. Edison ging in seiner synthetischen Vorstellungskraft mehr als 10.000 verschiedene Kombinationen von Ideen durch, bevor er einen Kontakt zum kreativen Teil herstellen konnte und die Antwort erhielt, die zur Erfindung der Glühbirne führte. Die Herstellung der Sprechmaschine lief ganz ähnlich ab.

Dr. Elmer R. Gates: Die Kreativität schulen und nutzen

Dr. Elmer R. Gates aus Chevy Chase in Maryland meldete mehr als 200 nützliche Patente an, viele davon für elementare Erfindungen, auf die er durch die Schulung und den Einsatz seiner kreativen Vorstellungskraft gekommen war. Seine Methode ist bedeutend und interessant für alle, die den Stand des Genies anstreben, eine Bezeichnung, die auf Dr. Gates unzweifelhaft zutrifft. Er zählt trotz seiner wenigen Publikationen zu den größten Wissenschaftlern der Welt.

Gates hatte in seinem Labor einen Raum, den er sein »persönliches Kommunikationszimmer« nannte. Es war praktisch schalldicht und so gebaut, dass man alles Licht ausschließen konnte. Drinnen stand ein kleiner Tisch mit einem Notizblock darauf. An der Wand vor dem Tisch befand sich ein Lichtschalter. Wenn Gates sich mit den Kräften der kreativen Vorstellungskraft verbinden wollte, betrat er dieses Zimmer, setzte sich an den Tisch, schaltete das Licht aus und *konzentrierte* sich auf die *bekannten* Fakten rund um die Erfindung, an der er gerade arbeitete. Er verharrte in dieser Position, bis in seinem Geist Ideen im Zusammenhang mit den *unbekannten* Faktoren der Erfindung »aufzublitzen« begannen.

Bei einer Gelegenheit prasselten die Ideen so schnell auf Gates ein, dass er fast drei Stunden lang schreiben musste. Als die Gedankenflut vorbei war und er seine Notizen durchsah, entdeckte er, dass sie eine genaue Beschreibung von Prinzipien enthielten, die in der Welt der Wissenschaft bis dahin völlig unbekannt waren. Außerdem fand sich darin eine intelligente Lösung für sein Problem. Auf diese Weise erlangte Gates über 200 Patente für Erfindungen, die allesamt »unreifen« Köpfen entsprungen, von diesen aber nicht zum Abschluss gebracht worden waren. Beweise dafür, dass diese Geschichte stimmt, finden sich im Patentamt der USA.

Dr. Gates verdiente sich seinen Lebensunterhalt damit, für Einzelpersonen und Unternehmen »Ideen zu ersitzen«. Für diese Tätigkeit zahlten ihm einige der größten Konzerne der USA beträchtliche Stundenhonorare.

Andere Bereiche, in denen die kreative Vorstellungskraft eine Rolle spielt

Große Künstler, Schriftsteller, Musiker und Dichter erreichen ihre Bedeutung, weil sie es sich zur Gewohnheit machen, mithilfe der kreativen Vorstellungskraft auf die »leise Stimme« zu hören, die in ihrem Inneren ertönt. Menschen, die über eine ausgeprägte Fantasie verfügen, wissen sehr genau, dass sie ihre besten Ideen in Form von »Eingebungen« haben.

Es gibt einen großen Redner, der nur dann zu Hochform aufläuft, wenn er die Augen schließt und sich ganz auf die kreative Vorstellungskraft einlässt. Als er gefragt wurde, warum er an den entscheidenden Stellen seiner Reden die Augen zumacht, antwortete er: »Auf diese Weise spreche ich durch die Ideen, die in meinem Inneren entspringen.«

Einer der erfolgreichsten und bekanntesten Bankiers der USA pflegte seine Augen zwei bis drei Minuten lang zu schließen, bevor er eine Entscheidung traf. Auf die Frage, warum er das tue, sagte er: »Mit geschlossenen Augen kann ich auf eine Quelle höherer Intelligenz zugreifen.«

Sexuelle Energie und persönliche Anziehungskraft

Ein Ausbilder, der mehr als 30.000 Verkäufer unterrichtet und angeleitet hatte, machte die erstaunliche Entdeckung, dass Menschen mit einem starken Geschlechtstrieb die erfolgreichsten Verkäufer waren. Die Erklärung dafür lautet, dass die Charaktereigenschaft, die als »persönliche Anziehungskraft« bekannt ist, im Grunde nichts anderes ist als sexuelle Energie. Menschen mit einem starken Geschlechtstrieb verfügen stets über Anziehungskraft im Überfluss. Wenn diese Kraft entsprechend gefördert und verstanden wird, lässt sie sich in zwischenmenschlichen Beziehungen sehr vorteilhaft einsetzen. Dazu stehen folgende Mittel zur Verfügung:

- **Händeschütteln:** Die Berührung der Hände verrät sofort, ob eine Anziehungskraft vorliegt oder nicht.
- **Stimmlage:** Die Anziehungskraft – oder sexuelle Energie – verleiht der Stimme eine bestimmte Färbung und macht sie klangvoll und ansprechend.
- **Körperhaltung:** Die Bewegungen von Menschen mit starkem Geschlechtstrieb sind von Eleganz und Leichtigkeit geprägt.
- **Gedankenschwingungen:** Menschen mit starkem Geschlechtstrieb können die sexuelle Emotion in ihre Gedanken einfließen lassen und so andere in ihrer Umgebung beeinflussen.
- **Aussehen:** Menschen mit starkem Geschlechtstrieb sind für gewöhnlich sehr auf ihr Erscheinungsbild bedacht. Sie wählen normalerweise Kleidung aus, deren Stil zu ihrer Persönlichkeit, ihrem Körperbau, ihrem Hauttyp etc. passt.

Fähige Führungskräfte schauen deshalb bei der Einstellung von Verkäufern als Allererstes auf die persönliche Anziehungskraft. Menschen, denen es an sexueller Energie mangelt, werden niemals Begeisterung an den Tag legen oder andere damit anstecken können. Begeisterung zählt im Verkaufswesen aber zu den wichtigsten Faktoren, egal, um welches Produkt es geht. Redner, Prediger, Anwälte und Verkäufer ohne die nötige sexuelle Energie sind »Flops«, wenn es darum geht, andere zu beeinflussen.

Nimmt man hinzu, dass sich die meisten Menschen nur beeinflussen lassen, wenn man an ihre Gefühle appelliert, wird deutlich, wie wichtig die sexuelle Energie als Teil der angeborenen Fähigkeiten eines Verkäufers ist. Meister dieses Faches sind genau das, weil sie entweder bewusst oder unbewusst ihre sexuelle Energie in *Verkaufsbegeisterung* überführen.

Verkäufer, die wissen, wie sie ihre Gedanken vom Thema Sex ablenken und sie genauso enthusiastisch und entschlossen auf die Verkaufsbemühungen richten, beherrschen die Kunst der Umwandlung der Sexualkraft, ob sie sich darüber im Klaren sind oder nicht.

> **Die meisten Verkäufer, die ihre sexuelle Energie für ihre Arbeit nutzbar machen, bemerken gar nicht, was sie da tun oder wie sie es machen.**

Die Umwandlung von sexueller Energie verlangt mehr Willenskraft, als ein Durchschnittsmensch dafür zu investieren bereit ist. Wer Probleme hat, die nötige Willenskraft für diesen Vorgang aufzubringen, kann die Fähigkeit schrittweise erlangen. Denn trotz allem übertrifft die Belohnung den Preis bei Weitem.

Ein tiefer gehendes Verständnis von Sex erlangen

Das ganze Thema Sex ist eines, über das ein Großteil der Menschen erstaunlich wenig zu wissen scheint. Sexualität wird schon so lange von ahnungslosen und böswilligen Menschen missverstanden, durch den Dreck gezogen und lächerlich gemacht, dass das Wort »Sex« in besseren Kreisen kaum noch ausgesprochen wird.

Männer und Frauen, die mit einem starken Geschlechtstrieb gesegnet – ja, *gesegnet* – sind, gelten normalerweise als Menschen, bei denen man vorsichtig sein muss. Sie werden nicht als gesegnet angesehen, sondern gelten meist als verflucht.

Selbst in unseren aufgeklärten Zeiten leiden Millionen Menschen unter Minderwertigkeitskomplexen, die auf der falschen Überzeugung beruhen, ein starker Sexualtrieb sei etwas Schlimmes. Allerdings soll das, was hier in Bezug auf die positiven Aspekte der sexuellen Energie zu lesen ist, nicht als Verteidigung eines freizügigen Lebensstils verstanden werden. Der Sexualtrieb ist nur dann ein Segen, wenn er intelligent und mit Bedacht eingesetzt wird. Er kann auch missbraucht werden – was oft der Fall ist –, sodass er Körper und Geist erniedrigt, statt für eine Bereicherung zu sorgen. Die Umwandlung der Sexualkraft dient dazu, diese Kraft in produktivere Bahnen zu lenken.

> Ein starker Geschlechtstrieb ist ein Segen,
> kein Fluch.

Die weitverbreitete Ahnungslosigkeit rund um das Thema Sex geht darauf zurück, dass es mit einer geheimnisvollen Aura versehen und in dunkles Schweigen gehüllt wurde. Diese verschwörerische Mischung aus Geheimnis und Schweigen hat die Neugierde und das Verlangen, mehr über dieses »verbotene« Thema zu erfahren, nur gesteigert. Es ist eine Schande für alle Gesetzgeber und die meisten Ärzte – die durch ihre Ausbildung am besten dazu geeignet wären, die Jugend aufzuklären –, dass Informationen rund um das Thema nur schwer zugänglich sind.

Sex, Liebe und Romantik verbinden

Sex allein ist ein mächtiger Handlungsantrieb, doch seine Kräfte gleichen denen eines Zyklons – sie sind oft unkontrollierbar. Doch wenn sich die Emotionen Liebe und Sex vermischen, ist das Ergebnis gelassene Zielstrebigkeit, Selbstsicherheit, Urteilsfähigkeit und Ausgeglichenheit.

Sex, Liebe und Romantik sind allesamt Emotionen, die Menschen zu ungeahnten Leistungen anspornen können. Die Liebe ist eine regulierende Instanz, die für Ausgeglichenheit, Selbstsicherheit und konstruktive Bemühungen sorgt. In der Kombination können diese drei Emotionen uns in Genies verwandeln. Manche Genies erleben jedoch wenig oder keine Liebe. Die meisten von ihnen sind in Handlungen verstrickt, die zerstörerisch sind und nicht auf Gerechtigkeit und Fairness anderen gegenüber basieren. Wenn es der gute Geschmack zuließe, könnten hier die Namen von einem Dutzend Genies aus den Bereichen Finanzen und Industrie stehen, die die Rechte anderer rücksichtslos missachten. Sie scheinen über keinerlei Gewissen zu verfügen.

> In der Kombination können die drei Emotionen Liebe, Sex und Romantik uns in Genies verwandeln.

Liebe verändert uns, macht uns weicher und schöner

Die Emotionen Liebe und Sex hinterlassen unverwechselbare Spuren in unseren Zügen. Sie sind so sichtbar, dass jeder, der es gern möchte, sie lesen kann. Menschen, die von einer wilden Leidenschaft angetrieben werden, die nur auf sexuellem Verlangen basiert, zeigen das der ganzen Welt deutlich durch ihren Blick und die tiefen Linien in ihrem Gesicht. Eine Mischung aus Liebe und

Sex verändert unsere Züge, sie macht sie schöner und lässt sie weicher wirken. Um das zu erkennen, braucht man keinen Charakteranalysten. Das kann jeder sehen.

Die Emotion der Liebe bringt die künstlerische und ästhetische Seite im Menschen hervor und fördert sie. Die Liebe prägt die Seele, selbst wenn ihr Feuer von der Zeit und den Umständen gezähmt worden ist.

Erinnerungen an die Liebe vergehen nie. Sie bleiben erhalten und leiten und beeinflussen uns noch lange, nachdem ihre Quelle versiegt ist. Das ist nichts Neues. Jeder Mensch, der einmal *echte Liebe* erlebt hat, weiß, dass sie dauerhafte Spuren im Herzen hinterlässt. Ihre Auswirkungen halten an, weil die Liebe in ihrem Wesen spirituell ist. Wen selbst die Liebe nicht zu großen Taten beflügelt, der ist ein hoffnungsloser Fall – tot, obwohl er lebendig scheint.

Schon die Erinnerung an die Liebe reicht aus, uns auf eine neue Ebene der Kreativität zu heben. Die starke Kraft der Liebe mag sich selbst verzehren und verglühen wie ein ausgebranntes Feuer, doch sie hinterlässt unauslöschliche Spuren, Beweise dafür, dass sie existiert hat. Ihr Verschwinden bereitet das menschliche Herz oft auf eine noch größere Liebe vor.

Besinnen Sie sich auf Ihre Vergangenheit und schwelgen Sie in den Erinnerungen an vergangene Liebe. Das lindert die aktuellen Sorgen und Ärgernisse. Es bietet Ihnen einen Fluchtweg aus den unschönen Realitäten des Lebens, und vielleicht – wer weiß das schon? – übermittelt Ihnen Ihr Geist während dieses zeitweiligen Rückzugs in eine Fantasiewelt Ideen oder Pläne, die Ihre gesamte finanzielle oder spirituelle Situation auf den Kopf stellen.

Wenn Sie sich für bedauernswert halten, weil Ihre Liebesbeziehung unglücklich geendet ist, denken Sie um! Wer einmal geliebt hat, trägt die Erfahrung für immer in sich. Liebe ist launisch und temperamentvoll. Sie ist von Natur aus flüchtig und vergänglich. Sie kommt, wann sie will, und verschwindet ohne Vorwarnung wieder. Akzeptieren Sie das und genießen Sie die Liebe, solange sie anhält, aber quälen Sie sich nicht mit Grübeleien darüber, wenn sie wieder verschwindet. Ihr Kummer wird sie nicht wieder zurückbringen.

Lösen Sie sich außerdem von dem Gedanken, dass Liebe etwas ist, das man nur einmal erlebt. Sie kann unzählige Male kommen und gehen, doch es fühlt sich jedes Mal anders an. Meist erlebt man eine Liebe, die tiefere Spuren im Herzen hinterlässt als alle anderen, aber alle Liebeserfahrungen sind hilfreich, außer für Menschen, die verbittert und zynisch werden, wenn sich die Liebe verabschiedet.

Liebe sollte keine Enttäuschungen verursachen, und das täte sie auch nicht, wenn die Leute den Unterschied zwischen den Emotionen Liebe und Sex verständen. Am wichtigsten ist, dass Liebe spirituell ist, Sex hingegen biologisch. Keine Erfahrung, die das menschliche Herz spirituell berührt, kann schädlich sein, außer wenn Unwissenheit und Eifersucht ins Spiel kommen.

Der Hauptunterschied zwischen Liebe und Sex ist, dass Liebe spirituell ist, Sex hingegen biologisch.

Die Liebe ist ohne Frage die wichtigste Erfahrung des Lebens. Sie verbindet uns mit der Allumfassenden Intelligenz. Wenn sie mit den Emotionen Romantik und Sex zusammentrifft, kann sie uns auf der Leiter der Kreativität weit nach oben führen. Die Emotionen Liebe, Sex und Romantik bilden die drei Seiten des ewigen Dreiecks der genialen Erfolge. Nur durch diese Kraft erschafft die Natur Genies.

Vom Sex zum Erfolg

Wissenschaftliche Untersuchungen des Hintergrunds leistungsstarker Männer (leider gibt es keine vergleichbaren Studien über erfolgreiche Frauen) haben diese Tatsachen aufgedeckt:

- Die Männer, die am meisten erreicht haben, sind allesamt Männer mit einem starken Geschlechtstrieb, die die Kunst der Umwandlung der Sexualkraft gemeistert haben. Die sexuelle Energie ist die kreative Energie aller Genies. Es gibt keinen großen Staatsführer, Baumeister oder Künstler, dem es an sexueller Antriebskraft mangelt.
- Hinter den Männern, die ein Vermögen angehäuft haben und Herausragendes in Literatur, Kunst, Wirtschaft, Architektur oder anderen Bereichen erreicht haben, steht stets eine Frau, die sie beeinflusst.

Diese Aussagen dürfen natürlich nicht missverstanden werden, sie bedeuten nicht, dass *jeder Mensch* mit einem starken Sexualtrieb ein Genie ist! Das erreicht nur, wer den Geist so stimuliert, dass er auf die Kräfte zugreift, die über die kreative Vorstellungskraft verfügbar sind. Das Vorhandensein des Sexualtriebs allein reicht dafür nicht aus. Die Energie muss vom Verlangen nach körperlichem Kontakt in eine andere Form des Verlangens und des Handelns überführt werden, bevor wir in den Stand eines Genies eintreten können.

Eine zerstörerische Kombination

Emotionen (einschließlich Sex, Liebe und Romantik) sind Geistesverfassungen. Die Natur hat uns mit einer »Geisteschemie« ausgestattet, bei der ganz ähnliche Prinzipien wirken wie bei der Chemie der Materie. Es ist weithin bekannt, dass Chemiker mithilfe der Chemie der Materie aus Komponenten, die – einzeln betrachtet – nicht weiter schädlich sind, ein tödliches Gift herstellen können. Genauso kann auch eine bestimmte Mischung von Emotionen ein tödliches Gift ergeben. Daher verwandeln die Emotionen Sex und Eifersucht uns, wenn sie zusammentreffen, manchmal in ein wahnsinniges Monster.

Die Anwesenheit von einer oder mehreren destruktiven Emotionen im Geist eines Menschen kann aufgrund der Geisteschemie so schädlich sein, dass sie jeden Sinn für Gerechtigkeit und Fairness zunichtemacht. In extremen Fällen kann jegliche Kombination dieser Emotionen den Menschen um den Verstand bringen.

Der Gebrauch künstlicher Geistesstimulanzien

In der Geschichte mangelt es nicht an Beispielen von Menschen, die durch den Gebrauch von künstlichen Geistesstimulanzien wie Alkohol oder Drogen zu Genies aufgestiegen sind:

- Edgar Allan Poe schrieb den »Raben« unter dem Einfluss von Schnaps, »Träume träumend, wie kein sterblich Hirn sie träumte je vorher«.[3]
- James Whitcomb Riley verfasste seine besten Texte unter Alkoholeinfluss. Vielleicht bemerkte er auf diese Weise »die geordnete Vermischung des Realen und des Traumes, die Mühle über dem Fluss und den Nebel über dem Strom«.
- Robert Burns lief zu Hochform auf, wenn er berauscht war: »For Auld Lang Syne, my dear, we'll take a cup of kindness yet, for Auld Lang Syne.«

> Denken Sie daran: Viele dieser Leute haben sich letzten Endes selbst zugrunde gerichtet. Die Natur bietet eigene Mittel, über die man die Schwingungen des Geistes auf sichere Art und Weise auf die nötige Frequenz bringen kann, um herausragende und ungewöhnliche Gedanken aus dem »großen Unbekannten« zu empfangen. Bisher wurde noch kein zufriedenstellender Ersatz für diese natürlichen Stimulanzien gefunden.

Warum der Erfolg selten vor dem 40. Lebensjahr eintritt

Wie meine Analyse von mehr als 25.000 Personen ergeben hat, erreichen die wenigsten Menschen schon vor ihrem 40. Lebensjahr große Erfolge, und oft geht es sogar erst weit jenseits der 50 so richtig los. Der wichtigste Schaffenszeitraum ist im Durchschnitt die Phase zwischen 40 und 60. Diese Tatsache fand ich so erstaunlich, dass ich die Ursache dafür genauer untersuchen wollte und mehr als zwölf Jahre lang Forschungen dazu anstellte.

Die daraus entstandene Studie zeigte, dass der Erfolg bei den meisten Menschen erst mit 40 oder 50 eintritt, weil sie dazu neigen, ihre Energien durch ein übermäßiges körperliches Ausleben des Sexualtriebes zu *verschwenden*. Viele von ihnen lernen nie, dass der Sexualtrieb ihnen auch andere Möglichkeiten bietet, die das reine körperliche Ausleben in ihrer Bedeutung weit übertreffen. Die allermeisten derer, die das irgendwann begreifen, gelangen erst zu dieser Erkenntnis, nachdem sie viele der Jahre, in denen die sexuelle Energie auf dem Höhepunkt ist – vor dem 45. bis 50. Lebensjahr – vergeudet haben. Dann folgen meist bedeutende Leistungen.

In den Biografien amerikanischer Wirtschafts- und Finanzgrößen finden sich lauter Beweise dafür, dass die Phase zwischen dem 40. und dem 60. Geburtstag die produktivste im Leben ist. Hier sind drei Beispiele:

- Henry Ford legte erst nach seinem 40. Lebensjahr so richtig los.
- Andrew Carnegie war weit über 40, als er den Lohn für seine Mühen einstreichen konnte.
- James J. Hill arbeitete mit 40 noch als Telegrafist. Seine beeindruckenden Erfolge feierte er erst später.

Der Lebenslauf vieler Menschen zeigt bis zum 40. Geburtstag und manchmal noch weit darüber hinaus, wie sie ihre Energien verschwenden, obwohl sie diese besser für andere Zwecke nutzen könnten. Die wertvolleren und mächtigeren Emotionen wurden wild in alle Winde zerstreut. Man »stößt sich die Hörner ab«.

Erst im Alter zwischen 30 und 40 beginnt man, die Kunst der Umwandlung der Sexualkraft zu erlernen (wenn man sie je erlernt). Meist stößt man ganz zufällig darauf, und oft handelt es sich um einen unbewussten Prozess. So mancher stellt fest, dass er im Alter von 35 bis 40 plötzlich viel mehr erreicht als zuvor, doch nur selten wird der Grund für diese Veränderung erkannt: Die Natur fängt in der Zeit zwischen dem 30. und dem 40. Lebensjahr an, die Emotionen Liebe und Sex harmonisch aufeinander abzustimmen, sodass man diese großartigen Kräfte nutzen und sie gemeinsam als Antrieb zum Handeln einsetzen kann.

> Das müsste denjenigen, die vor dem Alter von 40 noch nicht viel erreicht haben, und denen, die rund um die 40er-Marke Angst davor haben, nun langsam »alt« zu werden, neuen Mut verschaffen. Man sollte also nicht ängstlich und zitternd auf dieses Alter zugehen, sondern voller Hoffnung und Vorfreude.

Übermäßiges Ausleben des Sexualtriebs

Maßlosigkeit im Sexualleben ist genauso schädlich wie Maßlosigkeit beim Trinken oder Essen. In dem Zeitalter, in dem wir leben, dem Zeitalter, das mit dem Ersten Weltkrieg begann, ist das zügellose Ausleben des Sexualtriebes weitverbreitet. Dieses enthemmte Verhalten könnte ein Grund für den Mangel an wahren Führungskräften sein. Niemand kann von den Produkten der kreativen Vorstellungskraft profitieren, wenn er sie gleichzeitig verschwendet. Die Menschen sind die einzigen Lebewesen auf Erden, die in diesem Zusammenhang gegen die Absicht der Natur verstoßen. Jedes andere Tier gibt sich dem Sexualdrang in gemäßigtem Umfang hin und zu Zwecken, die den Naturgesetzen entsprechen. Es lebt diesen Trieb nur in bestimmten »Phasen« aus. Nur für den Menschen ist immer »Saison«.

Jeder intelligente Mensch weiß, dass eine übermäßige Stimulation, etwa durch alkoholische Getränke oder Drogen, eine Form der Maßlosigkeit ist, die lebenswichtige Organe beschädigt, darunter das Gehirn. Doch nicht jeder weiß, dass das übermäßige Ausleben des sexuellen Verlangens für die Kreativität genauso schädlich und gefährlich sein kann.

Viel zu viele Menschen sind weit davon entfernt, durch ihr sexuelles Verlangen zu Genies aufzusteigen. Stattdessen begeben sie sich auf ein animalisches Niveau hinab, weil sie diese wunderbare Kraft missverstehen und falsch gebrauchen.

Ein sexbesessener Mensch unterscheidet sich nicht wesentlich von einem Drogensüchtigen! Beide haben die Kontrolle über ihren Verstand und ihre Willenskraft verloren. Mehr noch, sexuelle Maßlosigkeit kann sogar zu zeitweiligem oder dauerhaftem Wahnsinn führen. Viele Fälle von Hypochondrie (das Leiden an eingebildeten Krankheiten) haben ihren Ursprung im fehlenden Wissen über die wahre Funktion von Sex.

Aus diesen kurzen Ausführungen lässt sich leicht ablesen, dass mangelnde Kenntnisse über das Thema Umwandlung der Sexualkraft den Unwissenden zum einen schwer bestraft und ihm zum anderen gewaltige Gewinne vorenthält.

Das menschliche Gehirn ist sowohl Sender
als auch Empfänger von Gedanken.

Gedankenschwingungen, die durch Emotionen
herauftransformiert werden, können vom Gehirn versendet
und empfangen werden.

Ihr immaterielles (unsichtbares) Selbst ist mächtiger
als das physische Selbst, das Sie wahrnehmen.

Schritt 12: Bringen Sie Ihr Gehirn zum Schwingen: Telepathie und Hellsichtigkeit

Eine gemeinsame Studie des Verfassers mit Dr. Alexander Graham Bell und Dr. Elmer R. Gates ergab, dass das Gehirn jedes Menschen Gedankenschwingungen sendet und empfängt.

Jedes Gehirn ist fähig, über den Äther Gedankenschwingungen aufzugreifen, die von anderen Gehirnen freigesetzt oder in der Allumfassenden Intelligenz verfügbar sind. Dies geschieht auf eine Art und Weise, die eng mit dem Prinzip der Funkwellen und anderen drahtlosen Kommunikationsmöglichkeiten verwandt ist. Daher ist der Mensch zu Telepathie und Hellsichtigkeit fähig.

- *Telepathie* ist die Übertragung von Gedanken von einem Gehirn auf ein anderes ohne den Einsatz von äußeren Kommunikationsmitteln.
- *Hellsichtigkeit* (oder übersinnliche Wahrnehmung) ist die Fähigkeit, Informationen über eine Person, einen Ort, einen Gegenstand oder ein Ereignis zu erlangen, ohne auf Beobachtungen, Erfahrungen oder Sinneswahrnehmungen angewiesen zu sein.

Das mentale Sendesystem

Das mentale Sendesystem basiert auf dem Unterbewusstsein, der kreativen Vorstellungskraft und der Autosuggestion.

Das Unterbewusstsein

Das Unterbewusstsein (siehe Schritt 6) ist die »Antenne«, durch die hochfrequente Gedankenschwingungen übertragen werden. Es stellt das Verbindungsstück zwischen dem bewussten Verstand und den vier Quellen dar, die unsere Gedanken stimulieren: die Allumfassende Intelligenz, das eigene Unterbewusstsein, die bewussten Gedanken anderer oder das Unterbewusstsein anderer. (Genauere Informationen über diese vier Quellen finden sich in Schritt 11 über die Umwandlung der Sexualkraft.)

Hochfrequente Gedankenschwingungen reisen von einem Gehirn zum anderen durch den Äther. Gedanken, die durch große Emotionen herauftransformiert wurden, schwingen deutlich stärker als gewöhnliche Gedanken. Es sind genau diese energiegeladenen Gedanken, die über die Sendestation des menschlichen Gehirns den Weg zu anderen Gehirnen finden.

Durch Emotionen herauftransformierte Gedankenschwingungen wandern durch den Äther, von einem Gehirn zum anderen.

Die kreative Vorstellungskraft

Mit der kreativen Vorstellungskraft (siehe Schritt 9) verhält es sich wie mit der Sendereinstellung am Radio. Wenn ein von Emotionen durchdrungener Gedanke eine hohe Frequenz erreicht, »stellt« sich die kreative Vorstellungskraft auf diesen und verwandte Gedanken »ein«, die durch den Äther aus externen Quellen oder aus dem Unterbewusstsein zu ihr gelangen.

Denken Sie daran: Sowohl positive als auch negative Emotionen (siehe Schritt 6) können einen Gedanken in starke Schwingung versetzen. Sie müssen darauf achten, Gedanken nur mit positiven Emotionen zu stimulieren, um ein positives Ergebnis zu erzielen.

Was die Intensität und die Antriebskraft positiver Emotionen angeht, steht Sex ganz oben auf der Liste. Gedanken, die durch Sex stimuliert werden, schwingen mit einer deutlich höheren Frequenz als Gedanken, bei denen diese Emotion ruht oder abwesend ist.

Das Ergebnis der Umwandlung der Sexualkraft sind Gedanken, deren Schwingung so hoch ist, dass die kreative Vorstellungskraft äußerst empfänglich für Ideen aus den vier genannten Quellen wird.

Autosuggestion

Herauftransformierte Schwingungen ziehen nicht nur Gedanken und Ideen an, die von anderen in den Äther eingespeist wurden, sondern versetzen die eigenen Gedanken auch mit der nötigen Emotion, damit diese vom Unterbewusstsein aufgenommen und in die Tat umgesetzt werden können. Wenn Sie beispielsweise ein Verlangen mit der Emotion Glauben verstärken und es über die Autosuggestion an Ihr Unterbewusstsein übermitteln, prägen Sie diesem ein, dass Sie das Gewünschte auch *bekommen werden*.

Der so herauftransformierte Gedanke (das mit Emotionen durchsetzte Verlangen) wird auch an Ihre kreative Vorstellungskraft übertragen und in den Äther hinausgesendet, wo es zu einem Teil der Allumfassenden Intelligenz wird und von anderen Gehirnen aufgegriffen werden kann. Nun kann die kreative Vorstellungskraft einen Plan ersinnen, wie sich Ihr Verlangen erfüllen lässt, und dabei aus allen vier Quellen der Gedankenstimulation schöpfen. (Mehr zum Einsatz der Autosuggestion, um ein Verlangen im Unterbewusstsein zu verankern, lesen Sie in Schritt 7.)

> Mit Emotionen verschmolzene Gedanken werden mithilfe der Autosuggestion in das Unterbewusstsein übertragen.

Die mächtigsten Kräfte sind nicht greifbar

Über die Jahre haben sich die Menschen immer mehr auf ihre Sinneseindrücke verlassen und ihr Wissen auf das beschränkt, was gesehen, berührt, gewogen und vermessen werden kann. Die große Wirtschaftskrise in den 1930er-Jahren ließ die Welt dann endlich erkennen, was die nicht greifbaren, unsichtbaren Kräfte bewirken können. Äußerlich hatte sich zunächst nichts verändert, doch das übermäßige Vertrauen in die Börsenkurse, gefolgt von einem absoluten Mangel an Vertrauen in die Wirtschaft, ließ die USA und viele andere Industriestaaten in die Knie gehen.

Wir befinden uns heute auf der Schwelle zu einem neuen, wunderbaren Zeitalter – einem Zeitalter, in dem wir etwas über die nicht greifbaren Kräfte in unserer Umgebung erfahren werden. Vielleicht lernen wir nun, dass unser »anderes Selbst« mächtiger ist als das physische Selbst, das wir sehen, wenn wir in den Spiegel schauen.

> **Ihr anderes Selbst, Ihr immaterielles Selbst, ist mächtiger als das physische Selbst, das Sie sehen, wenn Sie in den Spiegel schauen.**

Manchmal nehmen wir das Nicht-Greifbare – die Dinge, die wir nicht über unsere fünf Sinnesorgane wahrnehmen – auf die leichte Schulter, aber wir sollten niemals vergessen, dass wir alle von Kräften gesteuert werden, die unsichtbar und nicht greifbar sind.

Die gesamte Menschheit zusammen hat nicht genügend Macht, um es mit den unfassbaren Kräften aufzunehmen, die sich in den donnernden Wogen des Ozeans verbergen, oder diese unter Kontrolle zu bringen. Der menschliche Geist ist nicht in der Lage, die nicht greifbare Kraft der Schwerkraft zu verstehen, die unsere kleine Erde im Weltraum schweben lässt und uns davon abhält, von ihr zu fallen, geschweige denn, dass er sie steuern könnte. Wir alle sind den unbegreiflichen Kräften eines Unwetters hilflos ausgeliefert, und genauso ist es im Umgang mit der Kraft der Elektrizität. Viele von uns wissen nicht einmal, was Elektrizität ist, woher sie kommt und wofür sie gut ist!

Und damit ist die Liste der unsichtbaren und nicht greifbaren Dinge, von denen wir keine Ahnung haben, noch lange nicht zu Ende. Auch die Kraft (und Intelligenz), die sich in der Erde befindet – die Kraft, die jedes kleinste bisschen Nahrung, das wir essen, jedes Kleidungsstück, das wir tragen, jede Münze, die wir mit uns herumtragen, hervorbringt –, verstehen wir nicht.

Die dramatische Geschichte des Gehirns

Trotz all unserer hochgelobten Bildung und Kultur wissen wir wenig oder nichts über die nicht greifbare Kraft der Gedanken (die größte von allen!). Wir wissen nur wenig über das Gehirn an sich und das gewaltige, komplexe Netzwerk in seinem Inneren, über das die Kraft der Gedanken in ihr materielles Gegenstück überführt wird, doch wir treten nun in ein Zeitalter ein, das uns in dieser Hinsicht Aufklärung verschaffen sollte. Die Wissenschaft richtet ihre Aufmerksamkeit jetzt deutlich stärker auf dieses erstaunliche Ding namens Gehirn, und obwohl die Studien noch in den Kinderschuhen stecken, haben die Forscher bereits genügend Informationen zusammengetragen, um zu wissen, dass die zentrale Schaltstelle des menschlichen Gehirns fast 200 Milliarden Neuronen und mindestens mehrere 100 Billionen Verbindungen umfasst!

»Diese Zahl ist so gewaltig«, sagte Dr. C. Judson Herrick von der University of Chicago, »dass selbst astronomische Zahlen wie Hunderte Millionen Lichtjahre im Vergleich dazu unbedeutend erscheinen.« Außerdem weist Herrick darauf hin, dass die Nervenzellen im zerebralen Kortex feste Muster bilden. »Die Anordnung ist nicht willkürlich. Sie hat eine Struktur. Kürzlich entwickelte

Methoden der Elektrophysiologie verfolgen über Mikroelektroden Aktionsströme in genau verorteten Zellen oder Fasern, verstärken sie und können Unterschiede bis auf ein Millionstel Volt verzeichnen.«

Es ist unvorstellbar, dass ein so komplex gebautes Netzwerk nur existiert, um die biologischen Funktionen auszuführen, die für das Wachstum und die Erhaltung des menschlichen Körpers sorgen. Halten Sie es für unwahrscheinlich, dass ein solches System, das Milliarden von Gehirnzellen so ausstattet, dass sie miteinander kommunizieren können, auch Mittel und Wege bietet, mit anderen, nicht greifbaren Kräften in Verbindung zu treten?

Es ist unvorstellbar, dass ein so komplex gebautes Netzwerk nur existiert, um die biologischen Funktionen auszuführen, die für das Wachstum und die Erhaltung des menschlichen Körpers sorgen.

Ende der 1930er-Jahre veröffentlichte die *New York Times* einen Leitartikel, der zeigte, dass mindestens eine große Universität und ein intelligenter Forscher eine strukturierte Untersuchung von mentalen Phänomenen durchführten, deren Ergebnisse große Parallelen zu dem aufwiesen, was in diesem und im folgenden Schritt beschrieben wird. Der Artikel gab einen kurzen Einblick in die Forschungen von Prof. Rhine und seinen Kollegen an der Duke University:

Was ist »Telepathie«?

Vor einem Monat haben wir auf dieser Seite über die bemerkenswerten Ergebnisse berichtet, die Prof. Rhine von der Duke University und sein Team in mehr als 100.000 Tests zur Frage, ob es »Telepathie« und »Hellsichtigkeit« gebe, ermittelt haben. Diese Ergebnisse wurden in den ersten beiden Artikeln des *Harper's Magazine* zusammengefasst wiedergegeben. Im zweiten, der gerade erschienen ist, gibt der Verfasser E. H. Wright einen Überblick darüber, was wir in Bezug auf das genaue Wesen dieser »übersinnlichen« Wahrnehmungsmethoden gelernt haben beziehungsweise welche Schlussfolgerungen einleuchtend erscheinen:

Aufgrund von Rhines Experimenten halten einige Wissenschaftler die Existenz von Telepathie und Hellsichtigkeit nun für extrem wahrscheinlich. Mehrere Testteilnehmer waren gebeten worden, so viele Karten aus einem speziellen Kartenspiel zu bestimmen, wie sie konnten, ohne die Karten anzuschauen oder über andere Sinnesorgane Zugriff auf sie zu haben. Rund 20 Männer und Frauen konnten regelmäßig derart viele Karten korrekt bestimmen, dass es »quasi unmöglich ist, dass sie nur durch Glück oder Zufall richtig lagen«.

Doch wie schafften sie es dann? Die fraglichen Kräfte scheinen, wenn es sie denn gibt, nichts mit Sinneseindrücken zu tun zu haben. Es gibt kein Organ für sie. Die Experimente funktionierten genauso gut über mehrere Hundert Kilometer hinweg, wie wenn sie in einem Raum stattfanden. Das macht laut Wright auch jede Theorie zunichte, die Telepathie und Hellsichtigkeit durch eine Form physikalischer Strahlung erklären will. Alle bekannten Formen der Strahlung nehmen über größere Distanzen um das Quadrat der dazwischen liegenden Strecke ab. Für Telepathie und Hellsichtigkeit gilt das nicht. Doch auch sie hängen in gewissem Maße von physikalischen Faktoren ab, wie auch unsere anderen geistigen Fähigkeiten. Anders als weithin vermutet, ist es für diese Kräfte nicht zuträglich, wenn die Testperson schläft oder sich im Halbschlaf befindet, sondern im Gegenteil – wenn sie hellwach und aufmerksam ist. Rhine stellte fest, dass Drogen sich sofort negativ auf das Ergebnis des Testteilnehmers auswirkten, während die Stimulation des Gehirns es verbesserte. Selbst der zuverlässigste Teilnehmer war anscheinend nur dann in der Lage, gut abzuschneiden, wenn er sein Bestes gab.

Eine Schlussfolgerung, derer Wright sich ziemlich sicher ist, besteht darin, dass es sich bei Telepathie und Hellsichtigkeit um ein und dieselbe Fähigkeit handelt. Die Kraft, die den Wert einer Spielkarte »sieht«, auch wenn sie mit dem Bild nach unten auf dem Tisch liegt, ist genau die gleiche, die auch einen Gedanken »lesen« kann, der sich in einem fremden Kopf befindet. Dafür sprechen mehrere Dinge. Zum einen war bisher jede Person, die eines von beidem konnte, auch zum anderen fähig. Dabei war das Talent bei allen Betroffenen in beiden Fällen jeweils fast genau gleich stark ausgeprägt. Sichtschutze, Wände und Entfernungen haben auf beide keinerlei Auswirkungen. Auf diese Erkenntnisse beruft sich Wright auch, wenn er behauptet – selbst wenn er es als pure »Vorahnung« bezeichnet –, dass andere übersinnliche Phänomene wie prophetische Träume, Voraussagen von Katastrophen und Ähnliches sich ebenfalls als Ausprägungen der gleichen Fähigkeit erweisen könnten. Der Leser muss keine dieser Schlussfolgerungen akzeptieren, wenn er es nicht für nötig befindet, doch die Beweise, die Rhine zusammengetragen hat, sind beeindruckend.

Durch das Prinzip des Master Minds Telepathie anwenden

Angesichts der Erkenntnisse von Prof. Rhine in Bezug auf die Bedingungen, unter denen das Gehirn zu den von ihm als »übersinnlich« bezeichneten Wahrnehmungsweisen fähig ist, möchte ich seiner Aussage nun gern noch hinzufügen, dass meine Partner und ich die in unseren Augen idealen Bedingungen entdeckt haben, unter denen der Geist so angeregt werden kann, dass der sechste Sinn, beschrieben in Schritt 10, praktisch nutzbar ist.

Die Umstände, die ich meine, ergaben sich in enger Zusammenarbeit zwischen mir und zweien meiner Mitarbeiter. Mithilfe von Experimenten und Übung haben wir ermittelt, wie jeder von uns seinen Geist (durch Anwendung des Prinzips, das hinter den in Schritt 10 beschriebenen »unsichtbaren Ratgebern« steht) so stimuliert, dass alle drei zu einer Einheit verschmelzen und wir so die Lösungen für eine Vielzahl von persönlichen Problemen meiner Klienten finden.

Das Verfahren ist ganz einfach. Wir setzen uns an einen Konferenztisch, benennen klar und deutlich das Problem, das uns gerade beschäftigt, und fangen an, es zu diskutieren. Jeder von uns trägt alles bei, was ihm in den Sinn kommt. Das Seltsame an dieser Methode der Geistesstimulation ist, dass sie jedem Teilnehmer Zugang zu unbekannten Wissensquellen verschafft, die sich ganz sicher außerhalb seines eigenen Erfahrungsbereiches befinden.

Wenn Sie das Prinzip verstehen, das in Schritt 13 unter der Bezeichnung »Master Mind« beschrieben ist, erkennen Sie, dass unsere Versammlung rund um den Tisch die praktische Anwendung dieses Prinzips darstellt.

Diese Methode der Geistesstimulation, die harmonische Diskussion eines festgelegten Themas zwischen drei Personen, demonstriert den einfachsten und zweckmäßigsten Einsatz des Master-Mind-Prinzips.

Der einfachste und zweckmäßigste Einsatz des Master-Mind-Prinzips besteht darin, ein festgelegtes Thema mit den Mitgliedern der Master-Mind-Gruppe harmonisch zu diskutieren.

Auf diese Weise kann jeder, der diese Philosophie studiert, in den Besitz der berühmten Carnegie-Formel gelangen, die im Vorwort des Autors kurz umrissen wurde. Wenn Ihnen das im Moment noch nichts sagt, markieren Sie diese Seite und kehren Sie hierher zurück, nachdem Sie den letzten Schritt gelesen haben.

Macht ist organisiertes und intelligent gesteuertes Wissen.

Das *Master Mind* ist die harmonische Koordination des Wissens und der Bemühungen von zwei oder mehr Menschen, um auf diese Weise ein bestimmtes Ziel zu erreichen.

Große Macht lässt sich nur durch das Prinzip des *Master Minds* erlangen!

Wenn wir mit anderen eine Gemeinschaft der Sympathie und Harmonie eingehen, übertragen sich deren Wesen, Gewohnheiten und Gedankenkraft auf uns.

Schritt 13: Nutzen Sie die Macht des Master Minds

Macht ist organisiertes und intelligent gesteuertes Wissen. So, wie er hier genutzt wird, bezieht sich der Begriff »Macht« auf *organisierte Bemühungen*, die es einem Individuum ermöglichen, ein *Verlangen* in sein finanzielles Gegenstück zu überführen. *Organisierte Bemühungen* sind die gemeinsamen Anstrengungen von zwei oder mehr Personen, die harmonisch auf ein festes Ziel hinarbeiten. Das *Master Mind* ist die kollektive Intelligenz, die einen Plan ersinnt und gemeinsam auf dessen Ausführung hinarbeitet. Es gleicht einer Linse, die das Licht so konzentriert, wie man mit einer Lupe Sonnenstrahlen bündeln kann, sodass starke Hitze entsteht.

Ein *Verlangen* ohne die nötige *Macht*, es in die Tat umzusetzen, ist träge. Diese Macht entsteht durch Pläne. Die Pläne hingegen liefert das Master Mind. In diesem Kapitel geht es darum, wie wir durch das *Master Mind* zu *Macht* kommen und sie anwenden können.

Um Geld zu erlangen und zu behalten, braucht es Macht!

Wissensquellen identifizieren

Wenn Macht organisiertes Wissen ist, muss man sich zur Erlangung von Macht Wissen aneignen. Dazu dienen folgende Quellen:

- **Die Allumfassende Intelligenz:** Diese Wissensquelle lässt sich mithilfe der kreativen Vorstellungskraft erschließen, wie in Kapitel 6 erörtert.

- **Allgemeinwissen:** Die gesammelten Erfahrungen der Menschheit (oder der Teil davon, der entsprechend gegliedert und archiviert wurde) sind über jede gut ausgestattete Bibliothek oder das Internet zugänglich. Ein wichtiger Teil dieser gesammelten Erfahrungen wird – strukturiert und aufbereitet – in Schulen und Universitäten gelehrt.
- **Spezialwissen:** Allgemeinwissen, das aufbereitet und dafür angewendet wird, eine Aufgabe durchzuführen, ein Ziel zu erreichen oder ein Produkt zu erschaffen. Sie können sich das Spezialwissen selbst aneignen oder es mieten, einen Partner dafür einstellen oder es durch Handel erlangen, wie in Schritt 15 beschrieben wird.
- **Experimente und Forschung:** Im Bereich der Wissenschaften und in fast jedem anderen Feld sammeln, gliedern und strukturieren Menschen jeden Tag neue Fakten. An diese Quelle sollte man sich wenden, wenn andere Wissensquellen nicht die benötigten Informationen oder Erkenntnisse bieten. Auch hier ist oft die kreative Vorstellungskraft gefragt.

> *Macht* ist organisiertes und intelligent gesteuertes Wissen.

Die Grenzen des Einzelnen anerkennen

Wissen lässt sich in Macht umwandeln, indem man daraus feste Pläne ableitet und diese Pläne in die Tat umsetzt. Doch wenn Sie die vier wichtigsten Wissensquellen betrachten, erkennen Sie sicher, wie schwer es jeder Einzelne hätte, wäre er ganz auf sich selbst angewiesen, um das nötige Wissen zu erlangen und daraus feste, umsetzbare Pläne zu erstellen. Wenn die Pläne alles abdecken und Großes bewirken sollen, ist es meist nötig, andere zur Zusammenarbeit zu bewegen, bevor man diese Pläne mit der nötigen *Macht* durchsetzen kann.

Machtgewinn durch das Master Mind

Das *Master Mind ist die harmonische Koordination des Wissens und der Bemühungen von zwei oder mehr Menschen, um auf diese Weise ein bestimmtes Ziel zu erreichen.*

Kein Individuum kann große Macht erlangen, ohne sich des *Master Minds* zu bedienen. Durch das *Master Mind* formulieren Sie einen Plan, der das Wissen so organisiert und anwendet, dass es die maximale Wirkung auf das Erreichen Ihres Ziels hat. (Mehr über organisierte Planung, um ein *Verlangen* in sein finanzielles Gegenstück zu überführen, finden Sie in Schritt 14.) Wenn Sie diese Anweisungen *beharrlich* und durchdacht ausführen und die Mitglieder Ihrer *Master-Mind-Gruppe* sorgfältig aussuchen, sind Sie schon auf einem guten Weg zu Ihrem Ziel.

Große Macht lässt sich nur durch das Prinzip des Master Minds erlangen!

Die zwei Aspekte des Master Minds

Damit Sie das »nicht greifbare« Potenzial der Macht besser verstehen, das Ihnen durch eine richtig zusammengestellte *Master-Mind-Gruppe* zugänglich ist, sollen hier die beiden Vorteile des *Master Minds* erklärt werden:

- **Wirtschaftlich:** Sich mit einer Gruppe von Menschen zu umgeben, die bereit sind, ganz im Geist der *perfekten Harmonie* Ratschläge, Unterstützung und Zusammenarbeit zu liefern, kann wirtschaftliche Vorteile einbringen. Solche kooperativen Allianzen stehen hinter fast jedem Vermögen. Diese Erkenntnis kann bedeutende Auswirkungen auf Ihren finanziellen Status haben.

- **Geistig:** Der menschliche Geist ist eine Form der Energie, die zum Teil spiritueller Natur ist. Wenn der Geist zweier Menschen *harmonisch* zusammenwirkt, entsteht eine Verbundenheit zwischen den spirituellen Anteilen der Energie eines jeden – der übersinnliche Aspekt des *Master Minds.* Wenn der Geist zweier Menschen zusammenkommt, bildet er eine dritte, unsichtbare immaterielle Kraft, die als dritter Geist verstanden werden kann.

Carnegies *Master-Mind-Gruppe* bestand aus etwa 50 Männern, mit denen er sich umgab, um so sein erklärtes Ziel, Stahl herzustellen und zu verkaufen, zu erreichen. Er führte sein gesamtes Vermögen auf die *Macht* zurück, die ihm dieses *Master Mind* verschaffte.

Energie in Materie überführen

Es gibt im Universum nur zwei bekannte Grundstoffe: Energie und Materie. Nach den Regeln des Massenerhaltungsgesetzes und des Energieerhaltungsgesetzes können weder Energie noch Materie erschaffen oder zerstört werden. Sie können nur in eine andere Form überführt werden. Einsteins Gleichung $E = mc^2$ (Energie gleich Masse mal Beschleunigung zum Quadrat) legt nahe, dass sich Energie in Masse (Materie) umwandeln lässt und umgekehrt.

Energie ist der universelle Baustein der Natur, aus dem sie durch einen Prozess, den nur sie selbst vollständig versteht, jede Form der Materie formt. Die Bausteine der Natur sind für uns über die Energie, die in *Gedanken* steckt, zugänglich.

Das Gehirn kann mit einer Batterie verglichen werden. Es nimmt Energie aus dem Äther auf, der jedes Atom durchdringt und das gesamte Universum füllt. Eine einzelne Batterie liefert so viel Energie, wie es die Anzahl und die Kapazität ihrer Zellen ermöglichen. Eine Reihe von Batterien fasst mehr Energie als eine einzelne.

Das Gehirn funktioniert ähnlich. Daher kommt es, dass manche Gehirne leistungsstärker sind als andere, und es führt zu einer bedeutenden Aussage:

> Eine Gruppe von Gehirnen, die harmonisch aufeinander abgestimmt sind (oder in Verbindung stehen), bringt mehr Gedankenenergie hervor als ein einzelnes Gehirn, so wie eine Reihe von Batterien mehr Energie liefert als eine einzelne.

Diese Metapher macht unmittelbar deutlich, dass das Prinzip des *Master Minds* das Geheimnis der *Macht* in sich birgt, die Menschen, welche sich mit anderen intelligenten Menschen umgeben, ausüben können.

Die folgende Aussage führt uns noch näher an das Verständnis des übersinnlichen Aspekts des *Master Minds* heran:

> Wenn mehrere Gehirne koordiniert und harmonisch miteinander arbeiten, steht die erhöhte Energiemenge, die diese Verbindung kreiert, jedem einzelnen Mitglied der Gruppe zur Verfügung.

Stellen Sie Ihre Master-Mind-Gruppe zusammen

Wenn Sie eine *Master-Mind-Gruppe* versammeln wollen, sollten Sie diese Richtlinien befolgen:

- **Achten Sie auf Diversität.** Beziehen Sie Männer und Frauen ein, deren Wissen und Kenntnisse sich ergänzen, statt sich zu überschneiden.
- **Nehmen Sie Leute auf, die**
  - intelligent,
  - kreativ,
  - positiv,

- bestärkend,
- kooperativ,
- ehrlich,
- großzügig sind.

- **Entschädigen Sie sie für ihre Mühen.** Sie können sie bezahlen, sie zu Partnern machen, ihnen Ihre Dienste anbieten, ihnen einen Prozentsatz Ihrer Einnahmen überlassen oder ihnen eine andere Form der Entschädigung zukommen lassen. Erwarten Sie aber nicht, dass man Ihnen ganz umsonst hilft, es sei denn, es wird Ihnen angeboten.

> Denken Sie daran: Verschwenden Sie nicht die Zeit der Gruppenmitglieder. Kommen Sie vorbereitet zu den Treffen und nutzen Sie die Zeit effektiv. Wertvolle Mitglieder einer *Master-Mind-Gruppe* sind für gewöhnlich viel beschäftigte Leute, die auch eigene Ziele erreichen wollen.

Geschichten über das Master Mind in Aktion

Wenn Sie sich den Werdegang von Menschen anschauen, die es zu großem Reichtum gebracht haben, werden Sie immer feststellen, dass sie bewusst oder unbewusst das *Master-Mind-Prinzip* angewendet haben, ebenso wie viele, die zumindest einigen Wohlstand erlangt haben. Hier sind ein paar solcher Erfolgsgeschichten:

Henry Ford

Die Laufbahn von Henry Ford begann im Schatten von Armut, Analphabetismus und Unwissenheit. Doch schon nach einem unvorstellbar kurzen Zeitraum von zehn Jahren hatte Ford diese

Hindernisse überwunden, und 25 Jahre später war er einer der reichsten Männer Amerikas. Wenn Sie dann noch in Betracht ziehen, dass Ford die größten Fortschritte verzeichnete, nachdem er sich mit Thomas A. Edison angefreundet hatte, versteht man, was der Einfluss eines großen Geistes auf einen anderen bewirken kann. Geht man noch einen Schritt weiter und bezieht mit ein, dass Fords herausragendste Erfolge stattfanden, als er die Bekanntschaft von Harvey Firestone, John Burroughs und Luther Burbank gemacht hatte (ausnahmslos Männer von ausgeprägtem Denkvermögen), verdichten sich die Hinweise darauf, dass *Macht* durch ein freundschaftliches Bündnis zwischen großen Geistern erzeugt werden kann.

Es herrschen wenig bis keine Zweifel daran, dass Henry Ford einer der bestinformierten Männer in der Geschäftswelt war. Sein Reichtum steht außer Frage. Wenn man sich anschaut, wen Ford zu seinen engsten Freunden zählte, darunter die bereits erwähnten, versteht man auch die folgende Aussage:

> Wenn wir mit anderen eine Gemeinschaft der Sympathie und Harmonie eingehen, übertragen sich deren Wesen, Gewohnheiten und **Gedankenkraft** auf uns.

Henry Ford entkam der Armut, dem Analphabetismus und der Unwissenheit, indem er sich mit großen Männern zusammentat, deren Gedankenschwingungen auf seinen eigenen Geist übergingen. Durch die Verbindung zu Edison, Burbank, Burroughs und Firestone bereicherte Ford seine eigene Geisteskraft um die Intelligenz, Erfahrung, Kenntnisse und spirituellen Kräfte dieser vier Männer. Außerdem setzte er über die Methoden, die in diesem Buch beschrieben sind, das *Master-Mind-Prinzip* ein.

Dieses Prinzip können auch Sie nutzen!

*Wenn wir mit anderen eine Gemeinschaft der Sympathie und Harmonie eingehen, übertragen sich deren Wesen, Gewohnheiten und **Gedankenkraft** auf uns.*

Franklin D. Roosevelt

Als Franklin D. Roosevelt Präsident der USA war, holte er die besten Köpfe des Landes nach Washington, um dort eine *Master-Mind-Gruppe* zu bilden, die er seinen »Brain-Trust« nannte. Während und nach dem Zweiten Weltkrieg versammelten die Regierungsbehörden und Wirtschaftsführer regelmäßig *Master-Mind-Gruppen*, die nun als »Think Tanks« bezeichnet wurden und sie bei der Lösung komplexer Probleme unterstützen sollten.

Mahatma Gandhi

Viele Menschen, die von Gandhi gehört haben, betrachten ihn möglicherweise als einen exzentrischen kleinen Mann, der sich wie ein Bettler kleidete und der britischen Regierung viel Ärger bereitete.

Doch in Wahrheit war Gandhi kein Exzentriker, sondern (ausgehend von der Anzahl seiner Anhänger und deren Glauben an ihren Anführer) *der mächtigste Mann seiner Generation.* Außerdem war er wahrscheinlich der mächtigste Mann, der je gelebt hat. Seine Macht war passiv, aber real.

Schauen wir uns einmal an, wie er zu dieser überragenden *Macht* gelangte. Das lässt sich in ein paar Worten erklären. Gandhi schaffte es, über 200 Millionen Menschen dazu zu bewegen, ihre körperlichen und geistigen Bemühungen harmonisch zu vereinen und auf ein festes Ziel zu richten.

Kurz gesagt, Gandhi bewirkte ein *Wunder*, denn um ein solches handelt es sich, wenn man 200 Millionen Menschen dazu bringt – nicht *zwingt*! –, auf unbegrenzte Zeit harmonisch zusammenzuarbeiten. Wenn Sie das bezweifeln, versuchen Sie doch nur einmal, das bei nur *zwei* Menschen für einen bestimmten Zeitraum zu erreichen.

Jeder, der ein Unternehmen leitet, weiß, wie schwer es ist, Angestellte dazu zu bewegen, auf auch nur annähernd harmonische Weise zusammenzuarbeiten.

Ganz oben auf der Liste der Quellen, aus denen *Macht* hauptsächlich generiert wird, steht, wie Sie gelesen haben, die *Allumfassende Intelligenz*. Wenn zwei oder mehr Menschen einvernehmlich zusammenkommen und auf ein festes Ziel hinarbeiten, bringen sie sich durch dieses Bündnis in eine Position, in der die Macht direkt aus dem großen, universellen Lagerhaus der Allumfassenden Intelligenz in sie hineinströmen kann. Das ist die bedeutendste aller Machtquellen. Es ist die Quelle, aus der alle Genies schöpfen, die Quelle, an die sich alle großen Führungskräfte wenden (ob sie sich dessen bewusst sind oder nicht).

Die anderen drei Hauptquellen, aus denen man das Wissen beziehen kann, das für die Anhäufung von *Macht* nötig ist, sind nicht zuverlässiger als unsere fünf Sinne – also nicht sonderlich zuverlässig. Die Allumfassende Intelligenz hingegen *irrt nie*.

Andrew Grove

Eine der besten Fundgruben für Mitglieder einer *Master-Mind-Gruppe* ist das eigene Personal. Andrew Grove, der äußerst erfolgreiche CEO der Intel Corporation, nutzte genau das. Grove hat sich eine Gruppe von Männern und Frauen aus den Bereichen Technik, Marketing, Finanzen und Verwaltung zusammengestellt, mit denen er in zwangloser Umgebung zusammenarbeitet. Es gibt keine Einzelbüros, besonderen Parkplätze oder andere Privilegien für die

Führungskräfte. Die Angestellten werden großzügig mit Aktienpaketen versorgt, damit sie etwas davon haben, wenn das Unternehmen gut läuft und der Aktienkurs steigt.

Obwohl das Team auf den ersten Blick einen sehr lockeren Eindruck macht, stellt doch jedes Mitglied ebenso hohe Anforderungen an sich wie Grove selbst. Als Intel 1976 in eine Krise geriet, leistete das Team freiwillig seinen Beitrag, es machte Überstunden und alles, was sonst nötig war, um die Probleme zu lösen. Bei einer anderen Gelegenheit stellte sich heraus, dass der Intel-Pentium-Chip eine kleine Fehlfunktion hatte, die sich auf eine unbedeutende Anzahl von Prozessen auswirkte. Groves Entscheidung, das fehlerhafte Produkt zu ersetzen, statt es so auszuliefern, die das Unternehmen 475 Millionen Dollar kostete, wurde von allen Mitarbeitern mitgetragen.

Grove ermutigte seine Leute immer dazu, in kleinen, unabhängigen Einheiten zu arbeiten, in denen jeder das System und die eigene Rolle darin verstand. Jeder steuert seine Kenntnisse, sein Fachwissen und seine Kreativität bei. Die Teammitglieder werden dazu ausgebildet und motiviert, ihr Möglichstes zu tun. In Krisenfällen investiert jeder zusätzliche Zeit, Energie und Geisteskraft, um die Probleme zu lösen.

Ross Perot

Ross Perots Einstellung ist ein perfektes Beispiel für die Macht der unbeugsamen Entschlossenheit – nicht nur seinerseits, sondern auch vonseiten des *Master Minds*, mit dem er sich umgab. In Perot loderte ein brennendes Verlangen nach Reichtum, und den erreichte er auch.

Bevor er das Unternehmen Electronic Data Systems (EDS) gründete, war er ein ausgezeichneter Verkäufer bei IBM gewesen. Man warnte ihn, dass es ein Fehler sei, IBM zu verlassen und eine eigene Firma zu gründen. Doch das war Perot egal. Er hatte eine

Vision. Seine Geschichte zeigt klar und deutlich, dass es zu Erfolg und Reichtum führt, wenn man seinen Traum verfolgt und diesen Traum einem Team von Experten – einem *Master Mind* – vorlegt, das über das nötige Fachwissen verfügt, um ihn in die Realität umzusetzen.

Perot glaubt fest daran, dass Entschlossenheit Wunder bewirken kann. Das zeigte sich, als EDS sich auf einen der größten Aufträge in der Computerbranche bewarb, hinter dem auch IBM her war. IBM verfügte über viel mehr Mittel und die deutlich erfahreneren und kenntnisreicheren Fachleute. EDS hatte nur ein kleines, aber engagiertes Team.

Perot berichtet darüber:

> Etwa einen Monat nach der Ausschreibung des Auftrags betrat ich den Raum und hörte unsere 15 Leute sagen: »Hey, wir werden zwar wahrscheinlich nicht gewinnen, aber es ist eine tolle Erfahrung.« Daraufhin ging ich nicht in die Luft und stauchte die Leute zusammen. Ich marschierte einfach zur Tafel und schrieb die sieben Kriterien an, nach denen wir bewertet werden würden. Und ich sagte ganz leise und freundlich: »Wir werden sie sieben zu null schlagen.« Das war der Tag unseres Sieges.

Perot erzählte, dass die Lohnerhöhungen, Bonuszahlungen, Aktienpakete und Tausenden von neuen Stellen, die der Auftrag dem Unternehmen einbrachte, zwar durchaus eine materielle Belohnung dafür waren, dass es diesen Coup gelandet hatte. Doch für noch wichtiger hielt er die enorme Befriedigung, die das Team daraus zog, durch harte Arbeit und Kreativität die Besten der Welt geschlagen zu haben. Das ist es, was ein Unternehmen richtig gut macht – ein Team, das sich zu einem *Master Mind* verbündet, um die Konkurrenz auszustechen.

Der Strom der Macht

Wenn das »große Geld« irgendwann hereinkommt, ist die Flut nicht mehr aufzuhalten, so wie Wasser bergabwärts strömt. Es gibt einen großen Strom der *Macht*, der mit einem Fluss vergleichbar ist, nur dass bei diesem Fluss nur die eine Seite in eine Richtung fließt – jeder, der auf dieser Seite in den Fluss steigt, wird hinauf zum *Reichtum* getragen. Die andere Seite strömt in die andere Richtung und nimmt alle mit sich, die das Pech haben, dort ins Wasser zu gelangen (und es nicht mehr herausschaffen) – sie treiben auf Elend und *Armut* zu.

Jeder Mensch, der es zu Reichtum gebracht hat, erkennt an, dass es diesen Strom des Lebens gibt. Er besteht aus unseren *Denkprozessen*. Die positiven Gedankenemotionen bilden die eine Seite, die zum Reichtum fließt, die negativen die andere, die zur Armut führt.

Das birgt für all diejenigen, die dieses Buch lesen, um dadurch reich zu werden, eine immense Erkenntnis.

Wenn man sich auf der Seite des Stromes der *Macht* befindet, die Richtung Armut fließt, kann man die enthaltenen Informationen als eine Art Ruder benutzen, mit dessen Hilfe man es auf die andere Seite hinüberschafft. Das funktioniert aber nur, wenn man das Wissen aktiv anwendet. Einfach nur zu lesen und sich ein Urteil zu bilden, egal, wie es aussieht, bringt gar nichts.

Manche Leute wechseln ständig zwischen der positiven und der negativen Seite des Flusses hin und her. Der Börsencrash von 1929 und die Finanzkrise 2008 beförderten Millionen Menschen von der guten auf die schlechte Seite. Sie hatten schwer zu kämpfen – manche von ihnen gerieten in Verzweiflung und Panik –, um es wieder auf die positive Seite zu schaffen. Dieses Buch ist ganz speziell für sie gedacht.

Reichtum und Armut wechseln häufig die Plätze. Die Armut tritt meist freiwillig an die Stelle des Reichtums. Wenn der Reichtum die Armut ablöst, geschieht das im Normalfall durch gut durchdachte und sorgfältig umgesetzte *Pläne*. Armut braucht keinen Plan. Sie benötigt keinerlei Hilfestellung, weil sie kühn und rücksichtslos vorgeht. Reichtum ist scheu und zurückhaltend. Er muss aktiv angelockt werden.

Jeder kann sich *wünschen*, reich zu sein, und die meisten tun es auch, doch nur wenige wissen, dass ein fester Plan in Verbindung mit einem *brennenden Verlangen* nach Reichtum das einzige verlässliche Mittel ist, um ein Vermögen anzuhäufen.

Ohne einen geeigneten,
durchführbaren Plan kann man nicht reich werden.

Schritt 14: Legen Sie sich auf einen Plan fest

Egal, ob Sie eine Idee für ein Produkt haben, das Sie mithilfe Ihrer Arbeitskräfte herstellen wollen, oder ob Sie Spezialwissen (eine Dienstleistung) anbieten wollen – Sie brauchen immer einen Plan, um Ihr Verlangen oder Ihre Vision in sein finanzielles Gegenstück zu überführen. In diesem Kapitel lernen Sie, wie Sie Ihre Master-Mind-Gruppe dafür nutzen, einen Plan zu entwerfen und ihn zu verändern oder anzupassen, wenn er nicht zu den gewünschten Ergebnissen führt. Außerdem bietet dieses Kapitel auch eine Orientierungshilfe, wie Sie Ihre Dienste vermarkten, damit Sie dafür Spitzenpreise erzielen können.

Denken Sie daran: Pläne entstehen im *Vorstellungsvermögen* – der Werkstatt des Geistes. Für weitere Informationen darüber, wie man sich die Vorstellungskraft zunutze macht, siehe Schritt 9.

Einen Plan erstellen

In Schritt 5 sind sechs Schritte aufgelistet, wie man ein *Verlangen* in sein finanzielles Gegenstück überführt. Die Anweisung im vierten Schritt lautete: »Arbeiten Sie einen konkreten Plan aus, wie Sie Ihr Ziel erreichen wollen, und fangen Sie sofort an, diesen Plan umzusetzen.« Was jedoch nicht erwähnt wurde, ist, *wie* man einen solchen Plan erstellt. Das folgt nun hier.

> Selbst der intelligenteste Mensch der Welt kann kein Vermögen anhäufen – oder sonst irgendwie erfolgreich sein –, ohne über einen geeigneten und durchführbaren Plan zu verfügen.

Versammeln Sie das Planungskomitee: Ihre Master-Mind-Gruppe

Um einen machbaren Plan zu ersinnen, sollten Sie mit einem Planungskomitee (einer *Master-Mind-Gruppe*) zusammenarbeiten. Gehen Sie dabei wie folgt vor:

1. Rufen Sie eine Gruppe aus so vielen Menschen zusammen, wie Sie für das Erstellen und Ausführen Ihres Planes oder Ihrer Pläne brauchen. Nutzen Sie dafür das *Master-Mind-Prinzip*, das in Schritt 13 beschrieben ist. Achten Sie bei der Auswahl der Mitglieder darauf, solche auszusuchen, die keine Niederlage akzeptieren.
2. Überlegen Sie, bevor Sie die Gruppe zusammenrufen, welche Gegenleistungen und Hilfestellungen Sie den einzelnen Mitgliedern für ihre Unterstützung anbieten können. Niemand wird Ihnen ohne irgendeine Form der Entschädigung ewig zur Verfügung stehen. Kein intelligenter Mensch würde von einem anderen erwarten oder verlangen, ohne angemessene Entlohnung für ihn tätig zu sein, auch wenn diese nicht immer in Form von Geld erfolgen muss.
3. Treffen Sie sich mindestens zweimal wöchentlich mit den Mitgliedern Ihrer *Master-Mind-Gruppe*, und wenn möglich sogar noch häufiger, bis Sie gemeinsam den perfekten Plan oder die perfekten Pläne zur Anhäufung eines Vermögens entworfen haben.
4. Sorgen Sie dafür, dass das Verhältnis zwischen Ihnen und jedem Mitglied der Gruppe stets *uneingeschränkt harmonisch* ist. Wenn

Sie diesen Ratschlag nicht strengstens befolgen, müssen Sie mit Misserfolg rechnen. Das *Master-Mind-Prinzip* funktioniert nur in *absoluter Harmonie*.

Zwei Dinge sollten Sie immer im Hinterkopf behalten:

- **Erstens:** Das Vorhaben, mit dem Sie sich hier befassen, ist für Sie von größter Bedeutung. Um sicher Erfolg zu haben, müssen die Pläne, die Sie entwerfen, fehlerfrei sein.
- **Zweitens:** Sie müssen die Erfahrung, die Bildung, die angeborenen Fähigkeiten und die Vorstellungskraft anderer nutzen. So haben es auch alle vor Ihnen gemacht, die zu Reichtum gelangt sind.

Kein einzelner Mensch verfügt über die nötige Erfahrung, Bildung, die angeborenen Fähigkeiten und das Wissen, um ohne die Mithilfe anderer ein großes Vermögen anzuhäufen. Jeder Plan, der Sie reich machen soll, muss gemeinsam von Ihnen und den Mitgliedern Ihrer *Master-Mind-Gruppe* ersonnen werden. Die Grundidee kann von Ihnen selbst stammen, aber lassen Sie alle Pläne von der Gruppe überprüfen und billigen.

Kein einzelner Mensch verfügt über die nötige Erfahrung, Bildung, die angeborenen Fähigkeiten und das Wissen, um ohne die Mithilfe anderer ein großes Vermögen anzuhäufen.

Die Schlüsselkomponenten jedes Plans

Pläne können ganz unterschiedlich aussehen, je nachdem, in welcher Branche oder in welchem Bereich Sie tätig sind und welches Produkt/welche Produkte oder welche Dienstleistung(en) Sie anbieten wollen. Die Details müssen Sie und Ihre *Master-Mind-Grup-*

pe festlegen. Doch folgende Punkte sollten auf jeden Fall angesprochen werden:

- das Ziel oder der Auftrag,
- eine Beschreibung des Unternehmens und des Produkts/der Produkte oder der Dienstleistung(en), das/die Sie anbieten wollen (wenn Sie selbst das Unternehmen darstellen: eine Beschreibung dessen, was Sie anbieten können),
- die Überlegung, was Sie oder Ihr Unternehmen einzigartig und besser als andere macht,
- eine SWOT-Analyse, in der Sie Ihre Stärken und Schwächen gemeinsam mit den Marktchancen (nicht oder unzureichend gestillte Bedürfnisse) und den Bedrohungen (beispielsweise durch die Konkurrenz) darstellen, ODER eine Datenanalyse, die zeigt, dass sich gerade eine einzigartige und bedeutende Gelegenheit mit wenig oder keiner Konkurrenz auf dem Markt bietet,
- eine Beschreibung Ihres Managementteams (der *Master-Mind-Gruppe*) und der Eigenschaften und Fähigkeiten der Mitglieder, die diese dazu befähigen, den Plan umzusetzen,
- Pläne, wie das Produkt/die Produkte oder die Dienstleistung(en) vermarktet werden sollen,
- eine Finanzanalyse, die alle Kosten für den Geschäftseinstieg und den laufenden Betrieb, Umsatzprognosen und den Kapitalfluss enthält,
- das Spezialwissen, das nötig ist, um das Produkt/die Produkte oder die Dienstleistung(en) anzubieten, zu verkaufen, auszuliefern und das Unternehmen zu leiten (dieses Wissen muss entweder bei Ihnen vorhanden sein oder über andere Wege eingeholt werden, wie in Schritt 15 erklärt).

Niemals aufgeben

Wenn Ihr erster Plan nicht zum Erfolg führt, ersetzen Sie ihn durch einen neuen. Wenn dieser ebenfalls versagt, greifen Sie zum nächsten und so weiter, bis Sie einen Plan gefunden haben, der tatsächlich *funktioniert*. Das ist der Zeitpunkt, an dem die meisten Leute scheitern, weil sie nicht die nötige Beharrlichkeit an den Tag legen, um die Pläne, die nicht aufgegangen sind, durch neue zu ersetzen.

> **Denken Sie daran: Eine zwischenzeitliche Niederlage bedeutet nicht, dass Sie endgültig gescheitert sind. Sie heißt nur, dass Ihr Plan fehlerhaft war. Ersinnen Sie neue Pläne. Fangen Sie von vorn an.**

Wenn wir uns Leute anschauen, die es zu großem Reichtum gebracht haben, nehmen wir oft nur ihren Triumph wahr und übersehen die Rückschläge, die sie hinnehmen mussten, bevor sie ihr Ziel erreicht haben. Hier sind ein paar Beispiele:

- Thomas A. Edison »scheiterte« 10.000 Mal, bevor er eine funktionierende Glühbirne schuf. Das heißt, er erlebte 10.000 zwischenzeitliche Niederlagen, bis seine Bemühungen von Erfolg gekrönt waren.
- James J. Hill scheiterte zunächst daran, das nötige Kapital aufzubringen, um eine Eisenbahnlinie zwischen dem Osten und dem Westen der USA zu bauen, doch er verwandelte die Niederlage durch neue Pläne in einen Sieg.
- Henry Ford musste nicht nur zu Beginn seiner Laufbahn als Autobauer Rückschläge hinnehmen, sondern auch noch, nachdem er schon ganz oben angelangt war. Daraufhin schmiedete er neue Pläne und marschierte weiterhin auf den finanziellen Triumph zu.

Niemand, der diese Philosophie befolgt, kann ernsthaft erwarten, reich zu werden, ohne zwischenzeitliche Rückschläge zu erleiden. Wenn ein solcher eintritt, verstehen Sie es als Zeichen dafür, dass Ihr Plan fehlerhaft war, ändern Sie ihn ab und streben Sie erneut Ihr begehrtes Ziel an. Wer das Handtuch wirft, bevor er das Ziel erreicht, ist ein »Aufgeber«.

Aufgeber gewinnen nie, und Gewinner geben niemals auf. Schreiben Sie diesen Satz in Großbuchstaben auf ein Stück Papier und bringen Sie es irgendwo an, wo Sie es jeden Abend vor dem Schlafengehen und jeden Morgen, bevor Sie das Haus verlassen, sehen.

Planen Sie die Vermarktung Ihrer Dienste

Fast alle großen Vermögen haben ihre Wurzeln in dem Geld, das für eine Dienstleistung oder eine *Idee* bezahlt wurde. Wenn Sie nicht über Besitz oder Ideen verfügen, die Sie zu Geld machen können, bleibt Ihnen nur, Ihre *persönlichen Dienste* oder Ihr *Spezialwissen* anzubieten. Wer sein Geld verloren hat oder gerade erst beginnt, welches zu verdienen, hat nichts als persönliche Dienste im Angebot. Daher ist es entscheidend, über die nötigen praktischen Informationen zu verfügen, um diese möglichst vorteilhaft an den Mann zu bringen.

Im Rest dieses Kapitels geht es darum, wie man seine persönlichen Dienste am besten verkauft. Die hier vermittelten Informationen werden all denjenigen, die genau das vorhaben, als praktische Orientierungshilfe dienen. Besonders nützlich sind sie für die, die eine Führungsposition anstreben.

> Wenn Sie nicht über Besitz oder Ideen verfügen, die Sie zu Geld machen können, bleibt Ihnen nur, Ihre *persönlichen Dienste* anzubieten.

Wann und wie man sich auf eine Position bewirbt

Die hier vermittelten Informationen sind das Ergebnis von Erfahrungen aus vielen Jahren, in denen ich Tausenden von Menschen dabei geholfen habe, ihre Dienste so effektiv wie möglich zu vermarkten. Sie können daher als solide und praxiserprobt betrachtet werden.

Machen Sie Ihre Hausaufgaben

Bevor Sie sich auf eine Position bewerben, müssen Sie erst einmal Stellen ermitteln, die für Sie attraktiv und für die Sie qualifiziert sind. Außerdem müssen Sie herausfinden, wie Sie sich möglichen Arbeitgebern und Personalvermittlern gegenüber als wertvolle neue Kraft präsentieren:

1. Überlegen Sie sich *genau*, was für eine Stelle Sie wollen. Wenn es sie so noch nicht gibt, können Sie sie vielleicht schaffen.
2. Suchen Sie sich eine Firma oder eine Einzelperson, für die oder mit der Sie gern arbeiten würden.
3. Bringen Sie alles über Ihren möglichen Arbeitgeber in Erfahrung (Geschäftsstrategien, Personal, Aufstiegsmöglichkeiten, Konkurrenz, Kunden). Halten Sie Ausschau nach Chancen, die der mögliche Arbeitgeber vielleicht nicht sieht, oder nach Verbesserungspotenzial im Unternehmen.
4. Finden Sie anhand einer Analyse Ihrer selbst und Ihrer Talente und Fähigkeiten heraus, *was Sie bieten können*. Überlegen Sie,

wie Sie Ihre Dienste, Verbesserungsideen und Konzepte erfolgreich anbringen können.

5. Vergessen Sie die Formulierung »eine Stelle finden«. Denken Sie nicht darüber nach, ob irgendwo etwas frei ist. Konzentrieren Sie sich ganz darauf, was Sie zu bieten haben, das Sie so wertvoll macht, dass man Sie einstellen sollte.
6. Sobald Sie einen Plan im Kopf haben, suchen Sie sich jemanden, der gut formulieren kann, und bitten Sie ihn, diesen Plan zu Papier zu bringen, ordentlich und mit allen Details. (Mehr Informationen zu diesem Thema finden Sie im späteren Abschnitt darüber, welche Informationen ein Lebenslauf enthalten sollte.)
7. Präsentieren Sie diesen Plan der richtigen Person, die entsprechende Entscheidungen treffen darf. Jedes Unternehmen sucht nach Leuten, die etwas Wertvolles beizutragen haben, in Form von Ideen, Dienstleistungen oder Kontakten. Jedes Unternehmen hat Platz für jemanden, der ein klares Konzept hat, das der Firma von Nutzen sein kann.

Diese Herangehensweise mag Tage oder Wochen in Anspruch nehmen, doch die Vorteile in Bezug auf das Einkommen, Ansehen und die Position ersparen Ihnen Jahre harter Arbeit zu einem geringen Lohn. Auf diese Weise lässt sich ein Karriere- oder Einkommensziel, das man sich gesetzt hat, oft ein bis fünf Jahre schneller erreichen.

> Jeder, der schon auf »halber Höhe der Leiter« anfängt oder einsteigt, schafft das durch bewusste und sorgfältige Planung (abgesehen natürlich vom Sohn des Chefs).

Nutzen Sie die richtigen Medien

Die Erfahrung hat gezeigt, dass die folgenden Medien sich als direkteste und effektivste Methode erwiesen haben, um Verkäufer und Käufer von persönlichen Dienstleistungen zusammenzubringen:

- **Netzwerke:** Die meisten Menschen finden Stellen durch Netzwerke, und Networking war noch nie einfacher. Nutzen Sie Webseiten wie LinkedIn, Facebook und Twitter, um sich ein Netzwerk zu schaffen und es auszubauen, und zapfen Sie es an, um freie Stellen zu finden, die zu Ihren Kenntnissen, Fähigkeiten, Interessen und Zielen passen. Arbeitgeber neigen dazu, Leute einzustellen, die sie kennen oder die ihnen empfohlen wurden, daher sollten Sie so oft es geht über einen gemeinsamen Bekannten an mögliche Arbeitgeber herantreten.
- **Soziale Medien:** Legen Sie auf Webseiten wie LinkedIn, Facebook oder Twitter ein Profil an, das Ihre Qualifikationen und Leistungen zutreffend darstellt und Sie für mögliche Arbeitgeber und Personalvermittler attraktiv macht. Bringen Sie sich in relevanten Diskussionsforen ein, wo Sie Ihr Fachwissen und andere für Arbeitgeber wertvolle Fähigkeiten demonstrieren können. Vielleicht erstellen und führen Sie sogar einen Blog, um zu einem Vordenker Ihres Bereiches zu werden.
- **Bewerbungen, Anschreiben und Lebensläufe:** Wenn Sie sich auf eine Position bewerben, stellen Sie die Bedürfnisse des möglichen Arbeitgebers in den Mittelpunkt und erklären Sie, was Sie dazu befähigt, diese zu erfüllen oder sogar zu übertreffen. Statt zu betonen, was Sie *wissen und können* (Kenntnisse und Fähigkeiten), heben Sie hervor, wie Sie früheren Arbeitgebern geholfen haben und was Sie für den zukünftigen Arbeitgeber tun können. Ziehen Sie für das Verfassen Ihres Anschreibens, Ihres Lebenslaufs und Ihrer Bewerbung einen Experten hinzu. (Weitere Informationen darüber, was in solche Schreiben gehören, finden sich im folgenden Abschnitt.)

- **Personalvermittler:** Personalvermittler sind stets auf der Suche nach Toptalenten in einer Vielzahl von Bereichen, damit sie diese gegen Provision an Arbeitgeber »verkaufen« können. Nutzen Sie die sozialen Medien wie oben beschrieben, um sich online möglichst attraktiv darzustellen und präsent zu sein.
- **Freelancer-Webseiten:** Immer mehr Unternehmen beschäftigen Personal nur nach Bedarf, um die Arbeitskraft je nach Auftragslage aufzustocken oder zu verringern. Heute können Sie möglichen Arbeitgebern Ihre Dienste über eine Reihe von Online-Outsourcing-Webseiten anbieten, etwa Upwork (www.upwork.com), Fiverr (www.fiverr.com) und Freelancer (www.freelancer.com).
- **Bezahlte Werbung:** Anzeigen in Zeitungen, Fachmagazinen, Zeitschriften oder im Internet können zu Erfolgen führen. Ziehen Sie einen Experten zurate, der etwas davon versteht, Anzeigen so zu gestalten, dass sie Ihre Dienste vielversprechend anpreisen.
- **Persönlicher Kontakt:** In manchen Branchen und Situationen ist es am wirksamsten, persönlich vorstellig zu werden. Doch selbst dann sollten Sie eine sorgfältig verfasste Bewerbung dabeihaben, die Ihre Fähigkeiten schriftlich darlegt. So versorgen Sie den möglichen Arbeitgeber mit dem nötigen Material, auf das er sich beziehen und das er anderen zeigen kann, die bei der Einstellung von Personal mitentscheiden.

> Networking ist bei der effektiven Vermarktung von Dienstleistungen ein entscheidendes Element. Sie müssen in dem Feld, in dem Sie tätig sein wollen, *mit Menschen in Kontakt treten und Beziehungen pflegen.*

Einen Lebenslauf verfassen

Gehen Sie beim Schreiben des Lebenslaufs so sorgfältig vor wie ein Anwalt, der sich auf eine Gerichtsverhandlung vorbereitet. Wenn Sie wenig Erfahrung damit haben, ziehen Sie einen Experten hinzu. Erfolgreiche Unternehmer beschäftigen Leute, die sich auf die Kunst und die Psychologie von Werbung verstehen, um ihre Produkte anzupreisen. So sollte auch jeder vorgehen, der persönliche Dienste im Angebot hat.

> **Tipp:** Lesen Sie sich die Stellenausschreibung genau durch und stellen Sie sicher, dass Sie in Ihrem Anschreiben und Lebenslauf die Erfahrungen, Fähigkeiten und Kenntnisse hervorheben, die zu den konkreten Wünschen des Arbeitgebers passen.

Folgende Informationen sollten im Lebenslauf auftauchen:

- **Die konkrete Stelle, auf die man sich bewirbt:** Vermeiden Sie Bewerbungen, aus denen nicht klar hervorgeht, welche Stelle Sie gern hätten. Bewerben Sie sich niemals auf »irgendeine Stelle«, denn das deutet auf einen Mangel an Fachqualifikation hin.
- **Ihre Qualifikationen für diese Stelle:** Gehen Sie detailliert darauf ein, warum Sie für die Stelle, die Sie anstreben, geeignet sind. Das ist der *wichtigste Abschnitt Ihrer Bewerbung*. Er bestimmt mehr als alles andere darüber, welchen Eindruck Ihre Bewerbung hinterlässt.
- **Erfahrungen:** Wenn Sie bereits Erfahrungen im angestrebten Bereich gesammelt haben, beschreiben Sie diese eingehend und nennen Sie Namen und Adressen früherer Arbeitgeber. Heben Sie konkrete Erfahrungen hervor, die Sie für die angestrebte Stelle qualifizieren.

- **Relevante Fähigkeiten:** Nennen Sie alle Ihre Fähigkeiten, die für die ausgeschriebene Stelle benötigt werden. Der potenzielle Arbeitgeber interessiert sich mehr dafür, was Sie können, als dafür, was Sie wissen.
- **Erreichte Erfolge:** Führen Sie mindestens drei Beispiele dafür an, wie frühere Arbeitgeber durch Sie Geld verdient oder eingespart haben oder wie Ihre Arbeit das Unternehmen vorangebracht hat, etwa wenn Sie ein Projekt vor Fristablauf abgeschlossen oder Prozesse effizienter gemacht haben.
- **Vorbildung:** Legen Sie kurz, aber aussagekräftig dar, welche Form der Ausbildung Sie haben und wo Ihre Schwerpunkte in der Schule oder im Studium lagen. Begründen Sie diese Schwerpunktwahl.
- **Referenzen:** Kluge Arbeitgeber überprüfen Ihre Referenzen, um sich über Ihre Persönlichkeit, Ihre Kenntnisse, Fähigkeiten und Leistungen zu informieren. Nennen Sie mindestens drei Ansprechpartner und deren Kontaktinformationen. Das können folgende Personen sein:
  - ehemalige Arbeitgeber oder Vorgesetzte,
  - Lehrer oder Universitätsdozenten,
  - bekannte Persönlichkeiten, deren Urteil als zuverlässig gilt.
- **Wissen über den möglichen neuen Arbeitgeber:** Bevor Sie sich auf eine Stelle bewerben, sollten Sie sich eingehend mit dem Unternehmen und der Branche, in der es tätig ist, vertraut machen. Bringen Sie dieses Wissen im Anschreiben und im Bewerbungsgespräch ein und stellen Sie intelligente Fragen, um zu zeigen, dass Sie Ihre Hausaufgaben gemacht haben. Vielleicht haben Sie sogar Ideen, was man im Unternehmen verbessern könnte. Das beweist Initiative und zeigt, dass Ihnen das Unternehmen und nicht nur der Arbeitsplatz am Herzen liegt.

Bieten Sie an, eine Woche, einen Monat oder für einen ausreichend langen Zeitraum *kostenlos zur Probe zu arbeiten*, damit Ihr möglicher neuer Arbeitgeber Ihren Wert einschätzen kann. Das mag radikal klingen, doch die Erfahrung hat gezeigt, dass man so oft einen Fuß in die Tür bekommt. Wenn Sie *von Ihren Qualifikationen überzeugt sind*, ist die Probearbeit alles, was Sie brauchen. Außerdem beweist ein solches Angebot, dass Sie zuversichtlich sind, die angestrebte Position füllen zu können. Das wirkt überzeugend. Wenn Ihr Angebot angenommen wird und Sie gute Arbeit leisten, werden Sie höchstwahrscheinlich für die Probetage bezahlt werden. Machen Sie deutlich, dass Ihr Angebot auf folgenden Eckpfeilern ruht:

- Ihrer Überzeugung, die Position füllen zu können,
- Ihrer Überzeugung, dass der mögliche Arbeitgeber sich nach den Probetagen für Sie entscheiden wird,
- Ihrer Entschlossenheit, die angestrebte Stelle zu bekommen.

> Denken Sie daran: Nicht der Anwalt, der am meisten weiß, gewinnt den Fall, sondern der, der am besten vorbereitet ist. Wenn Sie Ihren »Fall« sorgfältig vorbereiten und präsentieren, haben Sie schon halb gewonnen.

Haben Sie keine Angst, dass Ihr Lebenslauf zu lang ausfallen könnte. Arbeitgeber sind genauso sehr daran interessiert, sich die Dienste von gut qualifizierten Bewerbern zu sichern, wie Sie an der Stelle. Der Erfolg der meisten erfolgreichen Arbeitgeber beruht sogar hauptsächlich auf ihrer Fähigkeit, gut qualifizierte Kräfte auszuwählen. Sie wollen alle verfügbaren Informationen.

> **Denken Sie daran:** Große Sorgfalt beim Verfassen des Lebenslaufs zeigt, dass Ihnen die Stelle *wichtig ist* und Sie *auf Details bedacht* sind. Ich habe mit Klienten schon Lebensläufe erstellt, die so überzeugend und ungewöhnlich waren, dass diese ohne Vorstellungsgespräch eingestellt wurden.

Sobald der Lebenslauf fertig ist, drucken Sie ihn auf dem besten Papier aus, das Sie finden können. Überprüfen Sie ihn eingehend auf Rechtschreib- und Grammatikfehler. Befolgen Sie diese Anweisungen genau und ergänzen Sie sie um alles, was Ihnen einfällt.

Erfolgreiche Verkäufer verwenden viel Mühe auf ihr Äußeres. Sie verstehen, dass der erste Eindruck prägend ist. Ihr Lebenslauf ist Ihr Verkäufer. Geben Sie ihm ein möglichst elegantes Äußeres, damit er aus allen Bewerbungen, die Ihr potenzieller Arbeitgeber erhält, hervorsticht. Wenn sich die Stelle lohnt, ist sie die Mühe wert. Außerdem werden Sie, wenn Sie sich einem Arbeitgeber auf eindrucksvolle und individuelle Weise präsentieren, wahrscheinlich von Beginn an mehr Lohn für Ihre Dienste angeboten bekommen, als wenn Sie sich auf konventionellere Art und Weise beworben hätten.

Arbeit gleicht einer Partnerschaft

Wenn Ihre Arbeit darin besteht, anderen Ihre Dienste anzubieten, betrachten Sie sie am besten wie eine Partnerschaft, in der Sie und Ihr Arbeitgeber die Partner sind. Sie sind Kollegen, die gemeinsam die Bedürfnisse von Klienten oder Kunden erfüllen.

In der Vergangenheit haben Arbeitgeber und Arbeitnehmer stets miteinander gerungen. Jeder wollte das Beste für sich herausschlagen, ohne Rücksicht darauf, dass diese Auseinandersetzung in Wahrheit *auf dem Rücken von Dritten ausgetragen wurde – dem der gemeinsamen Kunden.*

> Es wird eine Zeit kommen, in der die »goldene Regel«, nicht die »Regel des Goldes«, den Verkauf von Waren sowie von persönlichen Dienstleistungen dominieren wird.

In Zukunft werden sowohl Arbeitgeber als auch Angestellte erkennen, dass *sie nicht mehr zulasten Ihrer Kunden verhandeln können.* Der wahre Arbeitgeber der Zukunft wird der Kunde sein. Das sollten alle Menschen, die ihre Dienste effektiv anbieten wollen, unbedingt im Kopf behalten.

Die Schlüsselwörter des Handels sind heute »Zuvorkommenheit« und »Service«. Das betrifft denjenigen, der seine Dienste anbietet, noch direkter als den Arbeitgeber, bei dem er angestellt ist, weil letztendlich sowohl der Arbeitgeber als auch der Arbeitnehmer *von den Kunden, die sie bedienen, beauftragt sind.* Wenn sie keine gute Arbeit leisten, verlieren sie das Recht, den Kunden bedienen zu dürfen.

> Die »Haudegen« von gestern sind heute durch »Entgegenkommer« verdrängt worden. Wer die wertvollsten Dienste leistet, ist am gefragtesten und wird dafür am besten bezahlt.

Der QQG-Wert

Es liegt in *Ihrer* Hand, Ihre Dienste zu verkaufen. Dabei bestimmen weitgehend die *Qualität* und die *Quantität* Ihrer Arbeit und die *Geisteshaltung*, in der Sie sie erledigen, darüber, wie viel Geld Sie dafür bekommen und wie lange man Sie beschäftigt. Um Ihre Dienste effektiv (also dauerhaft unter angenehmen Bedingungen zu einem zufriedenstellenden Preis) an den Mann zu bringen, müssen Sie die QQG-Formel befolgen, die besagt, dass eine Kombination aus *Qualität*, *Quantität* und der richtigen, kooperativen *Geisteshaltung* die perfekte Dienstleistung ergeben. Denken Sie immer an die QQG-Formel, aber nicht nur das – *wenden Sie sie stets an!*

Lassen Sie uns die Formel durchgehen, damit klar ist, was damit gemeint ist:

- Die *Qualität der Dienstleistung* steht dafür, dass Sie Ihre Aufgaben bis ins letzte Detail auf die effektivste Art und Weise und stets auf noch größere Effizienz bedacht erledigen.
- Unter der *Quantität der Dienstleistung* versteht man die *Gewohnheit*, die Arbeit, zu der man fähig ist, stets auch zu leisten, mit der Absicht, das Pensum mit der Zeit durch Erfahrung und Übung immer weiter zu steigern. Die Betonung liegt hierbei auf dem Wort »Gewohnheit«.
- Die *Geisteshaltung des Dienstleisters* steht für die *Gewohnheit*, freundlich und auf Harmonie bedacht aufzutreten und so Partner und Kollegen zur Zusammenarbeit zu bewegen.

Die passende *Qualität* und *Quantität* der Dienste reichen nicht aus, um sich einen dauerhaften Markt zu verschaffen. Ihr Verhalten, die *Geisteshaltung*, mit der Sie Ihre Dienstleistung erbringen, ist sowohl für den Preis, den Sie erhalten, als auch für die Dauer des Geschäftsverhältnisses ein wichtiger Faktor.

Die QQG-Formel: *Qualität + Quantität + kooperative Geisteshaltung = perfekte Vermarktung Ihrer Dienste*

Andrew Carnegie hob diesen Punkt ganz besonders hervor, wenn es um die Faktoren ging, die bei der Vermarktung der eigenen Dienste zum Erfolg führen. Er unterstrich ein ums andere Mal, wie wichtig *auf Harmonie bedachtes Verhalten* sei, und erklärte, dass er niemanden länger beschäftigt, der nicht dazu in der Lage war, ungeachtet der *Qualität* und der *Quantität* seiner Arbeit. Für ihn war ein *freundliches Auftreten* unerlässlich. Diesen Punkt stellte er unter Beweis, indem er vielen Leuten, die seinen Ansprüchen entsprachen, zu Reichtum verhalf. Wer ihnen nicht genügte, musste seinen Platz hingegen räumen.

Die Bedeutung eines ansprechenden Wesens wird hier betont, weil dieses uns erlaubt, unsere Dienste mit der richtigen Geisteshaltung zu erbringen. Menschen mit einer solchen Persönlichkeit, die bei der Arbeit auf Harmonie bedacht sind, können dadurch oft Mängel in Bezug auf die Qualität und die Quantität ihrer Dienste ausgleichen. Das *freundliche Auftreten* hingegen kann durch nichts wettgemacht werden.

Mehr wert sein, um mehr zu verdienen

Wenn Sie persönliche Dienstleistungen verkaufen (Ihre Denkprodukte), gelten für Sie *exakt die gleichen Verhaltensregeln* wie für Händler, die Waren verkaufen. Ihr Kunde ist Ihr Arbeitgeber, und um sich das Privileg zu erhalten, für diesen Kunden arbeiten zu dürfen, müssen Sie Waren liefern (Ihre Dienste), die Ihr Kunde so wertvoll findet, dass er den verlangten Preis bezahlt. Wenn Ihr QQG-Wert nicht zu den Preisen passt, die Sie nehmen, werden Sie nicht lange im Geschäft bleiben. Das soll hier noch einmal betont werden, weil die meisten Menschen, die davon leben, persönliche Dienstleistungen zu verkaufen, der irrigen Annahme verfallen sind, für sie gälten die Verhaltensregeln und die Pflichten derer, die mit Waren handeln, nicht. Das führt dazu, dass sie höhere Preise veranschlagen, als ihre Dienste wert sind.

Bevor Sie eine Lohnerhöhung fordern, sich auf eine neue Stelle bewerben oder einen Preis für Ihre Dienste festsetzen, *vergewissern Sie sich, dass das, was Sie anbieten, der erwarteten Bezahlung entspricht.* Es ist eine Sache, mehr Geld zu *wollen* – jeder will mehr –, doch es ist etwas ganz anderes, auch *mehr wert zu sein.* Viele Menschen verwechseln ihre *Wünsche* mit der *angemessenen Bezahlung.* Finanzielle Bedürfnisse oder Vorstellungen haben absolut nichts damit zu tun, was Sie *wert* sind. Das ergibt sich ganz allein daraus, wie nützlich Ihre Arbeit ist oder wie gut Sie darin sind, andere zu nützlicher Arbeit zu bewegen.

Zu welchen Auswüchsen Ahnungslosigkeit in dieser Frage führen kann, zeigt das Beispiel eines jungen Mannes, der sich bei einem Manager eines bekannten Unternehmens auf eine Stelle bewarb. Er machte einen sehr guten Eindruck, bis der Manager ihn nach seinen Gehaltsvorstellungen fragte. Der Kandidat antwortete, er habe keine feste Summe vor Augen (Fehlen eines festen Ziels). Daraufhin meinte der Manager: »Dann werden wir Ihnen das zahlen, was Sie wert sind, nachdem Sie eine Woche zur Probe hier gearbeitet haben.«

»Das kann ich so nicht hinnehmen«, antwortete der junge Mann, »weil ich *dort, wo ich jetzt arbeite, mehr bekomme.*« Er wusste, dass sein derzeitiger Arbeitgeber ihm mehr zahlte, als er wert war! Ansonsten hätte er sich dankbar auf die Gelegenheit gestürzt, seinen Wert unter Beweis zu stellen und sich so einen höheren Lohn zu erarbeiten.

Wenn Sie *mehr Geld wollen*, seien Sie *mehr Geld wert*!

Die Bestandsaufnahme: 28 Fragen

Um seine Dienste effektiv vermarkten zu können, ist es unerlässlich, einmal im Jahr eine Selbstanalyse vorzunehmen, so wie Händler jährlich eine Inventur durchführen. Diese Analyse sollte einen *Rückgang der Schwächen* und eine *Zunahme der positiven Eigenschaften* zeigen. Im Leben gibt es stets Fortschritt, Stillstand oder Rückschritt. Unser Ziel sollte natürlich der Fortschritt sein. Die jährliche Selbstanalyse zeigt, ob wir uns weiterentwickelt haben, und wenn ja, wie sehr. Auch Rückschritte lassen sich daraus ablesen. Die effektive Vermarktung persönlicher Dienstleistungen verlangt eine Weiterentwicklung, egal, wie langsam sie abläuft.

Führen Sie Ihre alljährliche Selbstanalyse am Ende des Jahres durch, damit Sie nötige Verbesserungen, die sich daraus ergeben, in Ihre Vorsätze für das neue Jahr aufnehmen können. Machen

Sie eine Bestandsaufnahme, indem Sie sich die folgenden Fragen stellen und Ihre Antworten mit jemandem durchgehen, der Ihnen keine geschönten Angaben durchgehen lässt.

1. Habe ich mein Ziel für dieses Jahr erreicht? (Sie sollten sich jedes Jahr ein konkretes Ziel im Rahmen Ihres großen Lebensvorhabens setzen, auf das Sie hinarbeiten.)
2. Habe ich die *bestmögliche Qualität* geliefert, zu der ich in der Lage war, oder hätte ich in diesem Punkt besser sein können?
3. Habe ich die *größtmögliche Quantität* erreicht, zu der ich in der Lage war?
4. War ich in meinem Verhalten immer auf Harmonie bedacht und kooperativ?
5. Habe ich mir erlaubt, Dinge *aufzuschieben*, und dadurch meine Effizienz verringert? Wenn ja, in welchem Ausmaß?
6. Habe ich an meiner *Persönlichkeit* gearbeitet? Wenn ja, in welcher Hinsicht?
7. War ich in der Durchführung meiner Pläne stets *beharrlich*?
8. Habe ich meine *Entscheidungen* immer *rasch und entschlossen* getroffen?
9. Habe ich einer oder mehreren der sechs grundlegenden Ängste gestattet, sich auf meine Effizienz auszuwirken?
10. War ich »über-« oder »unvorsichtig«?
11. War meine Beziehung zu meinen Geschäftspartnern angenehm oder problematisch? Wenn sie problematisch war, war das teilweise oder ganz meine Schuld?
12. Habe ich einen Teil meiner Energie durch mangelnde *Konzentration* verschwendet?
13. War ich bei allen Fragestellungen und Themen offen und unvoreingenommen?
14. Inwiefern habe ich meine Arbeitsfähigkeit verbessert?
15. Habe ich in irgendeiner Hinsicht Maßlosigkeit an den Tag gelegt?
16. Habe ich mich – offen oder im Verborgenen – egoistisch verhalten?

17. War mein Verhalten gegenüber meinen Geschäftspartnern so, dass ich mir ihren *Respekt* verdient habe?
18. Basierten meine Meinungen und *Entscheidungen* auf Mutmaßungen oder auf akkurater Analyse und genauen *Überlegungen*?
19. Bin ich sparsam mit meiner Zeit, meinen Ausgaben und meinen Einnahmen umgegangen?
20. Wie viel Zeit habe ich auf unprofitable Beschäftigungen verwendet, obwohl ich sie besser hätte nutzen können?
21. Wie kann ich mir meine Zeit anders einteilen und meine Gewohnheiten so ändern, dass ich im kommenden Jahr effizienter arbeite?
22. Habe ich mich in bestimmten Situationen anders verhalten, als es mein Gewissen verlangt hätte?
23. In welcher Hinsicht habe ich *mehr und bessere Dienste* geleistet, als für den Preis verlangt wurden?
24. Habe ich jemanden unfair behandelt? Wenn ja, in welcher Hinsicht?
25. Wäre ich im vergangenen Jahr ein Kunde von mir gewesen, wäre ich dann mit meiner Arbeit zufrieden?
26. Übe ich den richtigen Beruf aus? Wenn nicht, warum nicht?
27. Waren alle meine Kunden mit der Arbeit, die ich geleistet habe, zufrieden? Wenn nicht, warum nicht?
28. Wie schneide ich im Augenblick in Bezug auf die grundlegenden Prinzipien des Erfolgs ab? (Schätzen Sie sich offen und ehrlich ein, und lassen Sie Ihre Angaben von jemandem überprüfen, der sich traut, die Frage zutreffend zu beantworten.)

> Die effektive Vermarktung persönlicher Dienstleistungen verlangt eine Weiterentwicklung, egal, wie langsam sie abläuft.

Es ist für die effektive Vermarktung der eigenen Dienste sehr zuträglich, die hier aufgeführten Informationen vollständig zu durchdringen und zu verstehen. Außerdem hilft es dabei, analytischer zu werden und Menschen besser einschätzen zu können. Für Personalchefs, HR-Experten und andere Führungskräfte, die dafür zuständig sind, Mitarbeiter einzustellen und für eine effektive Unternehmensstruktur zu sorgen, sind die Informationen unbezahlbar.

Eine Idee in Verbindung mit einem *Plan* und
dem nötigen *Spezialwissen*, um diesen Plan umzusetzen,
führt zu Reichtum.

Wissen ist nur dann Macht, wenn man daraus einen
entschlossenen Plan ableitet, um ein festes Ziel
zu erreichen.

Das Spezialwissen muss *nicht* im Besitz des Menschen sein,
der das Vermögen anhäuft.

Schritt 15: Wie man Spezialwissen für sich arbeiten lässt

Wissen an sich ist noch nicht Macht und es hilft einem nur wenig dabei, reich zu werden. Es wird nur dann zu Macht, wenn man daraus *einen entschlossenen Handlungsplan ableitet und es auf ein festes Ziel ausrichtet.* Wissen kommt in zwei Formen vor: *Allgemeinwissen* und *Spezialwissen*:

- *Allgemeinwissen* umfasst Informationen, Beschreibungen oder Erklärungen, die unsere Kenntnisse erweitern.
- *Spezialwissen* ist Allgemeinwissen, das so strukturiert wird, dass man mit seiner Hilfe eine Aufgabe durchführen, ein Ziel erreichen oder ein Produkt erschaffen kann.

Betrachten wir diese beiden Formen etwa am Beispiel der Medizin. Im Studium bekommen die Medizinstudenten zunächst *allgemeine Kenntnisse* über die menschliche Anatomie und Physiologie, Krankheitserreger, Genetik und so weiter vermittelt. Spezialwissen erlangen sie dann im klinischen Umfeld, etwa in unterschiedlichen Praktika, in denen sie lernen, wie sie dieses Allgemeinwissen einsetzen, um Patienten zu heilen und Krankheiten zu kurieren. Ausgebaut wird dieses Spezialwissen dann während einer praktischen Ausbildungsphase, in der die angehenden Ärzte ihre Fähigkeiten in der gewählten Fachrichtung unter Aufsicht beweisen müssen.

> Wissen wird nur dann zu Macht, wenn man daraus einen entschlossenen Handlungsplan ableitet und es auf ein festes Ziel ausrichtet. *Wissen* wirkt nicht anziehend auf Geld, wenn man es nicht strukturiert und intelligent durch praktische Pläne zur Anhäufung von Vermögen einsetzt.

Wenn Sie über die nötige *Vorstellungskraft* verfügen, vermittelt Ihnen dieses Kapitel möglicherweise die richtige Idee, aus der der ersehnte Reichtum erwachsen kann.

Zwei Wege, Geld zu verdienen

Bevor Sie sich sicher sein können, dass Sie in der Lage sind, Ihr *Verlangen* in sein finanzielles Gegenstück zu überführen, brauchen Sie die passenden Kenntnisse über die Dienste oder Waren, die Sie im Gegenzug für das viele Geld anbieten wollen. Vielleicht ist dafür deutlich mehr *Spezialwissen* nötig, als Sie erlangen können oder wollen – diese Schwäche lässt sich mithilfe der *Master-Mind-Gruppe* überbrücken, deren Mitglieder über das Wissen verfügen, das Ihnen fehlt. (Informationen darüber, wie man eine *Master-Mind-Gruppe* bildet, finden Sie in Schritt 13.) Ganz allgemein gesagt gibt es zwei Wege, Geld zu verdienen:

- Verkaufen Sie Ihr Spezialwissen an jemanden, der es braucht und bereit ist, dafür zu zahlen.
- Werden Sie reich, indem Sie eine *Idee* entwickeln, einen *Plan* entwerfen und dann das nötige *Spezialwissen* erlangen (durch Kauf, Handel oder Partnerschaften), um diesen Plan umzusetzen.

Die Anhäufung eines großen Vermögens verlangt *Macht.* Macht erhält man durch gut organisiertes und intelligent ausgerichtetes Spezialwissen, doch dieses *Wissen muss nicht unbedingt im Besitz des Menschen sein, der das Vermögen anhäuft.*

Daraus können alle ehrgeizigen Menschen, denen die nötige Ausbildung oder das Spezialwissen fehlt, um ein Vermögen anzuhäufen, Hoffnung und Ermutigung schöpfen. So mancher geht mit einem Minderwertigkeitskomplex durchs Leben, weil er nicht über die passenden Bildungsabschlüsse verfügt. Doch wer sich eine *Master-Mind-Gruppe* aus Leuten zusammenstellt, die über das entsprechende Wissen verfügen, um ein Vermögen anzuhäufen, ist genauso gebildet wie jedes Mitglied der Gruppe.

> *Spezialwissen* gehört zu den Dienstleistungen, die am reichlichsten vorhanden und am günstigsten zu bekommen sind!

Ideen geben dem Wissen einen Sinn

Ideen sind Gedanken, die Wissen einen Sinn verleihen. Sie sind der erste Schritt auf dem Weg dazu, *durch Nachdenken reich zu werden*, die Keime, aus denen große Vermögen wachsen. Es gibt deutlich mehr Spezialwissen als Ideen, weshalb diese auch wertvoller sind. Wer über eine Idee, ein brennendes Verlangen, diese zu verwirklichen, und einen soliden Plan (empfangen aus der Allumfassenden Intelligenz) verfügt, kann sich leicht das Spezialwissen verschaffen, das zur Umsetzung nötig ist. Ideen können weitaus größere Reichtümer hervorbringen, als Ärzte, Anwälte oder Ingenieure, die ihr Spezialwissen in mehreren Jahren Studium erworben haben, im Durchschnitt verdienen.

> Das Wichtigste ist die *Idee*. Spezialwissen lässt sich überall auftreiben.

Sollten sich ein paar Leute mit dem passenden Talent zusammentun und das Prinzip des *Spezialwissens* anwenden, können sie sehr schnell ein gewinnträchtiges Unternehmen auf die Beine stellen. Einer müsste gut mit Sprache umgehen können und ein Faible für Werbung und Marketing haben, ein anderer müsste sich mit Grafikdesign auskennen und ein Dritter müsste der »Geschäftsmann«

sein, dem es leichtfällt, neue Aufträge an Land zu ziehen. Wenn es einen Menschen gäbe, der all diese Fähigkeiten auf sich vereint, könnte er das Unternehmen auch allein betreiben, bis es für einen Einzelnen zu groß wäre. Wenn Sie über die nötige *Vorstellungskraft* verfügen und eine einträglichere Beschäftigung suchen, könnte dieser Vorschlag genau der Impuls sein, auf den Sie gewartet haben.

Wie man Spezialwissen erlangt

Als Allererstes müssen Sie ermitteln, welche Art von Spezialwissen Sie benötigen und wofür Sie es brauchen. Zum größten Teil bestimmt das Ziel, auf das Sie hinarbeiten, welches Wissen verlangt ist. Um sich Spezialwissen zu verschaffen, über das Sie nicht verfügen, das Sie aber zur Umsetzung Ihres Planes benötigen, stehen Ihnen folgende Optionen zur Verfügung:

- Greifen Sie auf Ihre bestehenden Kenntnisse und Erfahrungen zurück.
- Eignen Sie es sich selbst an, durch Kurse (an Universitäten, Fachhochschulen oder Berufsschulen), Lesen (Bücher, Zeitschriften oder Fachmagazine), Internetrecherche und dadurch, dass Sie Fragen stellen.
- Kaufen Sie es ein, indem Sie Leute mit den entsprechenden Kenntnissen in Vollzeit, Teilzeit oder auf Honorarbasis anstellen.
- Tun Sie sich mit jemandem zusammen, der über das Wissen, die Fähigkeiten oder andere Ressourcen verfügt, die Ihnen abgehen.
- Ertauschen Sie es, etwa gegen einige Prozent der Gewinne.
- Erlangen Sie es durch freiwilliges Engagement, Praktika oder andere Dienste bei einer Firma in der Branche, in der Sie gern reich werden möchten.

Dank dem Internet können wir uns leicht Zugang zu Spezialwissen verschaffen. Sie können online Leute finden und kontaktieren, die – im Kollektiv – über alles Spezialwissen verfügen, das Sie benötigen, um Ihren Plan umzusetzen, egal, ob Sie jemanden brauchen, der potenzielle lukrative Geschäftsmöglichkeiten recherchiert, sich mit Unternehmensgründungen auskennt, eine Idee patentieren lässt, eine Webseite erstellt, ein Produkt entwirft und herstellt oder irgendeine andere Dienstleistung erledigt. Sie können sich dort sogar mit Beratern in Verbindung setzen, die Ihnen Orientierung und Einsichten verschaffen. Auch das gute alte Networking wirkt Wunder – nehmen Sie Kontakt zu unternehmerisch denkenden Menschen in Ihrer Umgebung auf, um Spezialwissen und Fähigkeiten auszutauschen und vielleicht sogar gemeinsam eine Geschäftsidee zu realisieren.

Ratschläge für Studienanfänger und ihre Eltern

Wenn Sie gerade Ihren Schulabschluss machen oder schon gemacht haben und eine akademische Ausbildung anstreben (ein Studium an einer Universität oder Fachhochschule), sollten Sie überlegen, wie Sie das dort erlangte Wissen später anwenden wollen, bevor Sie sich für ein Studienfach entscheiden. An den Fakultäten der großen Universitäten ist insgesamt wohl praktisch jedes der Menschheit bekannte Allgemeinwissen versammelt. Dort wird Wissen vermittelt, doch was die Studenten kaum lernen, ist, *wie man dieses Wissen strukturiert und anwendet, nachdem man es erlangt hat.* Das ist einer der Hauptgründe dafür, warum Universitätsabsolventen heute oft Probleme haben, nach dem Abschluss einträgliche Stellen zu finden.

Jahr für Jahr berichten die Berufsberater an den Universitäten, dass die Personalvermittler, die auf den Campus kommen, größtenteils auf der Suche nach Absolventen bestimmter Fachbereiche sind, darunter Betriebswirtschaft, IT, Mathematik, Chemie und andere Studiengänge, in denen man darauf vorbereitet wird, schnell eine produktive Position zu übernehmen. Für Geisteswissenschaftler, die oft über ein breiteres, aber weniger spezifisches Wissen verfügen, interessieren sich die Personaler weniger.

Wenn Sie sich unsicher sind, wie Sie Ihr Wissen später anwenden wollen, sollten Sie erwägen, den Studienbeginn noch ein wenig zu verschieben, bis Sie ein deutlicheres Ziel vor Augen haben. Versuchen Sie in der Zwischenzeit, sich darüber Klarheit zu verschaffen:

- Lesen Sie dieses Buch und befolgen Sie alle Anweisungen, um zu erkennen, was Sie *wollen* und *welche Dienstleistung oder welches Produkt Sie im Austausch für Geld anbieten wollen.* Das Konzept, durch Nachdenken reich zu werden, kennt keine obere oder untere Altersgrenze. Die Übungen in diesem Buch sind für jeden hilfreich.
- Machen Sie einen Berufseignungstest, um Ihre Stärken und Schwächen zu ermitteln und herauszufinden, welche Berufe und Jobs am besten zu Ihnen und Ihren Interessen passen. Viele Schulen und Universitäten bieten solche und ähnliche Tests an. *Lassen Sie sich durch das Ergebnis aber nicht von Zielen abbringen, die Ihnen wirklich am Herzen liegen!*
- Schauen Sie sich in einer Vielzahl von Bereichen um, nicht nur in solchen, für die ein Studienabschluss nötig ist. Liefern Sie Ihrer Vorstellungskraft die Informationen, die es braucht, um zu erkennen, was möglich ist.
- Lesen Sie so viel wie möglich über Bereiche, die Sie interessieren.
- Sprechen Sie mit Leuten, die in dem für Sie interessanten Bereich tätig sind, damit Sie aktuelle und zukünftige Chancen abschätzen und einen Plan für den Berufseinstieg entwickeln können.
- Informieren Sie sich darüber, ob in diesen Bereichen in Zukunft Fachleute gesucht werden könnten.

Der richtige Beruf oder Bereich für Sie ergibt sich durch eine Mischung aus dem, was Sie gut können, dem, was Sie interessiert, und dem Spezialwissen, das gerade gefragt ist. Wenn Sie nicht dafür qualifiziert sind, eine Arbeit auszuführen, werden Sie auch keinen Erfolg darin haben. Wenn Sie kein Interesse daran haben, werden Sie nicht glücklich sein. Wenn Ihr Wissen nicht gefragt ist, gibt es kaum Chancen und nur wenig Lohn.

Lebenslanges Lernen

Erfolgreiche Menschen, ganz unabhängig vom Beruf, hören nie damit auf, Spezialwissen in Bezug auf ihr großes Lebensziel, ihre Branche oder ihr Unternehmen anzusammeln. Weniger erfolgreiche machen häufig den Fehler, zu glauben, dass das Lernen mit dem Studienabschluss beendet sei. Dabei gehört es zu den wertvollsten Aspekten der Hochschulbildung, dass sie in uns die Neugierde (den Lerneifer) weckt und uns vermittelt, wie man lernt und denkt. Sie lehrt uns, wie man liest, versteht und zu begründeten Urteilen über den Wahrheitsgehalt und den Wert von Informationen kommt.

Wer sein Wissen nicht weiter ausbaut, nur weil er nicht mehr zur Schule oder Universität geht, ist unabhängig von seinem Beruf hoffnungslos zur Mittelmäßigkeit verdammt.

Die sich ständig wandelnde wirtschaftliche Situation hat bewirkt, dass Tausende von Menschen sich eine neue Einkommensquelle suchen müssen. Für die meisten von ihnen könnte es die einzige Lösung sein, sich Spezialwissen zuzulegen. Viele werden gezwungen sein, komplett den Beruf zu wechseln. Wenn ein Händler feststellt, dass sich bestimmte Produkte nicht verkaufen, muss er andere finden, die mehr gefragt sind. Genauso müssen auch Sie, wenn Sie bemerken, dass Ihre Dienste nicht länger benötigt werden oder sich nicht mehr zu einem Preis verkaufen lassen, der Ihren finanziellen Bedürfnissen oder Wünschen entspricht, andere Dienste finden, die häufiger genutzt und von weniger Leuten angeboten werden.

Wenn Sie sich dafür neues Spezialwissen aneignen müssen, gibt es eine Vielzahl von Möglichkeiten, darunter diese:

- Weiterbildungen und Fortbildungen an entsprechenden Instituten
- Onlinekurse und -ausbildungen,
- kostenlose, öffentliche Onlinevorlesungen (MOOCs),
- praktische Berufserfahrung durch Praktika etc.

Der Weg zum Erfolg ist der Weg des kontinuierlichen Strebens nach Wissen.

Geschichten von Menschen, die sich die Macht des Spezialwissens zunutze gemacht haben

Im Verlauf der Geschichte haben es viele Menschen mit und ohne höheren Bildungsgrad geschafft, nur durch ihr Denkvermögen und die Anwendung von Spezialwissen Großes zu vollbringen und reich zu werden. Hier sind nur ein paar Beispiele, um zu zeigen, welche Macht angewandtes Spezialwissen hervorbringen kann.

Henry Ford: Spezialwissen auf Knopfdruck

Ein *gebildeter* Mensch ist nicht zwingend einer, der über viel Allgemein- oder Spezialwissen verfügt. Gebildete Menschen haben ihre Geistesfähigkeiten so entwickelt, dass sie alles, was sie wollen, erlangen können, ohne die Rechte anderer zu verletzen. In diesem Sinne zählte auch Henry Ford zu den »gebildeten Menschen«.

> **Gebildete Menschen haben ihre Geistesfähigkeiten so entwickelt, dass sie alles, was sie wollen, erlangen können, ohne die Rechte anderer zu verletzen.**

Während des Ersten Weltkrieges veröffentlichte eine Chicagoer Zeitung eine Reihe von Leitartikeln, in denen Henry Ford unter anderem als »unwissender Pazifist« bezeichnet wurde. Ford wehrte sich dagegen und verklagte die Zeitung wegen Verleumdung. Als die Sache vor Gericht kam, riefen die Verteidiger Ford in den Zeugenstand, um der Jury zu beweisen, dass die Aussagen der Zeitung stimmten und er wirklich unwissend sei. Sie stellten ihm eine Menge Fragen, die allesamt dazu dienten, durch Fords Antworten zu demonstrieren, dass er zwar vielleicht über beträchtliches Spezialwissen zum Thema Autobau verfügte, ihm aber das Allgemeinwissen abging, das zu der Zeit in Bildungsinstituten gelehrt wurde.

Sie traktierten Ford mit Fragen wie »Wer war Benedict Arnold?« und »Wie viele Soldaten schickten die Briten nach Amerika, um die Rebellion von 1776 niederzuschlagen?«. Diese letzte Frage beantwortete Ford mit der Aussage: »Ich kenne die genaue Zahl nicht, aber ich habe gehört, dass es bedeutend mehr waren, als wieder nach England zurückkehrten.«

Als er irgendwann eine besonders beleidigende Frage gestellt bekam, wurde ihm dieses Spiel zu blöd und er lehnte sich vor, zeigte auf den Anwalt, der die Frage gestellt hatte, und sagte: »Falls ich diese dämliche Frage oder eine der anderen Fragen, die Sie mir gestellt haben, wirklich beantworten *wollte*, möchte ich Sie daran erinnern, dass ich auf meinem Schreibtisch eine Reihe von elektrischen Knöpfen habe und durch das Drücken des richtigen Knopfes Leute herbeirufen kann, die in der Lage sind, *jede* Frage zu beantworten, die ich ihnen in Bezug auf das Geschäft, dem ich fast all meine Kraft widme, zu stellen vermag. Seien Sie nun doch bitte so freundlich und erklären Sie mir, *warum* ich meinen Kopf mit Allgemeinwissen verstopfen sollte, nur um Fragen zu beantworten, wenn ich doch von Menschen umgeben bin, die alle verlangten Antworten liefern können.«

Das hatte eine gewisse Logik.

Dem Anwalt verschlug es die Sprache. Jeder im Saal erkannte, dass dies nicht die Antwort eines unwissenden Mannes war, sondern die eines Mannes von Bildung. Wer weiß, wo er sich Wissen beschaffen kann, wenn er es braucht, und wie man aus diesem Wissen konkrete Pläne ableitet, ist gebildet. Mithilfe seiner *Master-Mind-Gruppe* hatte Henry Ford Zugriff auf das Spezialwissen, das nötig war, um zu einem der reichsten Männer der USA aufzusteigen. Es spielte keine Rolle, ob sich dieses Wissen in seinem Kopf befand.

Andrew Carnegie: Ein Stahlimperium, das auf Mitarbeiterwissen ruht

Andrew Carnegie sagte, dass er persönlich nichts über die technischen Details der Stahlherstellung wisse; sie interessierten ihn auch nicht sonderlich. Über das Spezialwissen, das für die Herstellung und den Verkauf von Stahl nötig war, verfügten die einzelnen Individuen seiner *Master-Mind-Gruppe*.

Wer weiß, wo er sich Wissen beschaffen kann, wenn er es braucht, und wie man aus diesem Wissen konkrete Pläne ableitet, ist ein gebildeter Mensch.

Ein Verkäufer, der von neu erworbenem Spezialwissen profitierte

Während einer Konjunkturschwäche verlor ein Verkäufer in einem Lebensmittelgeschäft seine Arbeit. Statt sich in diesen schweren wirtschaftlichen Zeiten auf einen neuen Job zu bewerben, beschloss er, sich selbstständig zu machen. Da er einige Erfahrung im Bereich Buchhaltung hatte, machte er einen Buchführungskurs, wo er die neuesten Methoden lernte und sich mit dem Handwerkzeug vertraut machte. Später schloss er Verträge mit mehr als 100 kleinen Firmen ab – als Erstes mit seinem alten Arbeitgeber, dem Lebensmittelhändler –, denen er für eine sehr geringe Summe im Monat die Bücher führte. Diese Idee lief so gut, dass er schon bald ein mobiles Büro in einem Lieferwagen einrichten musste, den er mit moderner Büroausstattung versah. Heute verfügt er über eine ganze Flotte dieser Buchhalterbüros »auf Rädern« und beschäftigt eine Vielzahl von Mitarbeitern, die kleine Händler zu einem geringen Preis mit den besten Buchhaltungsdiensten versorgen.

Dieses einzigartige und erfolgreiche Unternehmen ging ganz aus den Zutaten Spezialwissen und Vorstellungskraft hervor. Zu Beginn des Ganzen stand eine *Idee!* Als ich dem ehemaligen Verkäufer diesen Plan als Lösung für sein Arbeitslosigkeitsproblem vorschlug, rief er spontan: »Die Idee gefällt mir, aber ich habe keine Ahnung, wie ich sie zu Geld machen könnte.« Mit anderen Worten: Er beklagte, dass er nicht wüsste, wie er sein Buchhalterwissen an den Mann bringen sollte, nachdem er es erlangt hatte.

Dieses Hindernis wurde von einer anderen Unternehmerin gelöst, der Hauptfigur unserer nächsten Erfolgsgeschichte.

Wenn Sie reich werden wollen, indem Sie Ihr Spezialwissen verkaufen, können Sie durch effektive Vermarktung möglicherweise mehr Geld für diese Dienste erzielen.

Die Entstehung eines pfiffigen Marketingunternehmens

Unsicher, wie er sein neu erworbenes Buchhalterwissen effektiv vermarkten sollte, suchte der ehemalige Lebensmittelverkäufer eine junge Frau auf, deren Spezialwissen Geschick im Umgang mit Worten und Schriftsätzen umfasste. Gemeinsam gestalteten die beiden ein schönes Buch, in dem die Vorteile des neuen Buchhaltungssystems beschrieben waren. Sie druckten die Geschichte auf hochwertiges Papier und erstellten daraus ein Album, das sie als Verkaufswerkzeug benutzten. Das funktionierte so gut, dass der Mann bald mehr Kunden hatte, als er bedienen konnte.

Die *Idee*, die hier beschrieben ist, entstand aus der Not heraus, um eine Lücke zu füllen, die gefüllt werden musste, doch sie eignete sich für mehr als nur eine Person. Die Frau, die die Idee gehabt hatte, verfügte über ein ausgeprägtes *Vorstellungsvermögen* und war *bereit* für die Idee, die sich ihr präsentierte. Sie sah in ihrem Geistesprodukt den Auftakt eines neuen Berufs, der Tausenden Menschen, die bei der Vermarktung persönlicher Dienste Hilfe brauchten, nützlich sein sollte.

Die tatkräftige junge Frau, die den Erfolg ihres ersten *»vorbereiteten Plans zur Vermarktung persönlicher Dienste«* als Ansporn sah, wandte sich als Nächstes ihrem Sohn zu, der ein ähnliches Problem hatte: Er hatte gerade sein Studium abgeschlossen, fand aber absolut keinen Markt für seine Dienste. Der Plan, den die Frau für ihn entwarf, gehört zu dem Besten, was ich im Bereich der Vermarktung von persönlichen Diensten je gesehen habe.

Als das Buch fertig war, umfasste es fast 50 Seiten wunderbar gestalteter, optimal strukturierter Informationen über die Fähigkeiten, die Ausbildung und die Erfahrungen des jungen Mannes und derart viele andere Fakten über ihn, dass sie hier nicht aufgezählt werden können. Außerdem enthielt das Buch eine ausführliche Beschreibung der Stelle, die der Sohn suchte, gemeinsam mit einem toll formulierten Plan, wie er diese Stelle zu füllen gedachte.

Die Anfertigung des Buches dauerte mehrere Wochen, während derer die Schöpferin ihren Sohn fast täglich in die Bibliothek schickte, damit er die nötigen Daten in Erfahrung brachte, um ihn und seine Dienste möglichst vorteilhaft darzustellen. Außerdem sandte sie ihn zu allen Konkurrenten des angestrebten Arbeitgebers, um dort wichtige Informationen über die Branche einzuholen. Als das Buch fertig war, enthielt es mehr als ein halbes Dutzend exzellente Vorschläge für den Arbeitgeber, die das Unternehmen auch zu nutzen wusste, nachdem es den jungen Mann eingestellt hatte.

So mancher fragt nun vielleicht: »Warum macht man sich solch eine Mühe, nur um eine Stelle zu finden?« Die Antwort lautet: Wenn die einzige Einkommensquelle die Bereitstellung von persönlichen Dienstleistungen ist, schadet es nie, sich große Mühe zu geben, einen möglichen Arbeitgeber oder Kunden davon zu überzeugen, dass die Qualität dessen, was man im Angebot hat, mehr als den üblichen Preis wert ist. Der Plan, den diese Frau für ihren Sohn vorbereitete, verhalf ihm schon beim ersten Vorstellungsgespräch zu dem Job, auf den er sich beworben hatte, und zwar mit einem Gehalt, das er selbst bestimmte. Er musste nicht ganz unten anfangen. Er stieg direkt als Führungskraft zu einem entsprechenden Lohn ein.

Etwas gut zu machen ist niemals vergebens!

Die Frau, die diesen »persönlichen Plan zum Verkauf von Diensten« für ihren Sohn angefertigt hatte, erhielt Anfragen aus allen Ecken des Landes. Sie sollte ähnliche Pläne für andere erstellen, die mehr Geld für ihre Dienste bekommen wollten. Irgendwann stand sie einer ganzen Schar von Schreibkräften, Künstlern und Autoren vor, die in der Lage waren, jeden Fall so geschickt zu präsentieren, dass die Kunden ihre Dienste zu deutlich höheren als den branchenüblichen Preisen anbieten konnten. Die Frau war so überzeugt von ihren Fähigkeiten, dass sie als Bezahlung eine Beteiligung an der Umsatzsteigerung ihrer Kunden akzeptierte. Dabei darf man nicht unterstellen, dass sie einfach nur eine clevere Verkäuferin war, die Männern und Frauen dabei half, mehr Geld für dieselben Dienste zu verlangen, die sie vorher schon für weniger geleistet hatten. Sie schaute sich die Interessen des Käufers dieser Dienste genauso an wie die des Verkäufers und bereitete ihre Pläne entsprechend auf, sodass der Arbeitgeber für das zusätzliche Geld, das er ausgab, einen passenden Gegenwert erhielt. Die Methode, die ihr zu diesen erstaunlichen Ergebnissen verhalf, ist ein Betriebsgeheimnis, das sie nur ihren Kunden verrät.

Meiden Sie die Versuchung,
»unten anzufangen und sich hochzuarbeiten«

So logisch dieser Weg auch klingen mag, sein größter Nachteil ist, dass zu viele derer, die unten anfangen, es nie schaffen, den Kopf so weit zu heben, dass sie *Chancen* erblicken können, und somit immer unten bleiben. Die Aussicht von dort ist nicht sonderlich glänzend oder ermutigend. Sie neigt dazu, jeglichen Ehrgeiz zu ersticken. Wir nennen das »in den Trott geraten«, was bedeutet, dass wir unser Schicksal hinnehmen, weil wir *Gewohnheiten* oder alltägliche Routinen ausgebildet haben, die so tief sitzen, dass wir gar nicht mehr versuchen, aus ihnen auszubrechen. Wer ein oder zwei Schritte weiter oben anfängt, gewöhnt sich gleich daran, sich umzuschauen und mitzuerleben, wie andere aufsteigen, *Chancen* zu sehen und sie freudig zu ergreifen.

Hinter allen Ideen steckt *Spezialwissen*. Unglücklicherweise für alle, die davon leben, ihre Dienste feilzubieten, ist Spezialwissen reichlicher vorhanden und leichter zu bekommen als *Ideen*. Daher gibt es einen universellen Bedarf an und stetig zunehmende Chancen für Menschen, die anderen dabei helfen, ihre Dienste vorteilhaft anzupreisen. Die Frau, die einen »persönlichen Plan zum Verkauf von Diensten« für ihren Sohn erstellt hatte, schlug aus dieser Idee Kapital, entwarf einen Plan und kombinierte ihn mit Spezialwissen, das Reichtum hervorbrachte. Diese Idee lässt sich gut an Leute verkaufen, die eine neue Stelle im Bereich Führung oder Management suchen oder mehr Geld in bestehenden Positionen bekommen wollen.

Dan Halpins unerschütterliches Streben nach Erfolg

Schon als Student im Jahr 1930 gehörte Dan Halpin zum berühmten Footballteam »Notre Dame«, er assistierte damals dem großen Footballtrainer Knute Rockne. Vielleicht war es Rockne, der ihn lehrte, Großes anzustreben und *zwischenzeitliche Rückschläge nicht als Niederlage misszuverstehen*, so wie auch Andrew Carnegie, der große Industrielle, seine jungen Angestellten dazu beflügelte, sich hohe Ziele zu stecken. Doch leider schloss Halpin das Studium zu einem extrem ungünstigen Zeitpunkt ab, als es durch die Wirtschaftskrise gerade nur wenige Stellen gab. Er nahm daher nach einem kurzen Ausflug ins Investmentbanking und die Filmbranche die erste Stelle an, die möglicherweise zukunftsträchtig war – er verkaufte elektronische Hörgeräte auf Provisionsbasis. Das war eine Arbeit, *die jeder erledigen konnte, und Halpin wusste es*, aber mehr brauchte er gar nicht, um sich seine Chance zu erarbeiten.

Fast zwei Jahre lang ging er einer Arbeit nach, die er nicht mochte, und er wäre niemals aufgestiegen, hätte er nicht etwas gegen seine Unzufriedenheit unternommen. Als Erstes bewarb er sich auf die Stelle des stellvertretenden Verkaufsleiters in seinem Unternehmen und bekam sie. Dieser eine Schritt nach oben reichte aus, um ihm freie Sicht auf noch größere Chancen zu ermöglichen. Außerdem *konnten die Chancen ihn nun sehen*. Er verkaufte so viele Hörgeräte, dass A. M. Andrews, Vorsitzender der Dictograph Products Company, einem Konkurrenten des Unternehmens, für das Halpin arbeitete, mehr über den Mann erfahren wollte, der der renommierten Dictograph Company so viele Kunden abspenstig machte. Also bestellte er Halpin zu sich. Als das Gespräch vorbei war, war Halpin der neue Verkaufsleiter der Akustikabteilung von Dictograph.

Dann ging Andrews für drei Monate nach Florida und überließ Halpin seinem Job, um ihn auf die Probe zu stellen. Und er bestand! Knute Rocknes Einstellung – »Die ganze Welt liebt einen Gewinner und hat keine Zeit für Verlierer« – beflügelte ihn dazu, seine Arbeit so engagiert anzugehen, dass er zum Vizepräsidenten des Unternehmens und zum Geschäftsführer der Hörgeräteabteilung gewählt wurde, was viele Leute noch nach zehn Jahren treuer Dienste als Auszeichnung empfunden hätten. Halpin schaffte es in gut sechs Monaten!

Es ist schwer zu sagen, ob eher Andrews oder Halpin das größere Lob gebührt, denn beide bewiesen ein großes Maß der sehr seltenen Gabe namens *Vorstellungskraft*. Andrews muss man es hoch anrechnen, dass er in Halpin einen Draufgänger erster Ordnung erkannte. Halpin verdient Anerkennung dafür, dass er *sich weigerte, sich in sein Schicksal zu fügen und den Job zu behalten, den er nicht wollte*. Das gehört zu den zentralen Punkten, die ich im Rahmen dieser Philosophie zu zeigen versuche – dass es *Bedingungen sind, die wir kontrollieren können, wenn wir es wollen*, die dafür sorgen, dass wir nach ganz oben aufsteigen oder ganz unten bleiben.

Machen Sie sich Erfolg zur Gewohnheit

Sowohl Erfolg als auch Misserfolg sind größtenteils Ergebnisse der Gewohnheit. Ich habe nicht den geringsten Zweifel daran, dass Dan Halpins enge Verbindung zum größten Footballtrainer der USA in seinem Kopf ein Verlangen danach verankerte, zu glänzen, ganz ähnlich dem, das das Notre-Dame-Footballteam weltberühmt machte. An der Idee, dass Heldenverehrung hilfreich ist, ist wirklich etwas dran – solange man einen *Gewinner* verehrt. Halpin hat mir erzählt, dass Rockne einer der größten Männer der Geschichte gewesen sei.

Meine Überzeugung, dass solche Verbindungen im Arbeitsleben viel ausmachen, sowohl bei Erfolgen als auch bei Misserfolgen, zeigte sich auch, als mein Sohn Blair mit Dan Halpin über eine Stelle verhandelte. Halpin bot ihm ein Einstiegsgehalt an, dass etwa halb so hoch war wie das, was er bei einer konkurrierenden Firma bekommen hätte. Ich übte elterlichen Druck auf ihn aus und brachte ihn dazu, die Stelle bei Halpin anzunehmen, weil *ich glaube, dass eine enge Verbindung zu jemandem, der sich weigert, sich in eine unerwünschte Situation zu fügen, ein Schatz ist, der sich nicht in Gold aufwiegen lässt.*

Erfolgreiche Menschen treffen Entscheidungen und verfolgen ihre Ziele gänzlich unbeirrbar.

Der Wert einer Entscheidung hängt davon ab, wie viel Mut es erfordert, sie zu treffen.

Aufschieberitis ist ein typisches Symptom von Unentschlossenheit.

Schritt 16: Seien Sie entschlussfreudig

Die Analyse von mehreren Hundert Menschen, die weit über eine Million Dollar ihr Eigen nennen, enthüllte die Tatsache, dass jeder Einzelne von ihnen die Gewohnheit hatte, *rasch Entscheidungen zu treffen* und diese – falls nötig – nur *nach langem Überlegen* wieder zu revidieren. Auf der anderen Seite ergab eine Untersuchung von über 25.000 Männern und Frauen, die schon einmal mit etwas gescheitert waren, dass *Entscheidungsunfähigkeit* auf der Liste der 30 Hauptgründe für *Misserfolge* weit oben stand. Alle Menschen, die gern reich wären, es aber nicht schaffen, treffen ohne Ausnahme nur langsam Entscheidungen – wenn überhaupt – und werfen sie dafür schnell und häufig wieder über den Haufen.

> *Aufschieberitis*, das Gegenteil von *Entschlussfreudigkeit*, ist ein Gegner, den praktisch jeder bezwingen muss.

Entschlussfreudigkeit verlangt immer Mut, manchmal sogar sehr großen. Wer *fest entschlossen* ist, eine bestimmte Stelle zu bekommen und so viel zu verdienen, wie er sich wünscht, macht nicht sein Leben von dieser Entscheidung abhängig, sondern seine *wirtschaftliche Freiheit*. Finanzielle Unabhängigkeit, Reichtum und ersehnte berufliche Positionen sind nur für diejenigen erreichbar, die diese Dinge auch *erwarten*, *planen* und *einfordern*. Wer so sehr nach Reichtum verlangt, wie Samuel Adams sich die Freiheit für die Kolonien wünschte, wird sicher ein Vermögen machen.

Wie man entschlussfreudiger wird

»Anlegen. Zielen. Feuer!« Die meisten Menschen haben kein Problem mit den ersten beiden Befehlen. Es ist der dritte und letzte Schritt, der sie vom Erfolg abhält – sie schaffen es nicht, den Abzug zu betätigen. Sie leiden an Analyselähmung. Probieren Sie eine der folgenden Techniken aus, um entschlussfreudiger zu werden:

- **Legen Sie ein Datum für die Entscheidung fest.** Schreiben Sie ein Datum und eine Uhrzeit auf, wann die Entscheidung gefallen sein muss, und hängen Sie den Zettel irgendwo hin, wo Sie ihn jeden Tag sehen.
- **Überlegen Sie, was Sie die Untätigkeit kostet.** Statt immer nur daran zu denken, was Sie durch eine bestimmte Entscheidung zu verlieren haben, sollten Sie einmal überlegen, was es Sie kostet, nichts zu tun.
- **Schreiben Sie alle möglichen Optionen auf.** Wenn Sie eine Liste mit allen Möglichkeiten vorliegen haben, fällt Ihnen die Entscheidung leichter.
- **Schränken Sie die Recherche ein.** Legen Sie fest, welche Informationen Sie benötigen, um eine begründete Entscheidung treffen zu können, und holen Sie diese ein. Ihre Entscheidung soll auf Fakten basieren, doch es ist sehr leicht, sich in niemals endende Recherchen zu verrennen (Analyselähmung).
- **Setzen Sie sich mit Ihrer *Master-Mind-Gruppe* zusammen.** Menschen, die Ihr Bestes wollen, liefern manchmal Aspekte und zusätzliche Informationen, die Sie klarer sehen lassen.
- **Vertrauen Sie Ihrem Bauchgefühl.** Ihr »Bauchgefühl« ist das Unterbewusstsein, das versucht, sich einen Pfad zur Erfüllung Ihres Verlangens zu bahnen. Lassen Sie nicht zu, dass Ihr Bewusstsein Ihr Unterbewusstsein davon überzeugt, eine bestimmte Idee oder ein Plan sei »unmöglich«.
- **Denken Sie daran, dass die richtige Wahl nicht immer die perfekte Wahl ist.** Entscheidungen verlangen von Natur aus, auf etwas zu verzichten (die anderen Optionen), um das zu er-

halten, das man auswählt. Das Wissen, dass Sie sich an einer Weggabelung befinden und nicht beide Richtungen einschlagen können, ist vielleicht genau der Impuls, den Sie brauchen.

- **Entscheiden Sie sich schrittweise.** Treffen Sie Ihre Entscheidungen wenn möglich Schritt für Schritt. Eine Reihe kleinerer Entscheidungen fühlt sich vielleicht weniger überwältigend an als eine große. Setzen Sie sich Zwischenziele, um auf Kurs zu bleiben.

Machen Sie sich Entschlussfreudigkeit zur Gewohnheit

Treffen Sie auch bei nebensächlichen Fragen, etwa wo Sie essen wollen oder welchen Film Sie schauen, rasch eine Entscheidung. Äußern Sie, was *Sie wollen* (Ihr *Verlangen*), bevor Sie sich anderen fügen. Wenn Sie beispielsweise gefragt werden, wo Sie essen wollen, sagen Sie nicht: »Ist mir egal« oder »Mir ist alles recht«, sondern etwas wie »Ich hätte Lust auf griechisches Essen, bin aber für andere Vorschläge offen.« Machen Sie sich Entschlussfreudigkeit zur Gewohnheit, dann wird es Ihnen schon bald viel leichter fallen, bei größeren Entscheidungen »den Abzug zu betätigen«.

Blenden Sie die Schwarzmaler aus

Teilen Sie Ihre Ideen und Pläne nur mit Ihrer *Master-Mind-Gruppe* (siehe Schritt 13) und stellen Sie sicher, dass alle Mitglieder *voll auf Ihrer Seite* stehen und nur *Ihr Bestes wollen.* Wenn Sie Ihre Ideen und Pläne Leuten außerhalb dieser Gruppe mitteilen, setzen Sie den Erfolg in zweierlei Hinsicht aufs Spiel:

- Jemand könnte Ihre Idee klauen oder Ihren Plan umsetzen, bevor Sie dazu kommen. Jeder Mensch, mit dem Sie zu tun haben, ist wie Sie selbst auf der Suche nach Chancen, reich zu werden.

- Jemand könnte eine Meinung oder einen Kommentar zu Ihrer Idee oder Ihrem Plan äußern, vielleicht auch im Scherz, der bei Ihnen Zweifel und Ungewissheit auslöst, was sich ganz leicht in Ihr Unterbewusstsein überträgt und Ihr Verlangen und Ihre Begeisterung dämpft. Ein Großteil der Menschen, die zu wenig Geld haben, lässt sich leicht von anderen beeinflussen.

> **Wenn Sie sich bei *Entscheidungen* von der Meinung anderer beeinflussen lassen, werden Sie keinen Erfolg haben, vor allem nicht, wenn es darum geht, Ihr *Verlangen* in Geld zu überführen.**

Halten Sie die Augen und Ohren offen und den Mund *geschlossen*, wenn Sie sich angewöhnen wollen, *Entscheidungen* rasch zu treffen. Wer zu viel redet, tut meist wenig anderes. Wenn Sie mehr reden als zuhören, berauben Sie sich selbst vieler Möglichkeiten, nützliches Wissen zu gewinnen, und enthüllen Ihre *Pläne* und *Ziele* außerdem Menschen, die diese mit Vorliebe vereiteln werden, weil sie neidisch auf Sie sind.

Sie können für sich selbst denken. *Nutzen* Sie Ihr Gehirn und treffen Sie Ihre eigenen Entscheidungen. Wenn Sie dafür auf Fakten oder Informationen durch andere angewiesen sind, was sicherlich oft der Fall sein wird, verschaffen Sie sich diese still und leise, ohne Ihr Ziel zu offenbaren.

> **Eine Ihrer ersten Entscheidungen sollte sein, *den Mund geschlossen und die Augen und Ohren offen* zu halten.**

Um diesen Ratschlag stets in Erinnerung zu behalten, können Sie den folgenden Spruch groß auf ein Blatt Papier schreiben und es irgendwo aufhängen, wo Sie es täglich sehen:

»Zeigen Sie es, bevor Sie es erzählen.«

Geschichten über Entscheidungsfreudigkeit

Wer rasch und bestimmt Entscheidungen trifft, weiß, was er will, und bekommt es für gewöhnlich auch. Führungskräfte in allen möglichen Bereichen entscheiden schnell und konsequent. Das ist der Hauptgrund dafür, warum sie in ihrer Position sind. Die Welt hat die Angewohnheit, Leuten, deren Worte und Taten zeigen, dass sie wissen, wohin sie wollen, viel Platz einzuräumen, wie diese Erfolgsgeschichten zeigen.

Der entschlussfreudige und sture Henry Ford

Zu Henry Fords herausragendsten Eigenschaften gehörte seine Fähigkeit, schnell und bestimmt Entscheidungen zu treffen und sie nur selten zu widerrufen. Das war bei ihm so ausgeprägt, dass Ford den Ruf hatte, störrisch zu sein. Es war genau diese Eigenschaft, die Ford dazu brachte, sein berühmtes »Modell T« (das hässlichste Auto der Welt) weiter herzustellen, obwohl ihm alle Berater – und viele der Käufer des Wagens – davon abrieten.

Vielleicht brauchte Ford zu lange, um umzudenken, doch die Kehrseite der Medaille ist, dass Fords Unbelehrbarkeit ihm ein großes Vermögen einbrachte, bevor eine Umstellung des Modells nötig wurde. Es herrschen kaum Zweifel daran, dass Fords Angewohnheit, nicht von seinen Entschlüssen abzuweichen, an Sturheit grenzte, doch das ist besser, als nur langsam Entscheidungen zu treffen und sie schnell wieder zu revidieren.

Eine Entscheidung über Freiheit oder Tod

Der Wert einer Entscheidung hängt davon ab, wie viel Mut es erfordert, sie zu treffen. Bei den grundlegenden Entscheidungen der Zivilisation gingen die Verantwortlichen stets enorme Risiken ein; oft setzten sie sogar ihr Leben aufs Spiel.

Der Wert einer Entscheidung hängt davon ab,
wie viel Mut es erfordert, sie zu treffen.

Lincoln traf seine Entscheidung, die berühmte Emanzipationsproklamation zu veröffentlichen, die den Sklaven Amerikas die Freiheit gab, in dem Wissen, dass er damit Tausende von Freunden und politischen Unterstützern gegen sich aufbrachte. Er wusste auch, dass die Umsetzung der Proklamation den Tod Tausender Menschen auf dem Schlachtfeld bedeuten würde. Letzten Endes kostete sie auch ihn selbst das Leben. Das verlangte Mut.

Sokrates' Entscheidung, das Gift zu trinken, statt seine Überzeugungen zu verraten, war ein mutiger Akt. Sie brachte die Zeit um 1.000 Jahre nach vorn und verschaffte Menschen, die damals noch nicht geboren waren, das Recht auf freie Gedanken und die freie Meinungsäußerung.

Die Entscheidung von General Robert E. Lee, sich von den Unionsstaaten abzuwenden und für den Süden zu kämpfen, war ein mutiger Akt, weil er sehr genau wusste, dass sie ihn das Leben kosten könnte und anderen sicher den Tod bringen würde.

Doch die größte aller Entscheidungen wurde in den Augen der US-Amerikaner am 4. Juli 1776 in Philadelphia getroffen, als 56 Männer ihre Unterschrift unter ein Dokument setzten, von dem sie wussten, dass es entweder allen Amerikanern die Freiheit verschaffen oder aber dafür sorgen würde, dass alle 56 am Galgen baumelten.

Sie haben sicher schon von diesem berühmten Dokument gehört, haben aber vielleicht noch nicht die wichtige Lehre daraus gezogen, die es uns so klar vor Augen führt.

Das Datum dieser folgenreichen Entscheidung ist weithin bekannt, doch nur wenigen ist klar, welchen Mut sie verlangte. Wir erinnern uns an historische Ereignisse, wie sie uns gelehrt werden; wir erinnern uns an Daten und die Namen der Männer, die gekämpft haben; wir erinnern uns an Valley Forge und Yorktown, an George Washington und Lord Cornwallis. Doch wir wissen nur wenig über die wahren Mächte hinter diesen Namen, Daten und Orten und noch weniger über die immaterielle *Kraft*, die den Amerikanern die Freiheit verschaffte, lange bevor Washingtons Truppen in Yorktown eintrafen.

Wir lesen die Geschichte der amerikanischen Revolution und gehen fälschlicherweise davon aus, dass George Washington der Vater der USA ist, dass er die Freiheit der Staaten erkämpft hat, obwohl die Wahrheit ganz anders lautet. Washington vollendete nur, was schon längt klar war, denn der Sieg der Armee stand bereits fest, lange bevor Lord Cornwallis sich ergab. Damit möchte ich Washington keineswegs den Ruhm absprechen, den er sich reiflich verdient hat. Ich möchte nur mehr Aufmerksamkeit auf die erstaunliche *Kraft* lenken, die der wahre Grund dieses Sieges war.

Es ist wirklich eine Tragödie, dass die Geschichtsschreiber diese unwiderstehliche *Kraft*, die für die Existenz und die Freiheit der Nation sorgte, die allen Völkern der Welt als Beispiel für Unabhängigkeit dienen sollte, mit keiner Silbe erwähnen. Das sage ich, weil es auch genau diese *Kraft* ist, die jeder Mensch aufbringen muss, um die Schwierigkeiten des Lebens zu bewältigen und es dazu zu bringen, ihm den verlangten Preis zu zahlen.

Lassen Sie uns kurz einen Blick auf die Ereignisse werfen, die diese *Kraft* hervorbrachten. Die Geschichte beginnt mit einem Zwischenfall am 5. März 1770 in Boston. Dort patrouillierten britische Soldaten in den Straßen und vermittelten den Bewohnern allein durch ihre Anwesenheit ein Gefühl der Bedrohung. Den

Kolonisten waren die Bewaffneten mitten unter ihnen ein Dorn im Auge. Irgendwann begannen sie, diese Ablehnung offen zu zeigen, sie warfen Steine auf die Soldaten und beschimpften sie, bis deren Kommandant den Feuerbefehl gab.

Und so brach ein Kampf aus. Er führte zu vielen Toten und Verletzten. Der Zwischenfall löste so viel Unmut aus, dass die Provinzversammlung (bestehend aus prominenten Kolonisten) ein Treffen einberief, um über das weitere Vorgehen zu beraten. Zwei der Mitglieder dieser Versammlung waren John Hancock und Samuel Adams, die später berühmt werden sollten. Sie meldeten sich mutig zu Wort und erklärten, dass man Schritte unternehmen sollte, um alle britischen Soldaten aus Boston zu entfernen.

Behalten Sie das im Kopf – eine *Entscheidung* in den Köpfen zweier Menschen kann im Grunde als Ursprung der heutigen Freiheit der USA betrachtet werden. Wichtig ist auch, dass diese *Entscheidung Glauben* und *Mut* erforderte, denn sie war gefährlich.

Bevor die Sitzung zu Ende war, wählte man Samuel Adams dazu aus, den Gouverneur der Provinz, Thomas Hutchinson, aufzusuchen und von ihm den Rückzug der britischen Truppen zu verlangen.

Dem Wunsch wurde entsprochen, die Truppen wurden aus Boston abgezogen, doch damit war der Vorfall noch nicht abgeschlossen. Er hatte eine Situation herbeigeführt, die das Schicksal der gesamten Menschheit beeinflussen sollte. Ist es nicht seltsam, dass große Umwälzungen, wie die amerikanische Revolution und viele Kriege, oft aus Umständen hervorgehen, die unbedeutend erscheinen? Zudem ist es interessant, dass diese wichtigen Veränderungen ihren Ursprung meist in einer *bestimmten Entscheidung* einer relativ kleinen Anzahl von Menschen haben. Nur wenige kennen sich in der Geschichte der USA gut genug aus, um zu wissen, dass eigentlich John Hancock, Samuel Adams und Richard Henry Lee (aus der Provinz Virginia) die wahren Väter des Landes sind.

Richard Henry Lee nimmt eine wichtige Rolle in dieser Geschichte ein, weil er und Samuel Adams sich regelmäßig Briefe schrieben und sich darin offen über ihre Befürchtungen und Hoffnungen in Bezug auf das Wohlergehen der Bewohner der Provinzen äußerten. Dieser Briefwechsel brachte Adams auf die Idee, dass ein schriftlicher Austausch unter den 13 Kolonien die Koordination der Bemühungen herbeiführen könnte, die zur Lösung der Probleme dringend nötig war. Zwei Jahre nach dem Zusammenstoß mit den Soldaten in Boston, im März 1772, präsentierte Adams diese Idee der Versammlung. Er forderte die Gründung eines Korrespondenzkomitees der Kolonien, mit festen Ansprechpartnern in jeder von ihnen, »zu Zwecken der freundschaftlichen Kooperation zur Besserstellung der Kolonien in Britisch-Amerika«.

Das war ein wichtiges Ereignis! Hier organisierte sich zum ersten Mal die weit verstreute Macht, die zur Freiheit der Amerikaner führte. Ein kleines *Master Mind* existierte bereits. Es bestand aus Adams, Lee und Hancock. Nun kam das Korrespondenzkomitee hinzu. Dadurch vergrößerte sich die Macht des Master Minds, weil ihm nun Vertreter aller Kolonien angehörten. Sehen Sie, dass dieser Vorgang die erste *organisierte Planung* seitens der unzufriedenen Kolonisten darstellte?

Einheit macht stark! Die Bewohner der Kolonien hatten die britischen Soldaten bisher unkoordiniert bekämpft, in Auseinandersetzungen ganz ähnlich der in Boston, doch dadurch nichts erreicht. Der Groll vieler Einzelner war nicht unter dem Dach eines *Master Minds* zusammengeführt worden. Nirgendwo hatten Kolonisten ihre Herzen, Köpfe, Seelen und Körper vereint, um die Probleme mit den Briten *entschlossen* ein für alle Mal zu beenden, bis Adams, Hancock und Lee zusammenkamen.

Die Briten waren in der Zwischenzeit nicht untätig. Auch sie schmiedeten *Pläne* und bildeten ein *Master Mind*, mit dem Vorteil, dass sie über Geld und organisierte Truppen verfügten.

Die Krone erklärte Thomas Gage als Nachfolger von Hutchinson zum neuen Gouverneur von Massachusetts. Zu den ersten Amtshandlungen des neuen Gouverneurs zählte es, einen Boten zu Samuel Adams zu schicken, um ihn dazu aufzurufen, seinen Widerstand aufzugeben – aus *Angst.*

Was damals geschah, lässt sich am besten verstehen, indem man das Gespräch zwischen Colonel Fenton (dem Boten) und Adams wiedergibt.

Colonel Fenton kam mit Zuckerbrot und Peitsche:

Ich bin von Gouverneur Gage beauftragt worden, Ihnen, Mr Adams, zu versichern, dass dieser dazu bevollmächtigt ist, Ihnen zufriedenstellende Vorteile zu verschaffen [Zuckerbrot], unter der Bedingung, dass Sie Ihren Widerstand gegen die Maßnahmen der Regierung aufgeben. Der Gouverneur rät Ihnen, Sir, nicht weiter das Missfallen Seiner Majestät auf sich zu ziehen. Sie haben ein Verhalten an den Tag gelegt, das unter eine Verordnung von Heinrich VIII. fällt, laut der es im Ermessen des Provinzgouverneurs liegt, eine Person nach England zu bringen und sie dort wegen Hochverrats oder Unterlassung der Verhinderung eines Hochverrats vor Gericht zu stellen [Peitsche]. Doch wenn Sie Ihren politischen Kurs ändern, werden Sie nicht nur große persönliche Vorteile daraus ziehen, sondern auch Frieden mit dem König schließen.

Samuel Adams hatte die Wahl zwischen zwei Optionen. Er konnte sich bestechen lassen und den Widerstand aufgeben oder *weitermachen und es riskieren, gehängt zu werden!*

Es war eindeutig der Zeitpunkt gekommen, an dem Adams umgehend eine *Entscheidung* treffen musste, die ihn das Leben kosten könnte. Die Mehrheit der Menschen hätte sich damit sehr schwergetan. Die meisten Menschen hätten wohl eine ausweichende Antwort gegeben, doch nicht so Adams! Er nahm Colonel Fenton das Ehrenwort ab, dass dieser dem Gouverneur seine Antwort im genauen Wortlaut übermitteln werde. Dann sagte er:

Dann können Sie Gouverneur Gage mitteilen, dass ich darauf vertraue, schon vor langer Zeit meinen Frieden mit dem König der Könige

> gemacht zu haben. Persönliche Erwägungen sollen mich nicht dazu bewegen, die gerechte Sache meines Landes im Stich zu lassen. *Erklären Sie Gouverneur Gage außerdem, dass Samuel Adams ihm rät,* die Gefühle eines aufgebrachten Volkes nicht weiter zu beleidigen.

Jegliche Kommentare zum Charakter des Mannes sind wohl überflüssig. Allen Lesern dieser erstaunlichen Nachricht ist sicherlich klar, dass ihr Verfasser von höchster Loyalität durchdrungen war. Das ist wichtig. (Betrüger und unehrliche Politiker haben das Gut, für das Männer wie Adams gestorben sind, oft missbraucht.)

Als Gouverneur Gage Adams' bissige Antwort erhielt, geriet er in Wut und veröffentlichte folgende Bekanntmachung:

> Im Namen Seiner Majestät biete und verspreche ich allen, die ihre Waffen niederlegen und zu ihren Pflichten als friedliche Untertanen zurückkehren, dank Seiner Gnade den Straferlass. Davon ausgenommen sind nur *Samuel Adams und John Hancock,* deren Vergehen zu schändlich sind, um etwas anderes als die angemessene Strafe nach sich zu ziehen.

Nun waren Adams und Hancock im Zugzwang! Durch die Drohung des erzürnten Gouverneurs mussten die beiden Männer eine weitere, erneut sehr gefährliche Entscheidung treffen. Sie riefen eilig ein geheimes Treffen ihrer treuesten Verbündeten ein. (Hier gewann das *Master Mind* langsam an Schwung.) Nachdem die Versammlung eröffnet worden war, schloss Adams die Tür ab, steckte sich den Schlüssel in die Tasche und informierte die Anwesenden darüber, dass dringend ein Kolonistenkongress gegründet werden müsse und dass *niemand den Raum verlassen dürfe, bis eine solche Entscheidung getroffen sei.*

Das löste große Aufregung aus. Manche überlegten, welche Konsequenzen eine so radikale Tat haben könnte (Angst). Andere äußerten große Zweifel an der Weisheit einer derart kategorischen Entscheidung gegen die Krone. Im Raum befanden sich zwei Männer, die gegen Angst immun und für die Möglichkeit des Scheiterns blind waren: Hancock und Adams. Durch ihren Einfluss stimmten die anderen schließlich zu, dass über das Korrespondenzkomitee eine Versammlung des Ersten Kontinentalkongresses am 5. September 1774 in Philadelphia organisiert werden sollte.

Merken Sie sich dieses Datum. Es ist wichtiger als der 4. Juli 1776. Wenn nicht die *Entscheidung* gefallen wäre, den Kontinentalkongress abzuhalten, hätte die Unabhängigkeitserklärung nie unterschrieben werden können.

Noch vor dem ersten Treffen des neuen Kongresses war ein weiterer großer Mann in einem anderen Teil des Landes dabei, eine »Zusammenfassende Übersicht der Rechte von Britisch-Amerika« herauszubringen. Das war Thomas Jefferson in der Provinz Virginia, dessen Beziehung zu Lord Dunmore (dem Vertreter der Krone in Virginia) so angespannt war wie die zwischen Hancock und Adams und ihrem Gouverneur.

Kurz nachdem die berühmte »Übersicht der Rechte« herauskam, wurde Jefferson darüber informiert, dass man gegen ihn wegen Hochverrats gegen die Regierung Seiner Majestät ermittelte. Durch diese Gefahr beflügelt, brachte einer von Jeffersons Kollegen, Patrick Henry, seine Meinung klar zum Ausdruck und schloss seine Rede mit einem Satz, der berühmt wurde: »Wenn das Verrat ist, machen Sie das meiste daraus.«

Es waren Männer wie diese, die ohne Macht, ohne Autorität, ohne militärische Mittel und ohne Geld in aller Ernsthaftigkeit über das Schicksal der Kolonien verhandelten, ab dem Ersten Kontinentalkongress in gewissen Abständen über zwei Jahre hinweg, bis Richard Henry Lee am 7. Juni 1776 aufstand, sich an den Vorsitzenden wandte und vor der überraschten Versammlung folgenden Antrag stellte:

> Meine Herren, ich beantrage hiermit, dass die Vereinigten Kolonien freie und unabhängige Staaten werden, wie es ihnen von Rechts wegen zusteht, dass sie von jeglicher Gefolgschaft der britischen Krone

> gegenüber entbunden werden und dass alle politischen Verbindungen zwischen ihnen und dem Staat Großbritannien vollständig aufgelöst werden.

Lees erstaunlicher Antrag wurde hitzig und so ausgiebig diskutiert, dass Lee schließlich die Geduld verlor. Nach tagelangen Auseinandersetzungen ergriff er erneut das Wort und erklärte mit klarer, fester Stimme:

> Herr Präsident, wir diskutieren dieses Thema jetzt seit Tagen. Wir können nur diesen einen Kurs einschlagen. Warum, Sir, zögern wir dann noch? Warum beratschlagen wir? Lassen Sie uns an diesem glücklichen Tag die Geburt der amerikanischen Republik feiern. Lassen wir sie entstehen, nicht um zu zerstören und zu erobern, sondern um die Herrschaft des Friedens und des Gesetzes wiederherzustellen. Die Augen Europas sind auf uns gerichtet. Es verlangt von uns ein lebendiges Beispiel der Freiheit, die durch das Glück der Bürger einen Gegenentwurf zur stetig zunehmenden Tyrannei darstellen kann.

Bevor es schließlich zur Abstimmung über den Antrag kam, wurde Lee wegen eines schweren Krankheitsfalls in der Familie nach Virginia zurückgerufen, doch bevor er ging, übergab er die Sache in die Hände eines Freundes, Thomas Jefferson, der zu kämpfen versprach, bis entsprechende Schritte unternommen würden. Kurz darauf ernannte der Präsident des Kongresses (Hancock) Jefferson zum Vorsitzenden eines Komitees, das eine Unabhängigkeitserklärung verfassen sollte.

An diesem Dokument arbeitete das Komitee lange und hart, denn sollte es vom Kongress verabschiedet werden, bedeutete das, dass *jeder, der es unterzeichnete, sein eigenes Todesurteil unterschrieb*, falls die Kolonien den Kampf gegen die Briten verloren, der sicher folgen würde.

Doch das Dokument wurde verfasst, und am 28. Juni verlas man die Originalfassung vor dem Kongress. Darauf folgten mehrere

Tage mit Diskussionen, Änderungen und Vorbereitungen. Am 4. Juli 1776 stellte sich Thomas Jefferson vor die Versammlung und las furchtlos die folgenreichste *Entscheidung* vor, die je zu Papier gebracht wurde:

> Wenn im Gange menschlicher Ereignisse es für ein Volk notwendig wird, die politischen Bande zu lösen, die sie mit einem anderen Volk verknüpft haben, und unter den Mächten der Erde den selbstständigen und gleichen Rang einzunehmen, zu dem die Gesetze der Natur und ihres Schöpfers es berechtigen, so erfordert eine geziemende Rücksicht auf die Meinung der Menschheit, dass es die Gründe darlegt, die es zu der Trennung veranlassen …[4]

Als Jefferson fertig war, kam es zur Abstimmung. Die Erklärung wurde angenommen und von den 56 Anwesenden unterschrieben, die dadurch allesamt ihr Leben riskierten. Durch diese *Entscheidung* entstand eine Nation, die der Menschheit auf ewig das Privileg verschaffen sollte, freie *Entscheidungen* zu treffen.

Nur durch solche Entschlüsse, die derartig von Glauben geprägt sind, kann man seine persönlichen Probleme lösen und großen materiellen und spirituellen Reichtum erlangen. Das sollten wir nie vergessen!

Wenn Sie die Ereignisse analysieren, die zur Erklärung der Unabhängigkeit führten, erkennen Sie, dass diese Nation, die heute eine allseits anerkannte Respekt- und Machtposition in der Welt einnimmt, durch eine *Entscheidung* eines *Master Minds* aus 56 Männern entstand. Machen Sie sich klar, dass es diese *Entscheidung* war, die den Erfolg von Washingtons Truppen ermöglichte, denn ihr Geist hatte das Herz eines jedes einzelnen Soldaten ergriffen, der dort kämpfte, und diente ihm als spirituelle Kraft, die kein *Scheitern* zulässt.

Machen Sie sich weiterhin klar (auch zu Ihrem eigenen Vorteil), dass die *Kraft*, die den USA die Freiheit verschaffte, die gleiche Kraft ist, die jeder Einzelne einsetzen muss, um selbstbestimmt zu handeln. Diese *Kraft* ergibt sich aus den Prinzipien, die in diesem Buch beschrieben sind. Es ist nicht weiter schwer, in der Geschichte der Unabhängigkeitserklärung mindestens sechs dieser Prinzipien auszumachen: *Verlangen, Entschlussfreudigkeit, Glauben, Beharrlichkeit,* das *Master Mind* und *organisierte Planung.*

Fred Smith beschließt, FedEx zum Erfolg zu machen

Ein modernes Beispiel für einen Mann, der mutige Entscheidungen zu treffen vermochte, ist Fred Smith, der Gründer von Federal Express (FedEx).

Als Smith an der Yale University einen Kurs in Wirtschaftswissenschaft belegte, erklärte ein Professor, dass die Luftfracht das Mittel der Zukunft sei und schon bald die Haupteinnahmequelle von Fluggesellschaften ausmachen würde.

Smith verfasste eine Hausarbeit darüber, dass er das anders sah. Er meinte, dass die Passagierflugrouten, welche die Fluggesellschaften hauptsächlich bedienten, nicht die richtigen für die Luftfracht seien. Er merkte an, dass die Kosten sich durch eine Zunahme des Volumens nicht verringern würden und die Luftfracht deshalb nur profitabel werden könne, wenn ein ganz neues System entwickelt würde, das neben den großen auch kleinere Städte bediente und ganz auf Pakete ausgelegt war, nicht auf Menschen. Der Professor hielt das für völlig undurchführbar und gab Smith eine schlechte Note für die Arbeit.

Smiths Konzept sah vor, ein reines Luftfrachtunternehmen zu gründen, das größtenteils nachts fliegen sollte, wenn die Flughäfen nicht überfüllt waren. Es sollte kleinere Eilsendungen transportieren, bei denen die schnelle Zustellung wichtiger war als die Kosten. Alle Pakete sollten zunächst an einen zentralen Punkt gebracht werden (dafür wählte Smith seine Heimatstadt Memphis aus) und dort durch ein eigens erstelltes Computerprogramm sortiert, verteilt und in Flugzeuge geladen werden, die dann zum entsprechenden Ziel flogen. Da so alle Sendungen für kleinere Städte zusammengefasst wurden, konnte das Unternehmen Städte im ganzen Land und später rund um den Globus mit vollen Maschinen anfliegen. Smith glaubte, dass die Investoren an seiner Idee interessiert wären und sie spannend fänden. Aber zu seinem Erschrecken reagierten die möglichen Geldgeber sehr zurückhaltend.

Davon ließ er sich aber nicht aufhalten. Da er von seinem Projekt so begeistert und so fest überzeugt war, brachte er 91 Millionen Dollar auf, um seine ungetestete Idee zu finanzieren.

Zu diesem Zeitpunkt erkannten die konkurrierenden Fluggesellschaften, dass Smiths Konzept eine mögliche Gefahr für sie darstellte. Die großen Airlines versuchten, den neuen Rivalen im Vorfeld auszuschalten, indem sie die Flugaufsichtsbehörde dazu brachten, Smith die nötige Genehmigung zu verwehren. Smiths Team fand ein Schlupfloch im Gesetz. Flugzeuge mit weniger als 3.400 Kilogramm Fracht brauchten gar keine Genehmigung der Behörde, um zu fliegen.

Also machte sich Smith daran, eine Flotte aus kleinen Jets zusammenzustellen. Er begann mit dem Bau seiner Firmenzentrale in Memphis und flog 75 Städte an. FedEx lud an Flughäfen im ganzen Land Pakete ein und brachte sie nach Memphis, wo sie sortiert und für den sofortigen Transport in andere Städte vorbereitet wurden. Sobald sie dort angekommen waren, fuhren FedEx-Lieferwagen sie zum Empfänger. Smith setzte es sich zum Ziel, alle Pakete innerhalb von 24 Stunden ans Ziel zu bringen – und das klappte auch fast immer.

Trotz der harten Arbeit und aller Bemühungen verliefen die ersten Jahre finanziell katastrophal. Die Verluste gingen in die Millionen. Die Investoren machten sich ernsthafte Sorgen. FedEx blieb weit hinter Smiths Voraussagen zurück.

Trotz aller Verluste – an denen die Investoren Smith die Schuld gaben – und obwohl diese sogar überlegten, ihn abzulösen und das Unternehmen selbst zu führen, verlor Smith niemals den Glauben an seine Idee. Er blieb standhaft und heuerte Fachleute an (sein *Master Mind*), mit denen er Tag und Nacht daran arbeitete, die Betriebsprobleme zu lösen. Das Ergebnis war, dass FedEx im folgenden Geschäftsjahr 75 Millionen Dollar einnahm und 3,6 Millionen Gewinn machte.

Trotz der Konkurrenz durch Faxgeräte, die es praktisch überflüssig machten, dass FedEx Briefe und Dokumente überbrachte, und durch andere Luftfrachtunternehmen und die US-amerikanische Post, die Sendungen für deutlich niedrigere Preise über Nacht zustellte, ist FedEx durch Smiths kontinuierliches Streben nach Innovation und Verbesserungen noch immer die Nummer eins in der Branche.

Beharrlichkeit: Trotz aller Widerstände, Rückschläge und Kritik weitermachen.

Beharrlichkeit ist für den Charakter, was Kohlenstoff für Stahl ist.

Jeder Misserfolg trägt den Keim eines gleichwertigen Vorteils in sich.

Schritt 17: Seien Sie beharrlich

Beharrlichkeit ist ein wesentlicher Faktor für die Umwandlung eines *Verlangens* in sein finanzielles Gegenstück. Die Grundlage der Beharrlichkeit ist die *Willenskraft*. Willenskraft und Verlangen sind in der richtigen Kombination ein unschlagbares Team.

Beharrlichkeit ist eine Geisteshaltung und kann daher erlernt werden. Wie alle Geisteshaltungen gedeiht sie unter gewissen Voraussetzungen, zu denen diese zählen:

- **Ein festes Ziel:** Zu wissen, was Sie wollen oder erreichen wollen, ist der erste und vielleicht der wichtigste Schritt hin zur Beharrlichkeit. Ein starkes Motiv treibt dazu an, viele Schwierigkeiten zu überwinden.
- **Verlangen:** Es ist vergleichsweise leicht, Beharrlichkeit an den Tag zu legen, wenn man ein heiß ersehntes Ziel verfolgt.
- **Glauben:** Die feste Überzeugung, einen Plan umsetzen zu können, motiviert Sie dazu, den Plan beharrlich durchzuführen. (Für weitere Informationen zum Thema Glauben siehe Schritt 8.)
- **Feste Pläne:** Gut organisierte Pläne fördern die Beharrlichkeit, selbst wenn sie schwach und völlig undurchführbar sind.
- **Genaue Kenntnisse:** Durch Erfahrung oder Beobachtung sicher zu wissen, dass Pläne fundiert sind, bewirkt Beharrlichkeit; Mutmaßungen anstelle von Wissen zersetzt sie.
- **Kooperation:** Mitgefühl, Verständnis und harmonische Zusammenarbeit mit anderen sorgen meist für Beharrlichkeit.
- **Willenskraft:** Die Gewohnheit, sich ganz auf die Erstellung von Plänen zum Erreichen eines festen Ziels zu konzentrieren, führt zu Beharrlichkeit.
- **Gewohnheit:** Beharrlichkeit ist ein direktes Ergebnis der Gewohnheit. Der Geist nimmt die alltäglichen Erfahrungen auf, sie werden zu einem Teil von ihm. Angst, der schlimmste aller Feinde, kann effektiv bekämpft werden, indem man sich wie-

derholt zu mutigen Taten zwingt. Jeder, der einen Kriegseinsatz miterlebt hat, weiß das.

Fragen Sie 100 Menschen, die Ihnen über den Weg laufen, was sie sich am meisten im Leben wünschen, und 98 von ihnen werden die Frage nicht beantworten können. Wenn Sie sie zu einer Antwort drängen, werden manche »Sicherheit« sagen, viele »Geld«, ein paar »Glück«, andere »Ruhm und Macht« und noch andere »gesellschaftliche Anerkennung«, »ein unbeschwertes Leben«, »singen/tanzen/schreiben zu können«, doch keiner wird in der Lage sein, diese Begriffe genau zu definieren oder auch nur einen Ansatz eines *Plans* zu nennen, wie er oder sie diese vagen Ziele erreichen möchte.

> Reichtum reagiert nicht auf Wünsche. Er reagiert nur auf ein entschlossenes *Verlangen*, das beharrlich anhand eines konkreten *Plans* umgesetzt wird.

Der Unterschied zwischen Beharrlichkeit und Rücksichtslosigkeit

Menschen, die es zu großem Reichtum bringen, werden oft fälschlicherweise als kaltherzig oder rücksichtslos wahrgenommen, obwohl sie einfach nur beharrlich sind. Hinter ihrem Verlangen, ihre Ziele zu erreichen, steckt Willenskraft in Verbindung mit Beharrlichkeit. »Rücksichtslosigkeit« beinhaltet einen Mangel an Mitgefühl und Barmherzigkeit, das Herumtrampeln auf den Interessen anderer, um die eigenen durchzusetzen. Auch wenn manche reichen Menschen tatsächlich rücksichtslos sind, schafft ein Großteil derer, die ein Vermögen anhäufen und es bewahren, das auch, ohne andere unfair auszubeuten.

Henry Ford galt oft als rücksichtslos und kaltherzig. Diese Fehleinschätzung entstand durch Fords Angewohnheit, alle seine Pläne *beharrlich* zu verfolgen.

Die meisten Menschen sind bereit, beim ersten Anzeichen von Widerstand und Pech alle Ziele über Bord zu werfen und aufzugeben. Nur wenige machen *trotz* aller Widrigkeiten weiter, bis sie ihr Ziel erreicht haben. Diese wenigen sind die Fords, Carnegies, Rockefellers und Edisons.

> Das Wort »Beharrlichkeit« mag nicht sonderlich heldenhaft klingen, doch die Eigenschaft ist für den Charakter, was Kohlenstoff für Stahl ist.

Mangelt es Ihnen an Beharrlichkeit?

Machen Sie eine Bestandsaufnahme Ihrer selbst und ermitteln Sie, ob und in welchen Hinsichten es Ihnen an dieser wesentlichen Eigenschaft mangelt. Gehen Sie die Punkte beherzt durch und schauen Sie, wie viele der 16 Faktoren der Beharrlichkeit Ihnen fehlen. Die Analyse kann zu Entdeckungen führen, die Ihnen einen ganz neuen Blick auf sich selbst ermöglichen.

Hier finden Sie die wahren Feinde, die zwischen Ihnen und beachtlichen Erfolgen stehen – nicht nur die Symptome, die auf einen Mangel an *Beharrlichkeit* hinweisen, sondern auch die tief im Unterbewusstsein sitzenden Gründe für diese Schwächen. Gehen Sie die Liste sorgfältig durch und seien Sie ehrlich zu sich selbst, *wenn Sie wirklich wissen wollen, wer Sie sind und was Sie erreichen können.* Dies sind die Schwächen, die jeder, der reich werden will, überwinden muss:

- *Angst vor Kritik*, also die Unfähigkeit, Pläne zu erstellen und sie in die Tat umzusetzen, aufgrund dessen, was andere denken, tun oder sagen. Dieser Feind steht ganz oben auf der Liste, weil er für gewöhnlich im Unterbewusstsein sitzt, wo man ihn nicht bemerkt. (Mehr über die sechs grundlegenden Ängste, die dem Erfolg im Weg stehen, finden Sie in Schritt 3.)

- Die Unfähigkeit, zu erkennen und klar zu formulieren, was man will.
- Aufschieberitis, mit und ohne Grund. (Meist in Verbindung mit einer beeindruckenden Reihe von Ausreden.)
- Ein Mangel an Interesse daran, Spezialwissen zu erlangen.
- Unentschlossenheit, also die Gewohnheit, Verantwortung stets abzugeben, statt sich der Dinge offen anzunehmen (ebenfalls begleitet von Ausreden).
- Die Angewohnheit, sich in Ausreden zu flüchten, statt feste Pläne zur Lösung von Problemen zu ersinnen.
- Selbstzufriedenheit. Gegen dieses Problem gibt es kaum ein Heilmittel und für die, die darunter leiden, gibt es keine Hoffnung.
- Gleichgültigkeit, die sich meist in der Bereitschaft äußert, in jeder Sache Kompromisse einzugehen, statt sich Widerständen zu stellen und sich mit ihnen auseinanderzusetzen.
- Die Gewohnheit, andere für die eigenen Fehler verantwortlich zu machen und ungünstige Umstände als unvermeidbar zu betrachten.
- Die *Schwäche des Verlangens*, bedingt durch Nachlässigkeit bei der Auswahl der *Motive*, die zu Taten antreiben.
- Die Bereitschaft, manchmal sogar der Wille, beim ersten Anzeichen einer Niederlage aufzugeben. Diese Eigenschaft ist oft auf eine oder mehrere der sechs grundlegenden Ängste (wie in Schritt 3 beschrieben) zurückzuführen.
- Ein Mangel an *organisierter Planung*. Diese Planung ist auch schriftlich festzuhalten, damit man sie analysieren kann.
- Die Gewohnheit, Ideen nicht umzusetzen oder Gelegenheiten nicht zu ergreifen, wenn sie sich bieten.
- *Wunschdenken* anstelle von *Willenskraft*.

- Die Gewohnheit, sich mit Armut abzufinden, statt Reichtum anzustreben – die generelle Abwesenheit des Strebens danach, zu *sein*, zu *handeln* und zu *besitzen*.
- Die Suche nach Abkürzungen zum Reichtum, das Anstreben von Leistungen ohne angemessene Gegenleistung, was sich meist in der Neigung zum Glücksspiel oder zur »Schnäppchenjagd« niederschlägt.

Die Nagelprobe

Lesen Sie dieses Kapitel zu Ende, kehren Sie dann zu Schritt 5 zurück (»Entwickeln Sie ein brennendes Verlangen«) und führen Sie alle sechs Schritte der Umwandlung eines Verlangens in Reichtum durch. Mit wie viel Eifer Sie diese Anweisung befolgen, zeigt deutlich, wie wichtig es Ihnen wirklich ist, reich zu werden. Wenn Sie eher gleichgültig reagieren, können Sie sich sicher sein, dass Sie noch nicht das *Geldbewusstsein* entwickelt haben, das Sie brauchen, um ein Vermögen anzuhäufen.

Entwickeln und stärken Sie Ihre Beharrlichkeit

Um sich Beharrlichkeit zur Gewohnheit zu machen, sind fünf einfache Schritte nötig. Sie verlangen keine herausragende Intelligenz, keine spezielle Bildung und nur wenig Zeit und Mühen. Diese Schritte sind:

1. **Nähren Sie Ihr Verlangen, bis Sie sich nichts mehr wünschen, als dass es sich erfüllt.** Wie leicht sich ein Mangel an Beharrlichkeit überwinden lässt, hängt davon ab, wie *intensiv das Verlangen* ist. Folgen Sie den Anweisungen in Schritt 7 (»Steuern Sie Ihre Gedanken per Autosuggestion«), um Ihrem Geist ein klares Bild dessen, wonach Sie verlangen, zu vermitteln.

2. **Formulieren Sie einen konkreten Plan, um Ihr Verlangen zu erfüllen.** Ein Plan dient als Brücke zwischen dem, was Sie sich vorstellen, und seiner materiellen Manifestation. Er verstärkt Ihren Glauben daran, letztendlich zu bekommen, was Sie sich wünschen. Weitere Informationen zur organisierten Planung finden sich in Schritt 14.
3. **Setzen Sie Ihren Plan kontinuierlich um.** Vielleicht halten Sie es für nötig, sich aus Ihrer geistigen Untätigkeit zu lösen, indem Sie zunächst langsam loslegen und dann immer schneller werden, bis Sie irgendwann die vollständige Kontrolle über Ihren Willen erlangt haben. Seien Sie *beharrlich*, egal, wie gering das Tempo anfangs ist. *Mit der Beharrlichkeit kommt auch der Erfolg.*
4. **Verschließen Sie Ihren Geist gegenüber allen negativen und entmutigenden Einflüssen, auch durch Familienmitglieder, Freunde und Bekannte.** Solche Einflüsse säen Zweifel, das Gegenteil von Glauben. Lesen Sie Schritt 16, »Seien Sie entschlussfreudig«, wenn Sie Schwarzmaler ausblenden müssen.
5. **Gehen Sie ein wohlwollendes Bündnis mit einer oder mehreren Personen ein, die Sie dazu ermutigt oder ermutigen, Ihre Pläne umzusetzen und auf Ihr Ziel hinzuarbeiten.** Wenn Sie Ihre *Master-Mind-Gruppe* sorgfältig zusammenstellen, gibt es darin mindestens einen Menschen, der Ihnen dabei hilft, Beharrlichkeit zu entwickeln. Informationen darüber, wie man die Mitglieder der *Master-Mind-Gruppe* auswählt, finden Sie in Schritt 13.

> Ein schwaches Verlangen führt zu schwachen Ergebnissen, so wie ein kleines Feuer nur wenig Hitze erzeugt.

Diese fünf Schritte sind wesentlich für Erfolge in allen Lebensbereichen. Der Sinn aller 17 Kapitel unserer Philosophie besteht darin, sich diese fünf Schritte zur *Gewohnheit* zu machen.

- Dies sind die Schritte, durch die Sie über Ihr wirtschaftliches Schicksal bestimmen können.
- Sie machen Sie frei und unabhängig in Ihrem Denken.
- Sie führen zu Reichtum, großem oder kleinem.
- Sie bringen Macht, Ruhm und gesellschaftliche Anerkennung.
- Sie garantieren günstige Gelegenheiten.
- Sie verwandeln Träume in Realität.
- Sie lassen uns Angst, Entmutigungen und Gleichgültigkeit überwinden.

Auf den, der diese fünf Schritte meistert, wartet eine wunderbare Belohnung – das Privileg, selbst über sein Schicksal bestimmen zu können und das Leben jeden Preis zahlen zu lassen, den man verlangt.

Beharrlichkeit lässt sich durch nichts ersetzen!
Keine andere Eigenschaft kann an ihre Stelle treten.
Behalten Sie das im Kopf – es wird Ihnen zu Beginn, wenn alles nur schwer und langsam anläuft, eine Ermutigung sein.

Ernten Sie die Früchte der Beharrlichkeit

Diejenigen, die es sich angewöhnt haben, stets beharrlich zu sein, scheinen gegen Misserfolge gefeit zu sein. Egal, wie viele Rückschläge sie erleiden, letzten Endes stehen sie doch immer ganz oben. Manchmal hat man den Eindruck, dass es einen versteckten Kontrolleur gibt, dessen Aufgabe es ist, Menschen durch allerhand entmutigende Erfahrungen auf die Probe zu stellen. Wer nach einem solchen Erlebnis wieder aufsteht und weitermacht, erreicht sein Ziel auch, und die ganze Welt ruft: »Bravo! Ich wusste, dass du es schaffst!« Dieser versteckte Kontrolleur gestattet niemandem, große Erfolge zu feiern, ohne den *Beharrlichkeits*test durchlaufen zu haben. Wer durchfällt, bei dem bleibt der Erfolg aus.

Manche Menschen, die ein großes Vermögen erlangt haben, taten das aus *Notwendigkeit*, weil die Umstände sie dazu getrieben haben, beharrlich zu sein.

Wer den Test besteht, wird für seine *Beharrlichkeit* reich belohnt. Er erreicht jedes Ziel, das er verfolgt. Doch das ist noch nicht alles! Er erhält auch noch etwas, das viel wichtiger ist als die materielle Vergütung – das Wissen, dass *»jeder Misserfolg den Keim eines gleichwertigen Vorteils in sich trägt«*.

Einige wissen aus Erfahrung, wie zuverlässig Beharrlichkeit wirkt. Das sind diejenigen, die Niederlagen immer nur für vorübergehend halten, diejenigen, die ihr *Verlangen* so *beharrlich* verfolgen, dass sie jede Niederlage letztlich in einen Sieg verwandeln können. Wir, die wir an der Seitenlinie des Lebens stehen, sehen die große Zahl derer, die sich in die Niederlage fügen und sich nicht wieder aufrappeln. Wir sehen die wenigen, die Rückschläge nur als Antrieb verstehen, sich noch mehr anzustrengen. Sie lernen zum Glück nie, ein Leben im Rückwärtsgang zu akzeptieren. Doch was *wir nicht sehen*, was sich die meisten von uns noch nicht einmal vorstellen können, ist die stille, aber unwiderstehliche *Kraft*, die denen hilft, die trotz aller Entmutigungen weiterkämpfen. Wenn wir von dieser Kraft sprechen, nennen wir sie *Beharrlichkeit* und lassen es dabei bewenden. Doch: Wer nicht *beharrlich* ist, wird keinerlei erwähnenswerte Erfolge erreichen.

Eine stille, aber unwiderstehliche Kraft kommt denen zu Hilfe, die trotz aller Entmutigungen weiterkämpfen.

Erfolgsgeschichten: Beharrlichkeit zahlt sich aus

Durch welche mystische Kraft verleiht die *Beharrlichkeit* den Menschen die Fähigkeit, Widrigkeiten zu meistern? Löst sie eine Art spirituelle, mentale oder chemische Aktivität im Geist aus, die uns Zugang zu übernatürlichen Kräften verschafft? Schlägt sich die Allumfassende Intelligenz auf die Seite dessen, der weiterkämpft, obwohl die Schlacht schon verloren ist und die ganze Welt auf der anderen Seite steht?

Diese und viele ähnliche Fragen habe ich mir gestellt, als ich Männer wie Henry Ford untersuchte, der anfangs über kaum mehr als *Beharrlichkeit* verfügte und daraus ein gewaltiges Industrie-Imperium erschuf. Oder Thomas A. Edison, der nicht einmal drei Monate lang zur Schule ging, trotzdem zum größten Erfinder der Welt aufstieg und *Beharrlichkeit* in die »Sprechmaschine«, die »Bewegte-Bilder-Maschine« und die Glühbirne umwandelte, ganz zu schweigen von den mehr als 50 weiteren nützlichen Erfindungen.

Ich hatte das freudige Vergnügen, sowohl Edison als auch Ford über lange Jahre hinweg zu analysieren und sie so aus nächster Nähe beobachten zu können, daher spreche ich aus persönlicher Erfahrung, wenn ich sage, dass ich in keinem von beiden etwas fand, das auch nur im Entferntesten als Triebkraft hinter ihren erstaunlichen Leistungen infrage kam – bis auf ihre *Beharrlichkeit.*

Wenn man eine objektive Studie über erfolgreiche Menschen durchführt, drängt sich unvermeidbar die Schlussfolgerung auf, dass *Beharrlichkeit,* konzentrierte Bemühungen und *ein festes Ziel* die Hauptursache aller großen Leistungen sind.

Ein gutes Beispiel für die Macht der Beharrlichkeit ist das Showbusiness. Menschen aus aller Welt kommen nach Hollywood, um dort Ruhm, Reichtum, Macht, Liebe oder was auch immer der Mensch Erfolg nennt zu finden. Hin und wieder sticht jemand aus der langen Reihe von Suchenden hervor, und die Welt vernimmt, dass es ein weiterer Mensch geschafft hat, eine »Hollywood-Größe« zu werden. Doch das ist weder leicht noch schnell zu schaffen. Erst wenn man sich lange geweigert hat, *aufzugeben*, sieht Hollywood Talent, erkennt Genies und macht reich. Das Geheimnis ist stets untrennbar mit einem Wort verbunden – *Beharrlichkeit!*

Bruce Lee, der Schauspieler, der die asiatische Kampfkunst in den USA berühmt gemacht hat, wäre vielleicht schon längst vergessen, wenn er nicht so *beharrlich* daran gearbeitet hätte, ein Filmstar zu werden.

Als Lee aus China in die USA kam, hatte er nichts im Gepäck außer einem Traum und der Fähigkeit, hart zu arbeiten.

In jungen Jahren erlernte Lee Kung-Fu, er wurde ein Meister darin und unterrichtete die Kampfsportart später auch. Doch sein wahres Ziel war immer, Schauspieler zu werden. Er ergatterte kleinere Rollen in Film und Fernsehen, doch als er hörte, dass die Produzenten einer neuen Fernsehserie namens *Kung Fu* für die Hauptrolle nach einem Schauspieler suchten, der die Martial Arts beherrschte, hatte er das Gefühl, dass nun sein Durchbruch bevorstand. Das Casting verlief erfolgreich und er war zuversichtlich, die Rolle zu erhalten, doch zu seiner großen Enttäuschung ging sie an einen anderen Schauspieler, David Carradine.

Lee war desillusioniert und stand kurz davor, das Schauspielern aufzugeben und wieder zu unterrichten. Als die Mitglieder der asiatischen Gemeinde das hörten, überfluteten sie ihn mit Briefen, in denen sie ihn baten, es sich noch einmal zu überlegen. Schon bald kamen Schreiben von Filmfans aller Ethnien, und Lee beschloss, sich weiter auf Rollen zu bewerben.

Er gab niemals auf und spielte schließlich in vielen Filmen mit. Seine Werke und sein Ruf als Verfechter der Martial Arts machten ihn auf der ganzen Welt berühmt und lösten ein großes Interesse an der zuvor nur in asiatischen Ländern verbreiteten Kampfkunst aus.

Obwohl Lee mit 32 an einer Gehirnblutung starb, ist sein Ruhm nie verblasst. Er wird bis heute von seinen Fans bewundert – von denen viele noch nicht einmal geboren waren, als er seine Filme drehte. Lees Fernsehserien und frühen Filme wurden neu aufgelegt und erfreuen sich weltweit immer noch großer Beliebtheit.

Howard Schultz, der Starbucks-Mann

Ein gutes Beispiel für Entschlossenheit und Beharrlichkeit ist Howard Schultz, der »Starbucks-Mann«. Um ein neues Konzept zum Erfolg zu führen, braucht es einen Menschen mit einer Vision, erfüllt von Standhaftigkeit und unerschütterlichem Selbstvertrauen.

Schultz wurde von einem kleinen Kaffeehändler, der ein paar Läden in Seattle betrieb, als Verantwortlicher für Einzelhandel und Marketing eingestellt. Er war 29 und frisch verheiratet. Für die neue Stelle verließ das Paar New York, wo es bisher gewohnt hatte.

Etwa ein Jahr später unternahm Schultz eine Geschäftsreise nach Italien. Während er durch Mailand spazierte, merkte er, wie wichtig Kaffee für die italienische Kultur war. Dort begann der Arbeitstag meist mit einem schmackhaften Kaffee in einer Bar. Nach der Arbeit trafen sich Freunde und Kollegen erneut dort, um noch ein wenig zu verweilen, bevor sie nach Hause gingen. Die Kaffeebar ist in Italien das Zentrum des gesellschaftlichen Lebens. Schultz stellte sich das Gleiche für die USA vor. Das war etwas ganz Neues. Doch er hatte das Gefühl, es könnte funktionieren, da Starbucks so viel Wert auf die Qualität des Kaffees legte.

Diese Vision wurde für Schultz zu einer Besessenheit. Er war fest entschlossen, eine landesweite Cafékette nach dem Beispiel der italienischen Kaffeebar aufzuziehen, doch die Besitzer von Starbucks reagierten verhalten. Ihr Hauptgeschäft war der Verkauf von Kaffeebohnen, die Cafés stellten nur einen kleinen Nebenerwerb dar.

Um sein Ziel umzusetzen, verließ Schultz Starbucks und gründete ein neues Unternehmen. 1986 eröffnete er die erste Kaffeebar in Seattle. Sie war sofort ein großer Erfolg. Schon bald gab es eine zweite in Seattle und eine dritte in Vancouver. Im folgenden Jahr kaufte Schultz Starbucks auf und übernahm den Namen für seine Cafés.

Schultz glaubte, dass die Qualität von Starbucks eines Tages das Alltagsleben der Amerikaner verändern würde. Wenn es nach ihm ging, sollte eine Tasse Starbucks zum essenziellen Teil der amerikanischen Kultur werden. Sein Konzept machte sich bezahlt. Der Umsatz von Starbucks ist seit 1988 stets gestiegen.

Schultz stellte sich Hunderte von Starbucks-Filialen in den gesamten USA vor. Cafés, in die Geschäftsleute auf dem Weg zur Arbeit einkehrten und in denen sie sich nach der Arbeit entspannten. Wer gerade auf Einkaufstour war, konnte sich dort einen kleinen Koffeinkick holen, und junge Paare würden sich auf eine Tasse Kaffee statt auf einen Cocktail treffen. Familien könnten vor oder nach dem Kinobesuch vorbeikommen, um etwas zu trinken.

Starbucks machte drei Jahre in Folge Verluste – allein 1989 mehr als eine Million Dollar –, doch Schultz gab nie auf. Er war fest davon überzeugt, dass dies der richtige Weg war, ein Unternehmen aufzubauen, und dass aus den Verlusten bald Gewinne würden.

Sobald die Filialen in Seattle Profite einbrachten, expandierte Starbucks langsam in andere Städte – Vancouver, Portland, Los Angeles, Denver und Chicago, und später auch an die Ostküste und in andere Länder. Starbucks ist heute auf der ganzen Welt ein Begriff und ein Paradebeispiel für das amerikanische Vermarktungsgeschick. Außerdem hat das Unternehmen Howard Schultz zu einem der reichsten Männer der Welt gemacht.

Domino's Pizza

Viele Leute glauben, dass materieller Erfolg eine Folge günstiger Gegebenheiten ist. Diese Überzeugung entbehrt nicht einer gewissen Grundlage, doch wer sich ganz auf das Glück verlässt, wird fast immer enttäuscht, weil er einen anderen wichtigen Faktor übersieht, der eine Voraussetzung für Erfolg ist – das Wissen, wie man sich günstige Gegebenheiten selbst schafft.

Schauen wir uns Tom Monaghan an, der Domino's Pizza gründete und innerhalb von 30 Jahren aus einer einzigen Pizzeria einen Lieferdienst mit mehreren Tausend Filialen machte. 1989 verkaufte er das äußerst erfolgreiche Unternehmen dann, um sich ganz seinen wohltätigen Projekten zu widmen.

Doch dieser Plan ging nicht auf. Nach zweieinhalb Jahren hatte der Konzern, der die Kette aufgekauft hatte, sie fast in den Ruin getrieben, sodass Monaghan zurückkehrte.

Es verlangte viel harte Arbeit und Beharrlichkeit, das Unternehmen zuerst wiederaufzubauen und dann auszuweiten. Die nötige Entschlossenheit dazu hatte Monaghan schon in jungen Jahren erworben. Er hatte eine Kindheit voller Entbehrungen, Armut und Misshandlungen überstanden und es zu einem großen Unternehmer gebracht. Jetzt mobilisierte er erneut all seine Kräfte, um Domino's nicht nur zu alter Stärke zurückzuführen, sondern sogar auf 6.000 Filialen zu expandieren, von denen sich 1.100 außerhalb der USA befanden.

Sobald die Kette wieder lief, sah sich Monaghan einer neuen ernsthaften Gefahr ausgesetzt. Domino's warb vor allem mit der schnellen Lieferzeit. Das Unternehmen garantierte den Kunden, dass die Pizza innerhalb von 30 Minuten bei ihnen sei.

Das führte zu einer Reihe von Klagen durch Personen, die zu Schaden gekommen waren, weil die Domino's-Lieferanten zu schnell fuhren, um die 30-Minuten-Frist einzuhalten, und dabei Unfälle bauten. Die Familie einer Frau, die in Indiana angeblich bei einem solchen Unfall ums Leben gekommen war, bekam drei

Millionen Dollar zugesprochen. Als eine andere Frau 78 Millionen Dollar erstritt, war die Entscheidung gefallen: Domino's kippte das 30-Minuten-Versprechen.

Trotz dieser finanziellen Katastrophe weigerte sich Monaghan aufzugeben. Er investierte noch mehr Geld, Zeit und Energie ins Unternehmen und brachte es erneut in die Erfolgsspur. Er ging mit Beharrlichkeit und positiver Einstellung voran und beflügelte sein Team durch seinen Siegeswillen, der Domino's zur Nummer eins in der Branche gemacht hat.

Anmerkungen

1. William Shakespeare: *Hamlet*, Akt 3, Szene 1, übers. v. Frank Günther
2. Ralph Waldo Emerson: *Von der Schönheit des Guten*, ausgewählt, übertragen und mit einem Vorwort von Egon Friedell. Mit einem Nachwort von Wolfgang Lorenz, 1992 Zürich, Diogenes Verlag AG
3. Edgar Allan Poe: *Der Rabe*, Amerikanisch und deutsch. Aus dem Amerikanischen von Hans Wollschläger. © der deutschen Übersetzung Insel Verlag Frankfurt am Main 1982. Alle Rechte bei und vorbehalten durch Insel Verlag Berlin.
4. Quelle der deutschen Übersetzung (zuletzt abgerufen am 12.01.2018): https://usa.usembassy.de/etexts/gov/unabhaengigkeit.pdf